| 职业教育校企合作精品教材 |

计算机网络技术

（第3版）

| 张凌杰　邢培振　主编 |

電子工業出版社
Publishing House of Electronics Industry
北京•BEIJING

内容简介

本书重点介绍计算机网络基础知识、IP 编址技术、OSI/RM 参考模型及其各层网络设备配置方法、网络操作系统 Windows Server 2008 R2 的安装和配置、接入互联网的多种方法、计算机网络安全与管理、网络综合布线，以及模拟实训环境的搭建。

全书实训案例丰富、层次清晰、概念简洁准确、叙述通顺且图文并茂、实用性强。全书还附有大量的实训与练习题，以供学生巩固和提高之用。

本书适合作为中等职业学校计算机相关专业的教材使用，也可供广大计算机爱好者参考使用。

图书在版编目（CIP）数据

计算机网络技术 / 张凌杰，邢培振主编. —3 版. —北京：电子工业出版社，2022.2

ISBN 978-7-121-42934-7

Ⅰ. ①计… Ⅱ. ①张… ②邢… Ⅲ. ①计算机网络—中等专业学校—教材 Ⅳ. ① TP393

中国版本图书馆 CIP 数据核字（2022）第 024507 号

责任编辑：罗美娜　　　　特约编辑：田学清

印　　刷：三河市良远印务有限公司

装　　订：三河市良远印务有限公司

出版发行：电子工业出版社

北京市海淀区万寿路 173 信箱　　　　邮编：100036

开　　本：880 × 1230　1/16　印张：17.5　字数：381 千字

版　　次：2013 年 8 月第 1 版

2022 年 2 月第 3 版

印　　次：2025 年 2 月第 19 次印刷

定　　价：49.80 元

凡所购买电子工业出版社图书有缺损问题，请向购买书店调换。若书店售缺，请与本社发行部联系，联系及邮购电话：（010）88254888，88258888。

质量投诉请发邮件至 zlts@phei.com.cn，盗版侵权举报请发邮件至 dbqq@phei.com.cn。

本书咨询联系方式：（010）88254617，luomn@phei.com.cn。

河南省中等职业教育校企合作精品教材

出版说明

为深入贯彻落实《河南省职业教育校企合作促进办法（试行）》（豫政〔2012〕48号）精神，切实推进职教攻坚二期工程，我们在深入行业、企业、职业院校调研的基础上，经过充分论证，按照校企“1+1”双主编与校企编者“1：1”的原则要求，组织有关职业院校一线骨干教师和行业、企业专家，编写了河南省中等职业学校计算机应用专业的校企合作精品教材。

这套校企合作精品教材的特点主要体现在：一是注重与行业的联系，实现专业课程内容与职业标准对接，学历证书与职业资格证书对接；二是注重与企业的联系，将“新技术、新知识、新工艺、新方法”及时编入教材，使教材内容更具前瞻性、针对性和实用性；三是反映技术技能型人才培养规律，把职业岗位需要的技能、知识、素质有机地整合到一起，真正实现教材由以知识体系为主向以技能体系为主的跨越；四是教学过程对接生产过程，充分体现“做中学，做中教”“做、学、教”一体化的职业教育教学特色。我们力争通过本套教材的出版和使用，为全面推行“校企合作、工学结合、顶岗实习”人才培养模式的实施提供教材保障，为深入推进职业教育校企合作做出贡献。

在这套校企合作精品教材编写过程中，校企双方编写人员力求体现校企合作精神，努力将教材高质量地呈现给广大师生，但由于本次教材编写进行了创新，书中难免存在不足之处，敬请读者提出宝贵意见和建议。

河南省职业技术教育教学研究室

前 言

本书是《计算机网络技术（第 2 版）》的修订版。本书保持了第 1 版和第 2 版的编写思路和风格，力求突出职业教育特色，注重技能和应用能力的培养。在第 2 版的基础上，本书根据使用学校的反馈，修订和调整了部分内容，并加入了关于计算机网络技术的新的知识点。党的二十大报告指出，“加快实施创新驱动发展战略，加快实现高水平科技自立自强，以国家战略需求为导向，集聚力量进行原创性引领性科技攻关，坚决打赢关键核心技术攻坚战，加快实施一批具有战略性全局性前瞻性的国家重大科技项目，增强自主创新能力。深入实施人才强国战略，坚持尊重劳动、尊重知识、尊重人才、尊重创造，完善人才战略布局，加快建设世界重要人才中心和创新高地，着力形成人才国际竞争的比较优势，把各方面优秀人才集聚到党和人民事业中来。”为贯彻落实党的二十大报告精神，本书结合职业学校的教学实际与岗位需求情况，以激发学生的学习兴趣为出发点，突出任务驱动的可操作性，把计算机网络最新应用技术的实践经验与理论有机地结合起来，真正做到让学生“在网络技术实践中学习网络技术”，符合学生的认知规律和技能训练的特点，并帮助学生逐渐积累经验，保证了学生的学习效果。

本书在编写过程中，力求突出以下特色。

（1）基于工作过程系统化理论组织教学内容

本书将全面带领学生身处一个真实的工作情境，把抽象、枯燥的网络技术融入一个个现实的网络应用案例中。教学任务按照“任务引入”→“任务分析”→“操作步骤”→“知识链接”→“注意事项”的框架组织教学内容，每个任务案例通过“任务引入”，进行“任务分析”，然后告诉学生如何一步步“完成任务”，最后通过“知识链接”、“项目总结”和“实训与练习”

来检验学生的学习效果。

（2）实用性和实践性突出

本书以应用为核心，以培养学生实际动手操作能力为重点，力求做到学与教并重，科学性与实用性统一，紧密联系生活、生产实际，筛选的教学任务以真实的网络工程与管理的典型案例为背景，手把手地传授实用组网与管网的方法、步骤，使学生轻松掌握职业岗位的技能。

（3）引入虚拟现实教学环境，教学适用性强

使用 VMware 虚拟化仿真软件，模拟多台主机或不同结构的网络环境，完成操作系统（Windows XP、Windows Server 2008 R2 等）的安装和各种服务环境的配置，用模拟器 Cisco Packet Tracer 构建网络拓扑并进行网络设备的调试。只要在普通机房安装虚拟机软件 VMware 和模拟软件 Cisco Packet Tracer，就能轻松实现本书提到的任务案例。

（4）配备了教学资源包

本书配备了包括电子教案、演示文稿、教学指南、习题答案和相关软件等在内的教学资源包，为老师备课提供全方位的服务，请有此需求的读者登录华信教育资源网下载使用。

本书由河南省职业技术教育教学研究室组编，由张凌杰、邢培振担任主编，张军锋担任副主编，麻悦、樊占东参加编写。全书由张凌杰统稿。

由于计算机网络技术发展日新月异，加之作者水平所限，书中难免存在疏漏与不足之处，敬请广大读者和专家提出宝贵意见。

编　者

目 录

项目一

认识计算机网络

计算机网络是计算机技术与通信技术相融合的产物。随着计算机网络技术的发展，人们的工作和生活与计算机网络技术联系得越来越紧密。单一的计算机环境已经不能满足社会对信息的需求，于是人们将一台计算机与它周围甚至更远地方的计算机连接在一起，形成计算机网络，实现文件传输和资源共享。本项目主要认识计算机网络的基础知识。

知识目标

- 掌握计算机网络的定义及功能
- 掌握计算机网络的组成
- 了解常见计算机网络的分类方法
- 了解计算机网络拓扑结构及其分类

能力目标

- 能对计算机网络技术有一个整体上的了解和认识

任务一　计算机网络使用调查

任务引入

在当今信息社会中，人们不断地依靠计算机网络来处理个人和工作上的事务，而这种趋势也使得计算机网络显示出更强大的功能。每个学生认识和使用计算机网络的情况是如何的呢？

任务分析

通过每个学生认真填写计算机网络使用情况调查表，如表 1-1 所示，使学生体会为什么使用计算机网络，计算机网络的主要作用是什么。

问卷调查

表 1-1　计算机网络使用情况调查表

1. 是否会使用 IE 浏览器？

□会　　□不会

2. 是否会使用电子邮件？

□会　　□不会

3. 是否会进行网上资源检索？

□会　　□不会

4. 是否会在网上下载或上传文件（如通过迅雷或 FlashGet 等 FTP 软件）？

□会　　□不会

5. 是否会使用 QQ、BBS 与他人交流？

□会　　□不会

6. 是否会使用博客进行交流？

□会　　□不会

7. 是否会使用媒体播放器（如 Mediaplayer、Realplayer 等）播放网络音乐和网络影视？

□会　　□不会

8. 目前你平均每周上网时间为多少？

□ 20 小时以上　□ 10 ～ 20 小时　□ 2 ～ 10 小时　□ 1 小时以下

9. 是否经常会和同学、朋友讨论网络上的趣事和新闻？

□会　　□不会

10. 你经常上网的场所有哪些？

□学校机房　□网吧　□家中　□亲戚、朋友家

□其他场所

11. 你上网最常做的事情是什么（最多可选 4 个）？

□用 QQ 聊天交友

□讨论热门的话题，BBS、贴吧、博客、微博发帖、跟帖

□看新闻与评论

□看电影、听歌或玩游戏

□搜索，查资料

□收发电子邮件

□下载各类资源

□进行网上电子商务

□其他

12. 是否知道一些互联网网络基本概念或网络设备（如 IP 地址、DNS 域名、网址、WWW、FTP、E-mail 或网卡、交换机、路由器等）？

□是　　　　□否

13. 是否使用过网络远程控制软件？

□用过　　　　□没用过

14. 是否能解决计算机及上网过程中所遇到的问题？

□能　　　　□不能

15. 你经常使用的计算机操作系统有哪些？

□ Novell　　□ Windows 7　　□ Windows 10

□ UNIX　　□ Linux　　□其他

16. 你所用计算机或网络接入互联网线路情况：

类型：□拨号　□ ADSL　□宽带　□光纤接入

□ DDN　□帧中继

速率：□ 512kbit/s　□ 1Mbit/s　□ 10Mbit/s

□ 100Mbit/s　□其他 ________

互联网服务提供商：□联通　□电信　□广电

□移动　□长城　□其他

17. 网络对你的影响主要有哪些方面？

□开阔了视野，拓展了知识面

□认识很多朋友，通过与网友的交流，减轻学习或其他方面所造成的心理压力

□获取网络上丰富的教育资源，学习成绩得到提高

□花费太多时间上网而使成绩下降

18. 最喜欢的网络游戏是 ________________________________。

19. 最喜欢的网站是 ________________________________。

20. 请用尽可能多的词来描述网络给你的感觉或印象。

____

知识链接

1. 计算机网络的定义

计算机网络的定义没有统一的标准，根据计算机网络发展的阶段或侧重点的不同，对计算机网络有不同的定义。根据目前计算机网络的特点，侧重资源共享的计算机网络定义则更准确地描述了计算机网络。

计算机网络就是把分布在不同地理区域的计算机与专门的外部设备用通信线路互连成一个规模大、功能强的系统，从而使众多的计算机可以方便地互相传递信息，共享硬件、软件、数据信息等资源。简单来说，计算机网络就是由通信线路互相连接的许多自主工作的计算机构成的集合体。

计算机网络和分布式系统在计算机硬件连接、系统拓扑结构和通信控制等方面基本一样。两种系统的差别仅在于组成系统的高层软件：分布式系统强调多个计算机组成系统的整体性，强调各计算机在分布式计算机操作系统协调下自治工作，用户对各计算机的分工和合作是感觉不到的，系统透明性允许用户按名字请求服务（Service）。计算机网络则以共享资源为主要目的，方便用户访问其他计算机所具有的资源，要人为地进行全部网络管理。网络中，计算机之间具有独立自治性。

2. 计算机网络的功能

1）数据通信

数据通信是计算机网络最基本的功能，用来快速在计算机与终端、计算机与计算机之间传送各种信息，包括文字信件、新闻消息、咨询信息、图片资料、视频资源、电视电影等。利用这一特点，可将分散在各个地区的单位或部门用计算机网络联系起来，进行统一的调配、控制和管理。

2）资源共享

充分利用计算机网络中提供的资源（包括硬件、软件和数据等）是计算机网络组网的主要目标之一。例如，某些地区或单位的数据库 (如飞机机票、饭店客户等) 可供全网的用户使用；某些单位设计的软件可供有偿调用或办理一定手续后调用；一些外部设备如打印机，可面向用户，使不具有这些设备的地方也能使用这些硬件设备。如果不能实现资源共享，各地区都需要一套完整的软件、硬件及数据资源，这会大大地增加全系统的投资费用（Cost）。

3）提高系统的可靠性

在一些用于计算机实时控制和要求高可靠性（Reliability）的场合，通过计算机网络实现备份可以提高计算机系统的可靠性。当某一台计算机出现故障时，可以立即由计算机网络中的另一台计算机来代替其完成所承担的任务。例如，空中交通管理、工业自动化生产线、军事防御系统、电力供应系统等都可以通过计算机网络设置备用或替换的计算机系统，以保证实时性管理和不间断运行系统的安全性和可靠性。

4）分布式网络处理和负载均衡

当某台计算机负担过重，或该计算机正在处理某项工作时，网络可将新任务转交给空闲的计算机来完成，这样处理能均衡各计算机的负载（Load），提高处理问题的实时性；对于大型综合性问题，可将问题各部分交给不同的计算机分别处理，充分利用网络资源，扩大计算机的处理能力，即增强实用性。解决复杂问题，可将多台计算机联合使用并构成高性能的计算机体系，这种协同工作、并行处理要比单独购置高性能的大型计算机便宜得多。

3. 计算机网络的组成

1）计算机网络的系统组成

从计算机网络各组成部件的功能来看，各部件主要完成两种功能，即网络通信和资源共享。计算机网络中实现网络通信功能的设备及其软件的集合称为网络的通信子网，而网络中实现资源共享功能的设备及其软件的集合称为资源子网。计算机网络的组成如图 1-1 所示。

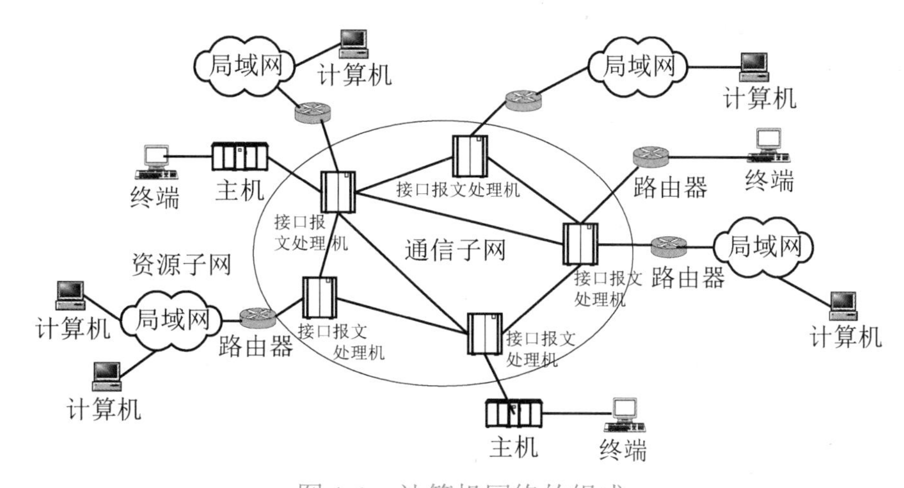

图 1-1　计算机网络的组成

（1）通信子网

通信子网负责计算机间的数据通信，也就是信息的传输。通信子网覆盖的地理范围可能只是很小的局部区域，如一幢大楼或一个房间；也可能是远程的，甚至跨越国界的，可以是一个洲或全球。通信子网除了包括传输信息的物理媒体，还包括诸如转发器、交换机之类的通信设备。信息在通信子网中以某种传输方式从源出发经过若干中间设备的转发或交换最终到达目的地。

（2）资源子网

通过通信子网互连在一起的计算机负责运行对信息进行处理的应用程序，它们是网络中信息流动的源与宿，向网络用户提供可共享的硬件、软件和信息资源，构成资源子网。

资源子网也在不断地变化，早期的资源子网主要是主机（Host）与终端，随着局域网（Local Area Network，LAN）与计算机技术的发展，这种主机与终端应用模式又逐渐地被局域网应用模式所取代。因此，现在的资源子网可以理解为若干个局域网，通信子网完成了在这些局域网之间的数据传输。

就局域网而言，通信子网由网卡、线缆、集线器（Hub）、中继器（Repeater）、网桥、路由器（Router）、交换机等设备和相关软件组成。资源子网由联网的服务器、工作站、共享的打印机和其他设备及相关软件组成。

在广域网（Wide Area Network，WAN）中，通信子网由一些专用的通信处理机［接口（Interface）报文处理机（IMP）］及其运行的软件、交换机等设备和连接这些节点的通信链路组成。资源子网由网络上的所有主机及其外部设备组成。

从用户角度来看，计算机网络是一个透明的数据传输机构，网上的用户可以不必考虑网络的存在而访问网络中的任何资源。

2）计算机网络的软件

网络系统除了包括网络硬件设备，还应该具备网络软件。因为在网络上，每一个用户都可以共享系统中的各种资源，系统该如何控制和分配资源、网络中各种设备以何种规则实现彼此间的通信、网络中的各种设备该如何被管理等，都离不开网络的软件系统。因此，网络软件是实现网络功能必不可少的软环境。通常，网络软件包括以下几种。

（1）网络协议（Network Protocol）软件：实现网络协议功能，如传输控制协议 / 网际协议（Transmission Control Protocol/Internet Protocol，TCP/IP）、IPX/SPX 等。

（2）网络通信软件：用于实现网络中各种设备之间的通信的软件。

（3）网络操作系统：实现系统资源共享，管理用户的应用程序对不同资源的访问。典型的网络操作系统有 Windows NT/2000/2003/2008、Novell NetWare、UNIX、Linux 等。

（4）网络管理软件和网络应用软件：网络管理软件是用来对网络资源进行管理，以及对网络进行维护的软件；而网络应用软件是为网络用户提供服务的，是网络用户在网络上解决实际问题的软件。

网络软件最重要的特征是，它研究的重点不是网络中各个独立的计算机本身的功能，而是如何实现网络特有的功能。

任务二　了解计算机网络的分类

任务引入

自古以来人们就喜欢对事物进行分类，以便从中找到事物的共同特征，进而归纳出其中蕴含的某些规律，使得人们能够更加深刻地看透事物的本质。甚至我们的文字如“树”“根”等都有类别之分，很多时候通过分类能够达到事半功倍的效果，统计学往往用到的就是分类思想。

计算机网络的种类繁多，性能各异，根据不同的分类原则，可以得到不同类型的计算机网络。常见的分类方式有哪些呢？

任务分析

计算机网络可按不同的标准分类，如按网络的作用范围、网络的传输技术、网络的使用范围、网络的传输介质、企业和公司管理等。

知识链接

1. 按网络的作用范围划分

按照网络覆盖的地理范围和计算机之间互连的距离进行划分的标准更能反映网络技术的本质，不同规模的网络将采用不同的技术。通常按此将计算机网络分为三类：局域网、城域网和广域网。

1）局域网

局域网一般在几十米到几十千米范围内，一个局域网可以容纳几台至上千台计算机。局域网如图 1-2 所示。局域网分布于比较小的地理范围内，因为采用了不同的传输介质，所以不同局域网的传输距离也不同。

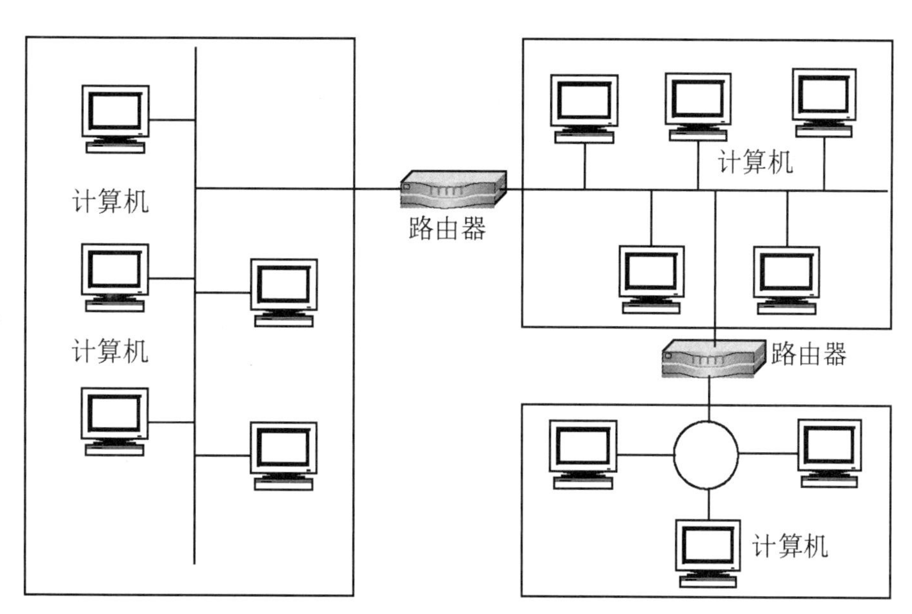

图 1-2 局域网

局域网可以分成许多种类，主要有以太网（Ethernet）、令牌环（Token Ring）网和 FDDI（Fiber Distribute Data Interface）环网等。近年来，以太网发展速度非常快，所以目前所见到的局域网几乎都是以太网。局域网组网方便、价格低廉，技术实现起来比广域网容易，一般用于企业、学校、机关及机构组织等作为内部网络。局域网的优点是距离短、延迟（Delay）小、数据传输速率高和传输可靠。

2）城域网

城域网（Metropolitan Area Network，MAN）的规模局限在一座城市的范围内，覆盖的地理范围为几十千米至数百千米。城域网如图1-3所示。城域网是对局域网的延伸，用来连接局域网，在传输介质和布线结构方面牵涉范围较广。城域网是一个共同工作的网络集合，在一个城市地区提供接入和服务。例如，在一个城市范围内，企业、学校、机关及机构组织之间通过局域网联网，城域网既可以支持数据和语音传输，又可以与有线电视相连。

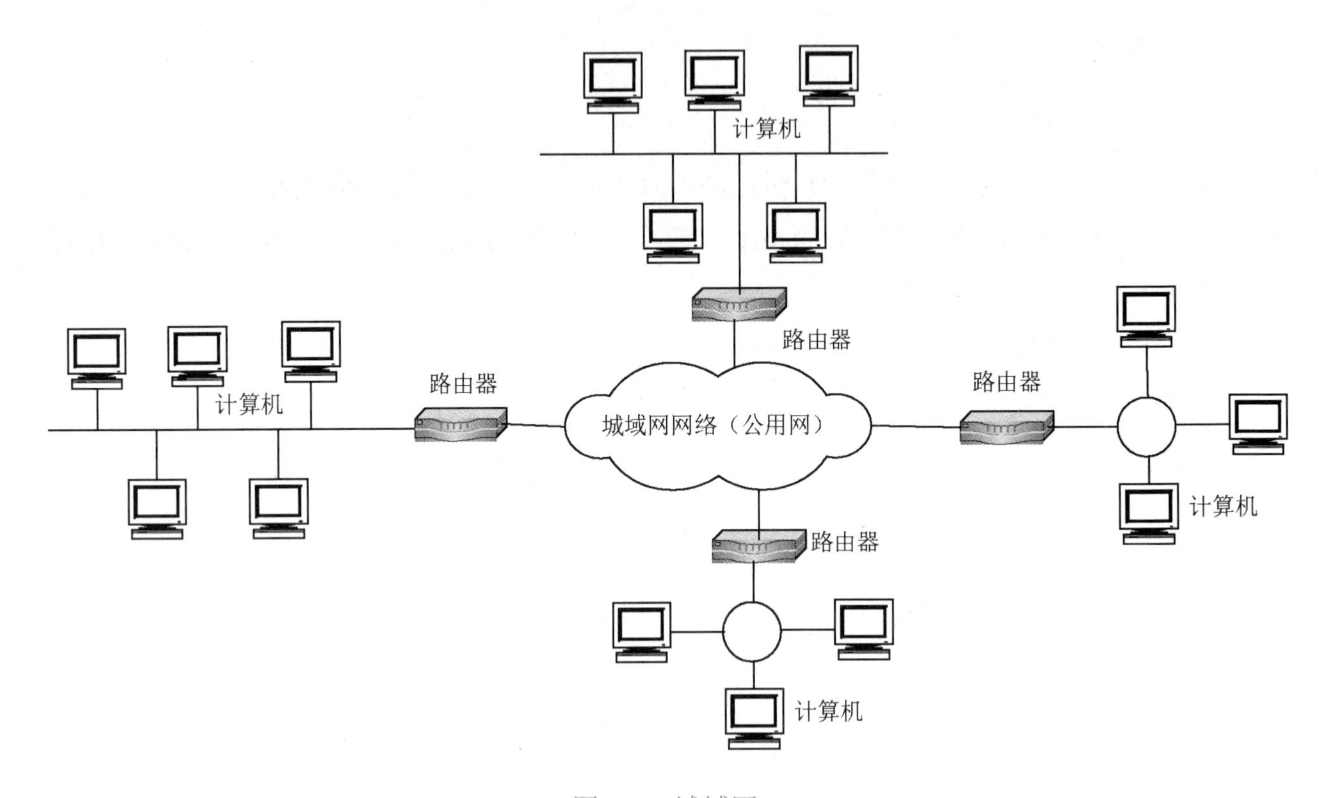

图1-3 城域网

城域网究竟采用哪种技术没有明确的规定，按照IEEE的标准，城域网采用DQDB标准。但是近年来，人们在组建城域网时大多数都采用ATM网或者更多地采用千兆以太网。所以说，城域网可以理解为一种放大了的局域网或缩小了的广域网。

3）广域网

广域网是将分布在各地的局域网连接起来的网络，地理范围非常大，从数百千米至数千千米，甚至上万千米，可以跨越国界、洲界，甚至到达全球范围。其目的是让分布较远的不同网络互连。广域网如图1-4所示。广域网技术主要有公共交换电话网（Public Switched Telephone Network，PSTN）、综合业务数字网（Integrated Service Digital Network，ISDN）和帧中继（Frame Relay，FR）等。在广域网中，通常利用电信部门提供的各种公用交换网，将分布在不同地区的计算机系统互连起来，达到资源共享的目的。广域网使用的主要技术为存储转发技术。

最后还需指出，由于10 Gbit/s以太网和IP宽带网的出现，以太网已经可以应用到广域网中，这样广域网、城域网与局域网的界限也就越来越模糊了。

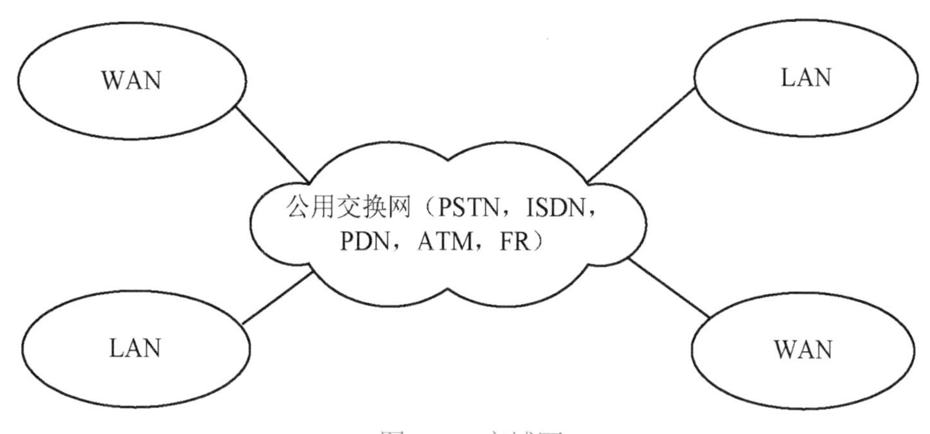

图 1-4　广域网

2. 按网络的传输技术划分

1）广播网络

广播网络（Broadcast Network）仅有一条通信信道，网络上的所有计算机都共享这个通信信道。当一台计算机在信道上发送分组或数据报时，网络中的每台计算机都会接收到这个分组，并且将自己的地址与分组中的目的地址进行比较，如果相同，则处理该分组，否则将它丢弃。

在广播网络中，若某个分组发出以后，网络上的每一台机器都接收并处理它，则称这种方式为广播（Broadcasting）；若分组是发送给网络中的某些计算机，则称为多点播送或组播（Multicast）；若分组只发送给网络中的某一台计算机，则称为单播（Unicast）。无线网和总线型网络一般采用广播传输方式。

2）点到点网络

点到点网络（Point-to-Point Network）是由机器之间的多条连线组成的，从源到目的地的分组传输过程可能要经过多个中间机器，而且可能存在多条传输路径，因此点到点网络中的路由算法十分重要。星形网、环形网、网状网一般采用点到点的方式来传输数据。

一般来讲，小的网络采用广播方式，而大的网络则采用点到点的方式。

3. 按网络的使用范围划分

1）公用网

公用网由电信部门或其他提供通信服务的经营部门组建、管理和控制，网络内的传输和转换装置可提供（如租用）给任何部门和个人使用，因此公用网也称为公众网。公用网常用于广域网的构造，支持用户的远程通信。

2）专用网

专用网是由用户部门组建经营的网络，不允许其他用户或部门使用。由于投资的因素，专用网常为局域网或者是通过租借电信部门的线路而组建的广域网，如由学校组建的校园网、由企业组建的企业网等。专用网也可以使用自己铺设的线路，但成本非常高。

4. 按网络的传输介质划分

1）有线网

有线网是指采用双绞线、同轴电缆（Coaxial Cable）、光纤连接的计算机网络。有线网的传输介质包括如下几种。

（1）双绞线：双绞线网是目前最常见的联网方式之一，它比较经济，安装方便，传输速率和抗干扰能力一般，广泛应用于局域网中。它还可以通过电话线上网，通过现有电力网导线建网。

（2）同轴电缆：同轴电缆网可以通过专用的粗电缆或细电缆组网。此外，它还可通过有线电视电缆，使用电缆调制解调器（Cable Modem）上网。

（3）光纤：光纤网采用光导纤维作为传输介质。光纤传输距离长，传输速率高，可达每秒数千兆比特，抗干扰性强，不易受到电子监听设备的监听，是高安全性网络的理想选择。

2）无线网

无线网使用电磁波传送数据，它可以传送无线电波和卫星信号，由于无线网络的联网方式灵活方便，因此是一种很有前途的组网方式。目前，不少大学和公司已经在使用无线网络了。无线网包括如下几种。

（1）无线电话：通过手机上网已成为新的热点。目前，无线电话联网费用相对较高，但由于联网方式灵活方便，所以它是一种很有发展前景的联网方式。

（2）无线电视网：普及率高，但无法在一个频道上和用户进行实时交互。

（3）微波通信网：通信保密性和安全性较好。

（4）卫星通信网：能进行远距离通信，但价格昂贵。

5. 按企业和公司管理划分

1）内联网

内联网（Intranet）是指企业的内部网，是由企业内部原有的各种网络环境和软件平台组成的，例如，传统的客户机 / 服务器模式，逐步改造、过渡、统一到像互联网（Internet）那样使用方便，即使用互联网上的浏览器 / 服务器模式。内部网络采用通用的 TCP/IP 作为通信协议，利用互联网的 WWW 技术，以 Web 模型作为标准平台。一般内联网具备自己的 Intranet Web 服务器和安全防护系统，为企业内部提供服务。

2）外联网

外联网（Extranet）相对于企业内部网，泛指企业之外，需要扩展连接到与自己相关的其他企业网，采用互联网技术，又有自己的 WWW 服务器，但不一定与互联网直接进行连接的网络。同时，必须建立防火墙（Firewall）把内联网与互联网隔离开，以确保企业内部信息的安全。

3）因特网

因特网是目前最流行的一种国际互联网。WWW 将位于全世界因特网上不同网址的相关数据信息有机地组织在一起，通过浏览器提供一种友好的查询界面，用户仅需要提出查询要求，而不必关心到什么地方去查询及如何查询，这些均由 WWW 自动完成。WWW 为用户带来的是世界范围的超文本服务，用户可以通过因特网调用希望得到的文本、图像和声音等信息。另外，WWW 仍可提供远程登录（Telnet）协议、文件传输协议（File Transfer Protocol，FTP）、电子邮件（E-mail）等传统的因特网服务。通过使用浏览器，一个不熟悉网络的人可以很快成为使用因特网的“行家”。

任务三　了解校园网的典型网络拓扑结构

任务引入

“司空见惯”和“不明所以”往往用来形容一个人对某个事物的认知，看似对立的两种观点很多时候却在同一事物上同时体现出来，比如，我们经常看到某个东西但并不了解它，就像我们经常使用的校园网，你是否真的了解呢？

参观学校的网络中心和计算机教室，了解整个校园网络的整体状况，总结出校园网的网络拓扑结构。

任务分析

随着教育信息化的快速推进，各个学校正以前所未有的速度向信息化和网络化发展。校园网有什么功能？如何建设？建成什么样？下面就来一一分析。

（1）校园网是以现代网络技术、多媒体技术及互联网技术等为基础建立起来的计算机网络，是为学校教职工和广大学生提供教学、科研、管理、宣传和其他信息交流的服务平台。校园网由硬件和软件两部分组成，软硬件的充分结合是校园网发挥作用的前提。

（2）校园网可以实现的功能有网络化多媒体教学、图书馆多媒体访问、多媒体电子阅览、互联网的访问、远程教育、视频会议、学籍管理、行政管理、无纸化办公、对外交流与宣传等。

（3）校园网的典型网络拓扑结构如图 1-5 所示。整个网络系统采用了“主干千兆、支干千兆、百兆交换到桌面”的以太网技术，校园网的核心和各个节点用光纤连接，充分满足了应用发展对主干带宽（Bandwidth）的需求，并能顺利过渡到万兆以太网；在网络出口部署了路由器用以连接互联网；并且为了充分保证网络的安全性与可靠性，在网络入口处部署了防火墙。

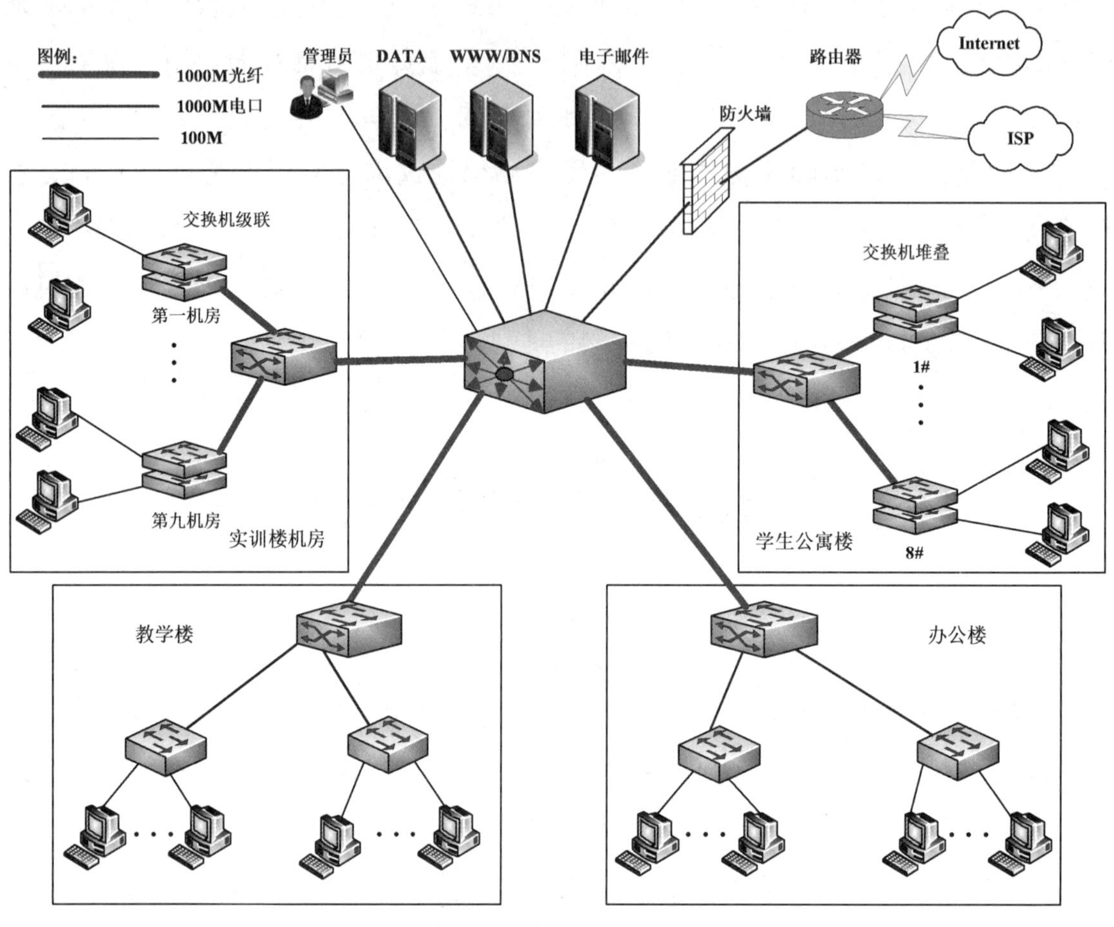

图 1-5　校园网的典型网络拓扑结构

（4）校园网硬件系统包括服务器、交换机、路由器、防火墙、机柜、终端设备等。

（5）校园网软件系统包括：系统软件，如 Windows Sever 2003 等；应用软件，如办公自动化系统、教育教学管理系统、图书管理与阅览系统、校园一卡通系统、网上教学与 VOD 系统、校园网站信息管理系统、教学资源及教师备课系统、校园网络安全系统等。

知识链接

在拓扑学中，事物被抽象成节点，事物间的关系被抽象成连线组成的图形，这称为拓扑。在网络中，节点就是计算机，连线就是通信介质，所以网络拓扑就是用拓扑学的方法研究计算机之间如何连接构成网络。按照拓扑结构分类，基本上可以分成两大类：一类是有规则的拓扑，这种拓扑结构的图形一般是有规则的和对称的，又分成星形拓扑、树形拓扑、总线型拓扑和环形拓扑；还有一类是无规则的拓扑，这种拓扑结构只有网状图形，称为网状拓扑。计算机网络的拓扑结构如图 1-6 所示。

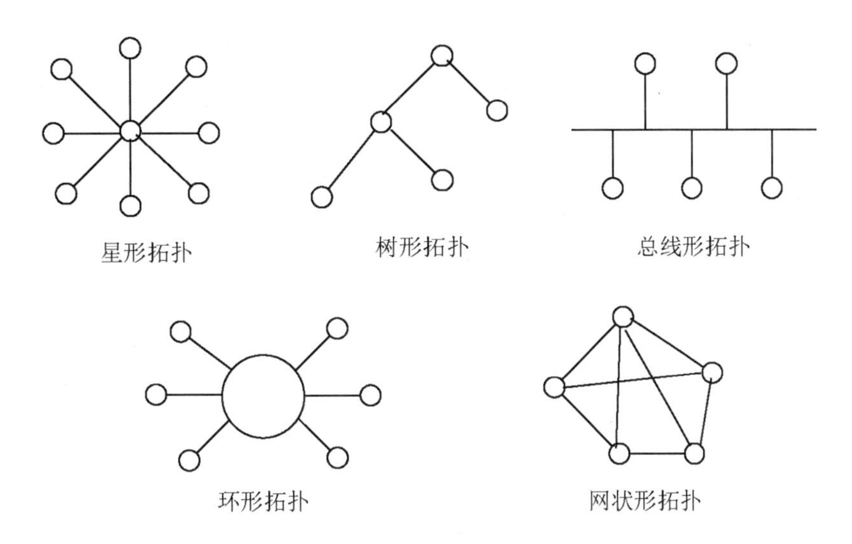

图 1-6　计算机网络的拓扑结构

1．星形拓扑结构

多个节点连接在一个中心节点上构成星形拓扑结构。单个联机系统是典型的星形结构，其中心节点既要负责数据处理，又要负责数据交换，是网络的控制中心，一旦出现故障容易引起全网瘫痪，故可靠性差。近年来，大多数以太网都采用这种星形结构，但中心节点不是一台主机，而是一个集线器或交换机，很容易在网络中增加新的节点。这类设备由于采用大规模集成电路技术，因此可靠性非常高，是一种非常可靠的组网形式。

2．树形拓扑结构

在树形拓扑结构中，网络中的各节点形成了一个层次化的结构，树中的各个节点都为计算机。树中低层计算机的功能和应用有关，一般都具有明确定义的和专业化很强的任务，如数据的采集和变换等；而高层计算机具备通用功能，以便协调系统工作，如数据处理、命令执行和综合处理等。一般来说，层次结构的层不宜过多，以免转接开销过大，使高层节点的负荷过重。

若树形拓扑结构只有两层，就变成了星形拓扑结构，因此，树形拓扑结构可以看成星形拓扑结构的扩展。

3．总线型拓扑结构

在总线型拓扑结构中，所有节点共享一条数据通道，一个节点发出的信息可以被网络上的多个节点接收，所以又称为广播方式的网络（广播方式的网络还包括星形和环形拓扑结构）。广播方式的机理比较简单，但是容易发生信息间的碰撞导致数据传输速率下降。早期的以太网采用这种方式，网络结构非常简单，组网方便，价格便宜。但是近年来，这种网络结构已经不多见了。

4．环形拓扑结构

在环形拓扑网络中，节点通过点到点通信线路连接成闭合环路。环中数据将沿一个方向逐站传送。环形拓扑网络结构简单，传输延时确定，但是环中每个节点与连接节点之间的通信线路都会成为网络可靠性的屏障。环中节点出现故障，有可能造成网络瘫痪。另外，对于环形网络，网络节点的加入、退出及环路的维护、管理都比较复杂。

5. 网状拓扑结构

网状拓扑结构分为全连接网状和不完全连接网状两种形式。在全连接网状拓扑结构中，每一个节点和网中其他节点均有链路连接。在不完全连接网状拓扑结构中，两节点之间不一定有直接链路连接，它们之间的通信可以依靠其他节点转接。网状拓扑结构的容错（Fault Tolerant）性最强，在这种拓扑结构中，网络的每个节点都能连接到其他节点上。

网状拓扑结构的最大优点是单一节点或者电缆区段的故障不会引起网络崩溃。当某个电缆区段出现故障时，数据能够通过其他节点重新确定路线，并到达最终目的地，因而这种拓扑结构具有较强的容错能力。

但是，网状拓扑结构实现的成本非常高，布线也很麻烦。一般仅用于大型网络系统，广域网基本上采用网状拓扑结构。

阅读材料

计算机网络自20世纪60年代开始发展至今，已形成从小型局域网到全球性的大型广域网的规模，计算机网络对现代人类的生产、经济、生活等各个方面都产生了巨大的影响。处理和传输信息的计算机网络已经成为信息社会的命脉和发展知识经济的重要基础，不论是企事业单位、社会团体或个人，生产效率和工作效率都由于使用计算机和计算机网络技术而有了质的飞跃。在当今的信息社会中，人们频繁地依靠计算机网络来处理个人和工作上的事务，而这种趋势也使得计算机和计算机网络显示出更强大的功能。计算机网络的形成大致分为以下几个阶段。

1. 以单计算机为中心的联机系统

20世纪50年代，一种称为收发器的终端被研制成功，它可以把数据通过电话线发送到远程主机，后来发明的电传打字机可以在主机与终端之间实现交互，用户在办公室内的终端输入程序，通过通信线路传送到中央计算机进行信息处理，处理完后将结果再通过通信线路送到用户终端显示或打印。人们把这种以单个中央计算机为中心连接大量在地理上处于分散位置的终端的系统，称为联机终端系统，也称为“面向终端的计算机通信网络”。

2. 分组交换网的诞生

20世纪60年代中后期，人们将主机与主机通过通信处理机和通信线路连接起来，于是就出现了通信子网。通信子网负责主机间的通信任务，主机和远程终端也通过通信处理机通信。于是，相继出现了各种专用的网络体系结构，如美国国防部高级研究计划局开发的分组交换网 ARPANET,分组交换网以通信子网为中心,主机和终端构成了用户资源子网,由此诞生了第二代计算机网络。

3．网络体系结构与协议标准化

20 世纪 80 年代，国际标准化组织（ISO）提出了开放式系统互连参考模型（Open System Interconnection/Referenced Model，OSI/RM），简称 OSI。OSI 的提出及其标准的制定推动了第三代计算机网络的发展，标准的概念和开放的思想已经深入人心。但是由于两个原因使得 OSI 标准至今不能得到执行。第一，在 OSI 标准推出之前，许多公司和机构都发布了各自的体系结构和标准；第二，ISO 为了兼顾各方的利益，使得制定的标准集过于庞大，并且至今没有推出成熟的产品。而有些协议虽然不是标准却已经实现了产品化，成了事实上的工业标准，如 TCP/IP。今后，OSI 的任务就是协调这些标准与 OSI 的关系。

同一时期，IEEE 802 局域网标准出台。局域网的发展不同于广域网，局域网厂商从一开始就按照标准化、互相兼容的方式展开竞争，它们大多进入了专业化的成熟时期。而这种统一的、标准化的产品互相竞争市场，也给局域网技术的发展带来了更大的繁荣。今天，在一个用户的局域网中，工作站可能是 HP 的，服务器可能是 IBM 的，网卡可能是 Intel 的，交换机可能是 Cisco 的，而网络上运行的软件则可能是 Red Hat 公司的 Linux 或是 Microsoft 公司的 Windows NT/2000/2003。

4．高速计算机网络

计算机网络经过第一代、第二代和第三代的发展，表现出了巨大的使用价值和良好的应用前景。进入 20 世纪 90 年代以来，微电子技术、大规模集成电路技术、光通信技术和计算机技术不断发展，为网络技术的发展提供了有力的支持。第四代高速计算机网络也迅速朝着高速化、实时化、智能化、综合化和多媒体化的方向发展。

高速化是指网络具有宽频带和低时延。采用光缆作为传输介质，可实现宽带化（或称为高传输速率）；低时延则要求用快速交换技术作为保证。目前，高速网络的传输速率可超过 1000Mbit/s。

综合化是指将语音、视频、图像、数据等多种业务综合到一个网络中去。过去，不同业务有不同的网络作为支持，如传送语音使用电话网、传送计算机数据使用分组交换网等。现在，人们可以将各种业务（如语音、视频、图像、数据等业务）以二进制代码的数据形式综合到一个网络中，而不必按照不同的业务建造不同的网络。此外，综合化的实现离不开多媒体技术。多媒体技术是指能够综合处理两种以上的数字、声音、图形和图像等信息媒体的技术，是实现综合化信息处理技术的基础。

计算机网络的进一步发展，将具有以下几个特点。

（1）开放式的网络体系结构。这种结构可以使不同软硬件环境、不同网络协议的网络互连，真正达到资源共享、数据通信和分布处理的目标。

（2）高性能。随着多媒体技术的发展，提供文本、声音、图像等综合性服务的计算机网络需要高速、高可靠和高安全性的高性能网络技术支撑。

（3）智能化。计算机网络智能化提高了网络的性能和综合的多功能服务，并更加合理地进行各种网络业务的管理，真正以分布和开放的形式面向用户提供服务。

5．移动互联网

高速计算机网络的持续发展为计算机网络的普及奠定了坚实的基础。与此同时，随着智能手机、平板电脑、笔记本等移动终端设备的广泛使用，计算机网络逐渐呈现出“移动化”特征，计算机网络开始迈入第五个阶段——移动互联网。

移动互联网技术是近些年新兴的一种技术，它将移动通信和互联网融合为一体，通过移动终端连接各种无线网络进行数据交换，它继承了移动通信随时、随地、随身和互联网共享、开放、互动的优点，是整合二者优势的“升级版本”。移动互联网于2G（第二代移动通信技术）时代得到初步应用。3G（第三代移动通信技术）网络使得移动互联网走上了快速发展的道路，以智能手机为代表的移动上网设备如雨后春笋般开始涌现。4G（第四代移动通信技术）时代的开启及移动智能设备的普遍使用为移动互联网的发展注入了巨大的能量，移动互联网迎来了前所未有的飞跃，进而促使电信运营商、互联网企业、传统行业等纷纷转型升级，同时催生了许多新的商业模式。5G（第五代移动通信技术）网络峰值理论传输速率可达20Gbit/s，合2.5GB/s，比4G网络的传输速率快10倍以上。一部1GB大小的电影可在4秒之内下载完成。随着5G技术的诞生，用智能终端分享3D电影、游戏及超高清（UHD）节目的时代正向我们走来。

项目总结

本项目介绍有关计算机网络的基本概念，主要内容包括计算机网络的作用，计算机网络的定义、功能及网络组成，网络的不同分类方法，计算机网络的拓扑结构，特别是对校园网络典型网络拓扑结构的了解，有助于后续项目的学习；最后通过阅读材料介绍了网络的形成与发展。

通过本项目的学习，可以使读者对计算机网络技术有一个整体上的了解与认识。

实训与练习 1

一、选择题

1．计算机网络是计算机技术与_____相结合的产物。

A．电话　　B．线路　　C．各种协议　　D．通信技术

2．计算机网络的目标是实现_____。

A．数据处理　　B．信息传输与数据处理

C．文献查询　　D．资源共享与数据传输

3．计算机网络的功能主要有_____。

A．数据通信

B．资源共享

C．提高系统的可靠性

D．分布式网络处理和负载均衡数据通信

二、填空题

1．从计算机网络组成的角度看，计算机网络可分为 ________ 子网和 ________ 子网。

2．计算机网络按距离划分可分为三类，分别是局域网、________ 和 ________。按通信介质划分，将网络划分为有线网和 ________。

3．计算机网络的拓扑结构有 ________、树形、________、环形和网状。

三、简答题

1．什么是计算机网络？计算机网络的主要功能是什么？

2．简述计算机网络与分布式系统的区别。

3．计算机网络拓扑结构的定义是什么？按照拓扑结构来分，计算机网络分为哪几种？

四、实训题

1．通过填写“计算机网络使用情况调查表”，你认为学习计算机网络技术能提高你的专业技能和学习效率吗？为什么？

2．参观学校的计算机教室，判断其属于哪一类的局域网并画出网络拓扑结构图。

3．参观学校的网络中心，了解网络的硬件系统和应用软件系统，并画出校园网络拓扑结构图，分析其应用系统的功能。

项目二

认识开放系统互连参考模型

网络涉及系统间的通信，通信必然涉及系统的连接，只有遵守共同的约定才能实现连接并完成网络所规定的通信任务。计算机网络就是按照高度结构化设计方法采用功能分层原理来实现的，本项目主要介绍开放系统互连参考模型（OSI/RM）的体系结构及各层的具体功能。

知识目标

- 了解网络系统的层次结构
- 掌握 OSI/RM 体系结构及各层的功能
- 理解数据传递过程中数据的封装与拆分

能力目标

- 能用 OSI/RM 分析网络工作机制
- 能用 OSI/RM 分析网络故障

任务一　了解计算机网络体系结构

任务引入

现实中许多伟大发明的灵感往往源于生活。例如，“锯子”的发明灵感源自一种锯齿状叶子，“蒸汽机”的发明灵感源自开水沸腾的水壶，等等。这里用邮政系统说明网络系统的分层结构是再好不过的。邮政系统如图 2-1 所示。邮政系统是一种古老的通信系统，这个系统分为三层。第一层是得到邮政服务的用户，包括发信者和收信者。发信者发出一封信，邮寄到收信者手里，实现了信的邮递。第二层是完成邮件传递的两个邮局，图 2-1 中为郑州局和北京局。邮局一般把发往同一地区的信集中起来放在邮袋中，一同传递到对方局，完成邮件在两局之间的传递。第三层是完成邮件传递的两个车站，图 2-1 中为郑州站和北京站。最终邮件是由火车在两个车站之间进行实体（Entity）传递的。

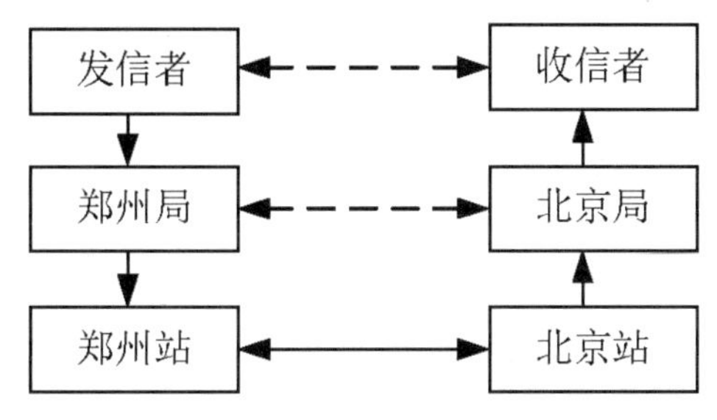

图 2-1 邮政系统

在邮件传递过程中，发信者与收信者进行的通信和两个邮局间进行的通信都是虚通信。信从发信者传递到收信者手里是由多层虚通信和有关的实通信完成的。邮局为用户服务，火车站为邮局服务，服务是一层层完成的。网络中进行通信的过程类似于邮件传递的过程。

任务分析

计算机网络技术涉及许多新的概念和新的技术，内容广泛而不太集中，是一个复杂的系统。为了更好地描述它、运用它，人们采用层次化结构的方法来描述复杂的计算机网络，以便将复杂的网络问题分解成许多较小的、界线比较清晰而又简单的部分来处理。所以，从网络通信原理的角度可以把网络分为 N 层（如 4 层）。网络的分层如图 2-2 所示。

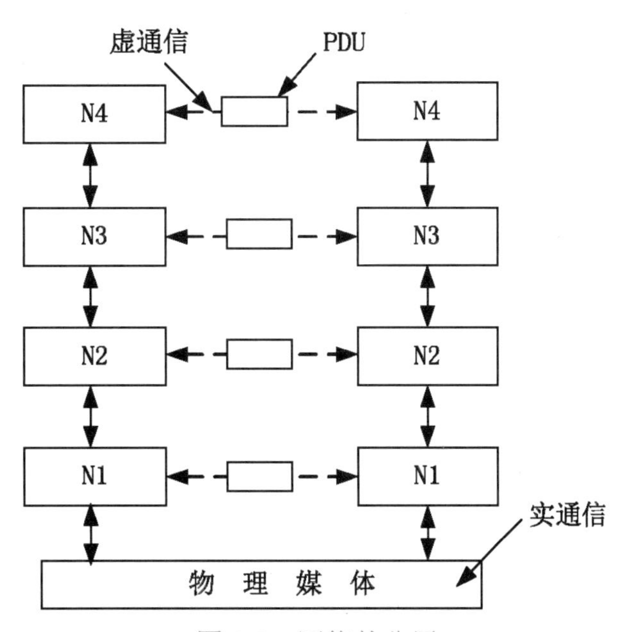

图 2-2 网络的分层

层次是人们对复杂问题处理的基本方法，将总体要实现的很多功能分配在不同层次中，对每个层次要完成的服务及服务要求都有明确规定。不同的系统分成相同的层次，不同系统的最低层之间存在着“物理”通信，不同系统的对等层之间存在着“虚拟”通信，各层虚通信完成各层协议数据单元（Protocol Data Unit，PDU）的传输。对不同系统的对等层之间的通信有明确的通信规定。高层使用低层提供的服务时，并不需要知道低层服务的具体实现方法。

1．网络系统的层次结构

1）层次结构研究方法的优点

（1）各层之间相互独立。

（2）灵活性好。

（3）各层都可以采用最合适的技术来实现。

（4）易于实现和维护。

（5）有利于促进标准化。

2）分层的原则

计算机网络体系结构的分层思想主要遵循以下几个原则。

（1）功能分工的原则：每一层的划分都应有它自己明确的与其他层不同的基本功能。

（2）隔离稳定的原则：层与层的结构要相对独立和相互隔离，从而使某一层内容或结构的变化对其他层的影响很小，各层的功能、结构相对稳定。

（3）分支扩张的原则：公共部分与可分支部分划分在不同层，这样有利于分支部分的灵活扩充和公共部分的相对稳定，减少结构上的重复。

（4）方便实现的原则：方便标准化的技术实现。

2．网络体系结构及协议的概念

计算机网络体系结构就是为了完成计算机间的通信合作，把每个计算机互连的功能划分成有明确定义的层次，并规定同层次进程通信的协议及相邻层之间的接口服务。

下面介绍在网络体系结构中所涉及的几个概念。

1）网络协议

网络协议是为网络数据交换而制定的规则、约定与标准。当用户应用程序、文件传输信息包、数据库管理系统和电子邮件等互相通信时，它们必须事先约定一种规则（如交换信息的代码、格式及如何交换等）。这种规则就称为网络协议。

网络协议的三要素有语义、语法与时序。

语义：用于解释比特流每一部分的意义。

语法：用户数据与控制信息的结构与格式，以及数据出现顺序的意义。

时序：事件实现顺序的详细说明。

2）实体

在网络分层体系结构中，每一层都由一些实体组成，这些实体抽象地表示了通信时的软件元素（如进程或子程序）或硬件元素（如智能I/O芯片等）。

实体是通信时能发送和接收信息的任何软硬件设施。

3）接口

接口是同一节点内相邻层之间交换信息的连接点，同一个节点的相邻层之间存在着明确规定的接口，低层向高层通过接口提供服务。只要接口条件不变、低层功能不变，低层功能的具体实现方法与技术的变化不会影响整个系统的工作。

4）服务

服务是指某一层及其以下各层的一种能力或功能，通过接口提供给其相邻上层。

因此，协议是“水平”的，服务是“垂直”的。一个功能完备的计算机网络需要制定一整套复杂的协议集，网络协议是按层次结构来组织的，网络层次结构模型与各层协议的集合称为网络体系结构。

网络体系结构对计算机网络应该实现的功能进行了精确的定义，体系结构是抽象的，而其通过能够运行的一些硬件和软件的实现却是具体的。

任务二　OSI/RM 的层次结构

任务引入

标准是实现特定功能的一系列规则，只要遵守这些规则就可以和任意站点互连互通。规则不仅存在于社会生活中，如法律、习俗等，也存在于计算机网络体系结构的设计思想中。遵循规则在某种意义上限制了人们的自由，但同时也给人们带来了更为广阔的自由。

计算机网络体系结构出现后，一个公司所生产的各种设备都能够很容易地互连成网。不同公司的产品，由于网络体系结构不同，很难互相联通。为了实现不同厂家生产的计算机系统之间及不同网络之间的数据通信，ISO 对各类计算机网络体系结构进行了研究，并于 1979 年公布了 OSI/RM，同时国际电报与电话咨询委员会（CCITT）认可并采纳了这一国际标准的建议文本（称为 X.200），在 1983 年形成了 OSI/RM 的正式文件，即著名的 ISO 7498 国际标准。

任务分析

OSI 中的“开放”是指只要遵循 OSI 标准，一个系统就可以与位于世界上任何地方、同样遵循同一标准的其他任何系统进行通信。作为一个概念性框架，它是不同制造商的设备和应用软件在网络中进行通信的标准。现在此模型已成为计算机间和网络间进行通信的主要结构模型。目前使用的大多数网络通信协议的结构都是基于OSI模型的。OSI将通信过程定义为7层，即将联网计算机间传输信息的任务划分为7个更小、更易于处理的任务组。每一个任务或任务组被分配到各个OSI层。每一层都是独立存在的，因此分配到各层的任务能够独立地执行。这样使得变更其中某层提供的方案时不会影响其他层。

OSI/RM的结构如图2-3所示。整个模型共分7层，从下往上分别是物理层（Physical Layer）、数据链路层（Data Link Layer）、网络层（Network Layer）、传输层（Transport Layer）、会话层（Session Layer）、表示层（Presentation Layer）和应用层（Application Layer），每一层都具有清晰的功能。总体上说，第4～7层用来处理数据源和数据目的地之间的端到端（End to End）通信，而第1～3层用来处理网络设备间的通信。层与层之间的联系是通过各层之间的接口进行的，上层通过接口向下层提出服务请求，而下层向上层提供服务。两个用户计算机通过网络进行通信时，除物理层之外，其余各对等层之间均不存在直接的通信关系，而是通过各对等层的协议来进行通信。例如，两个对等的网络层使用网络层协议通信，发送数据时，数据自上而下，在物理层的传输介质上传送数据；接收数据时，数据自下而上传输。

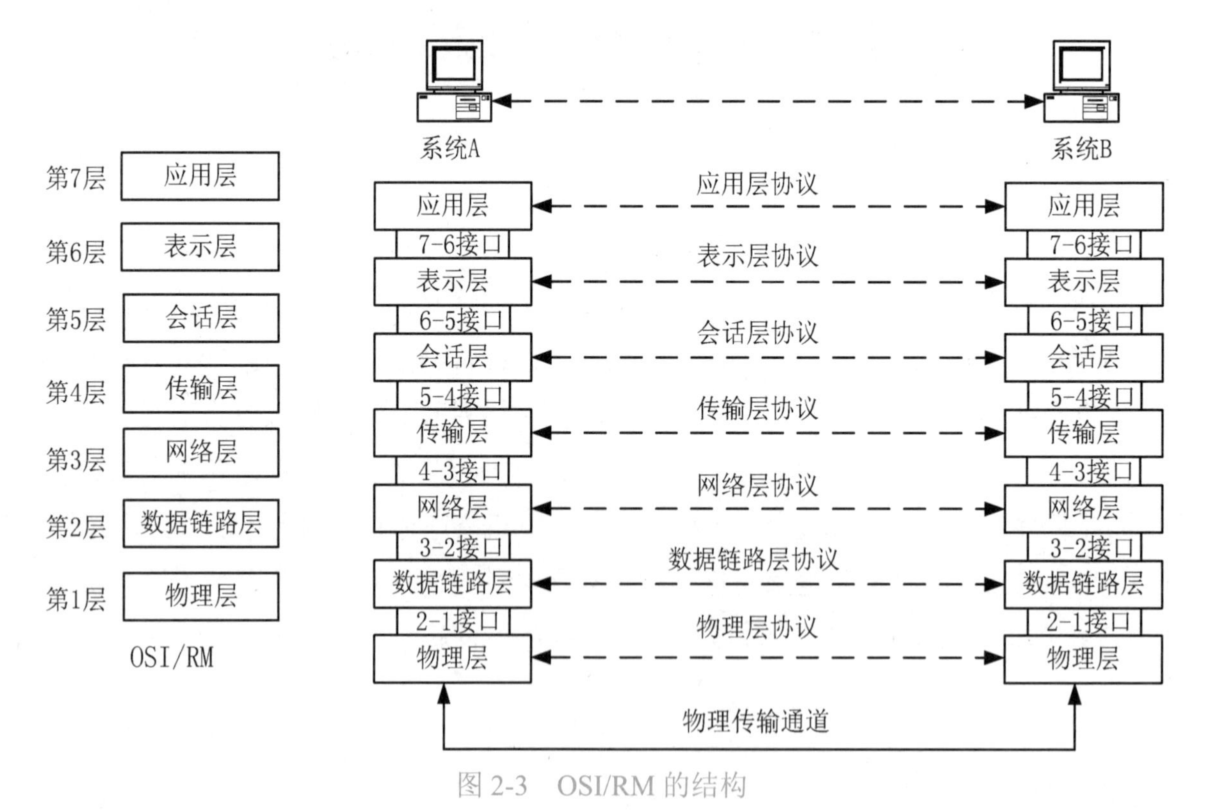

图2-3　OSI/RM的结构

1．两个通信实体间的通信

在实际中，当两个通信实体通过一个通信子网进行通信时，必然会经过一些中间节点，一般来说，通信子网中的节点只涉及低3层的结构。两个通信实体之间的层次结构如图2-4所示。

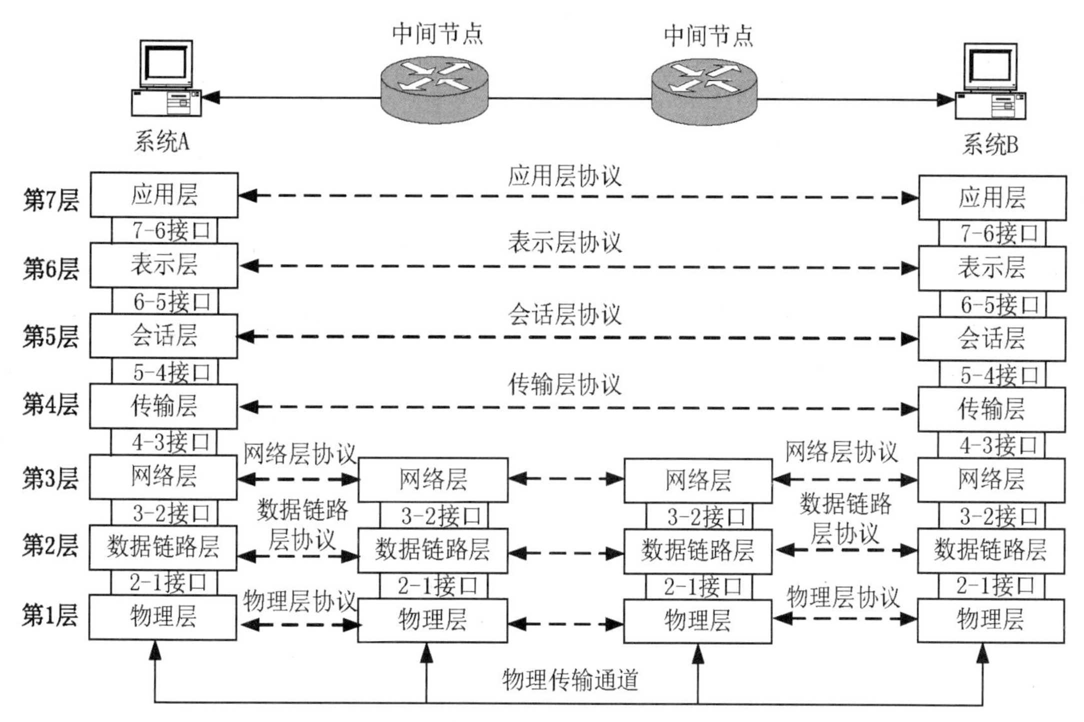

图 2-4　两个通信实体之间的层次结构

2. OSI/RM 的信息流动

物理层的通信是直接的二进制比特流传递。OSI/RM 的信息流动如图 2-5 所示。系统 A 将二进制比特流发送给系统 B。但在物理层之上，通信必须先通过系统 A 的各层自上而下依次通过层间接口向下传递，到了系统 B 后再经过各层自下而上依次通过层间接口向上传递。在发送设备的每一层从它紧挨着的上层接收到的报文要添加上本层的协议信息，然后将整个包装好的报文传递给紧挨着的下一层。

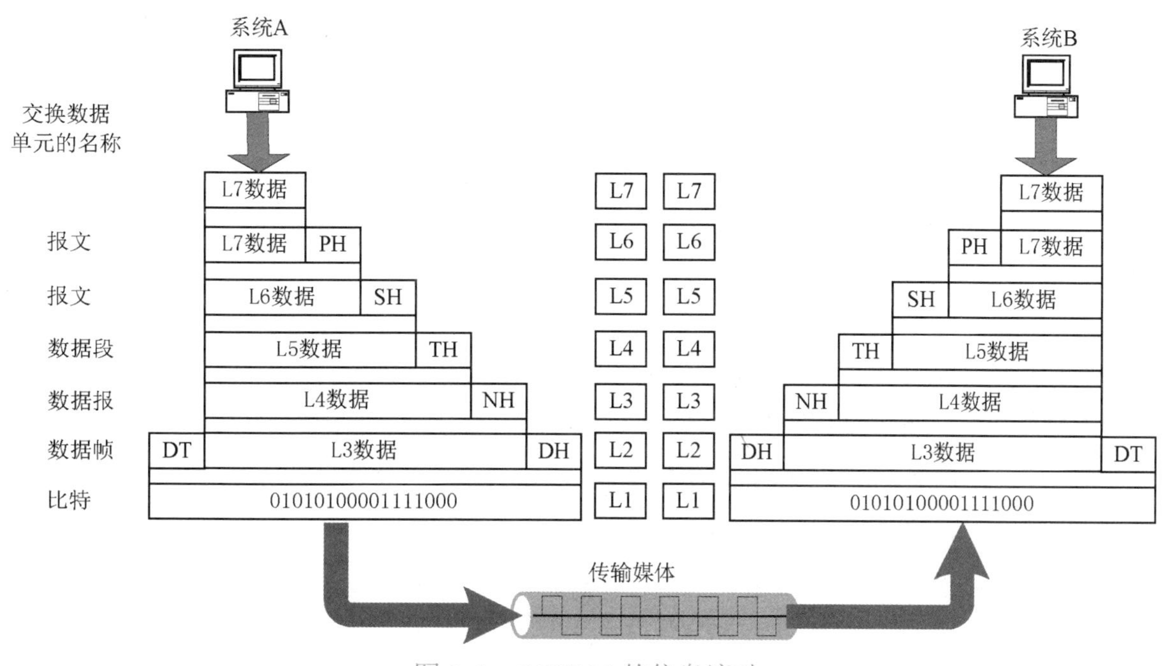

图 2-5　OSI/RM 的信息流动

在第 1 层，整个报文要转换成可向接收设备传送的形式。在接收设备上，报文要逐层被打开，每一个对等进程接收数据，然后取出对该层有意义的数据。例如，第 2 层把对第 2 层有意义的数据单元取走后，把其余部分传递给第 3 层。第 3 层把对它有意义的数据单元取走后，再把其余部分传递给第 4 层，依次类推。

从控制角度看，OSI/RM 中的第 1 ～ 3 层可以看成网络支持层，负责通信子网的工作，解决网络中的通信问题；第 5 ～ 7 层为应用控制层，负责有关资源子网的工作，解决应用进程的通信问题；第 4 层为通信子网和资源子网的接口，起到连接传输和应用的作用。OSI 的上 3 层总是用软件来实现的；而下 3 层则由硬件和软件组成，但物理层的大部分是硬件。

任务三　物理层

任务引入

物理层是 OSI/RM 的最低层。物理层与数据链路层的关系如图 2-6 所示。其任务就是为它的上一层提供一个传输数据的物理连接。

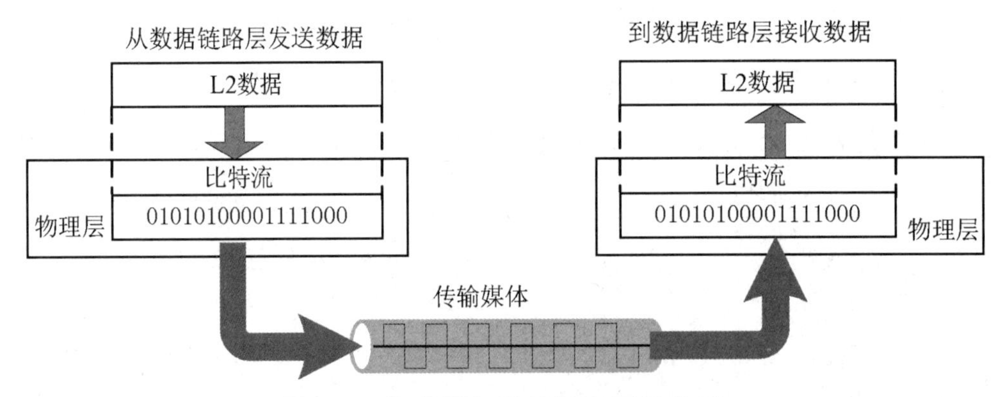

图 2-6　物理层与数据链路层的关系

任务分析

物理层在物理信道上传输原始的数据比特流，为建立、维护和拆除物理链路连接提供所需的各种传输介质、通信接口特性等。

物理层涉及的内容包括以下几个方面。

1．通信接口与传输媒体的物理特性

除了不同的传输介质自身的物理特性，物理层还对通信设备和传输媒体之间使用的接口做了详细的规定，主要体现在 4 个方面。

1）机械特性

机械特性规定物理连接器的规格尺寸、插针或插孔的数量和排列情况、相应通信介质的参数和特性等。例如，EIA RS-232C 标准规定的 D 型 25 针接口，ITU-T X.21 标准规定的 15 针接口等。

2）电气特性

电气特性规定了与在链路上传输二进制比特流有关的电路特性，如信号电压的高低、阻抗匹配、传输速率和距离限制等。例如，在使用 RS-232C 接口且传输距离不大于 15m 时，最大传输速率为 19.2kbit/s。

3）功能特性

功能特性规定各信号线的功能或作用。信号线按功能可分为数据线、控制线、定时线和接地线等。

4）规程特性

规程特性定义 DTE 和 DCE 通过接口连接时，各信号线进行二进制位流传输的一组操作规程（动作序列），如怎样建立、维持和拆除物理连接，全双工还是半双工操作等。

2．物理层的数据交换单元为二进制比特

为了传输比特流，可能需要对数据链路层的数据进行调制或编码，使之成为模拟信号、数字信号或光信号，以实现在不同的传输介质上传输。

3．比特的同步

物理层规定了通信的双方必须在时钟上保持同步的方法，如异步传输和同步传输等。

4．线路的连接

线路的连接是指通信设备之间的连接方式，例如，在点对点连接中，两个设备之间采用了专用链路连接，而在多点连接中，所有的设备共享一个链路。

5．物理拓扑结构

物理拓扑定义了设备之间连接的结构关系，如星形拓扑、环形拓扑和网状拓扑等。

6．传输方式

传输方式是设备之间连接的传输方式，如单工、半双工和全双工。

任务四　数据链路层

任务引入

数据链路层通过物理层提供的比特流服务，在相邻节点之间建立链路，传送以帧（Frame）

为单位的数据信息，并且对传输中可能出现的差错进行检错和纠错，向网络层提供无差错的透明传输。

任务分析

数据链路层的有关协议和软件是计算机网络中的基本部分，在任何网络中数据链路层都是必不可少的层次，相对高层而言，它所有的服务协议都比较成熟。数据链路层与网络层的关系如图2-7所示。

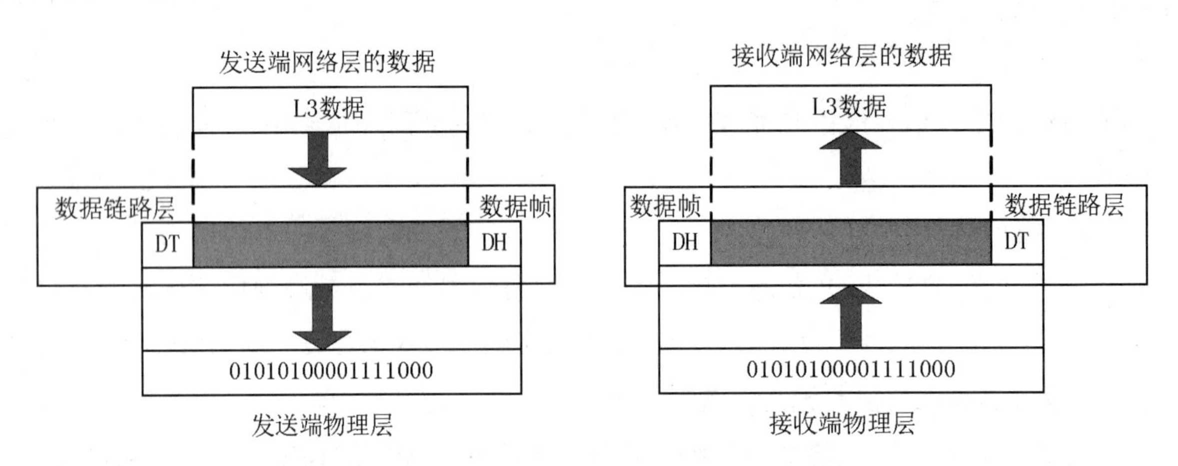

图2-7　数据链路层与网络层的关系

数据链路层主要负责以下任务。

1. 组帧

数据链路层把从网络层接收的数据划分成可以处理的数据单元，即帧。帧是一种用来移动数据的结构包，帧的构成类似于火车的结构，一些车厢负责运送旅客和行李（相当于数据），车头、车尾保证了列车的完整性（帧结构的完整），还有一些车厢完成其他的工作（对帧信息的校验、标识目的地址和源地址等）。如图2-8所示为简化的帧结构。

源地址	目的地址	控制信息	数据	错误校验信息

图2-8　简化的帧结构

2. 物理编址

如果这些帧需要发送给网络上的不同系统，那么数据链路层就要把首部加到帧上，以明确帧的发送端或接收端。如果这个帧要发送给在发送端网络以外的一个系统，则接收端地址就应当是将本网络连接到下一个网络的连接设备的地址。

3. 流量控制

如果接收端接收数据的速率小于发送端产生的速率，那么数据链路层就应使用流量控制机制来预防接收端因过载而无法工作。

4. 差错控制

数据链路层增加了一些措施来检测和重传损坏或丢失的帧，因而给物理层增加了可靠性。它还采用前导机制来防止出现重复帧。差错控制通常是在帧的最后加上尾部来实现的。

5. 接入控制

当两个或更多的设备连接到同一条链路时，数据链路层就必须决定哪一个设备在什么时刻对链路有控制权。在后面章节讨论局域网时会叙述，介质访问控制（Medium Access Control，MAC）技术是决定局域网特性的关键技术。

任务五 网络层

任务引入

网络层的主要功能是提供路由，即选择到达目标主机的最佳路径，并沿该路径传送数据报。除此之外，网络层还要能够消除网络拥挤，具有流量控制和拥塞控制的能力。

任务分析

网络层位于 OSI/RM 的第 3 层，解决的是网络与网络之间，即网际的通信问题，而不是同一网段内部的事。

数据链路层只是负责同一个网络中相邻两节点之间的链路管理及帧的传输等问题。当两个节点连接在同一个网络中时，可能并不需要网络层，只有当两个节点分布在不同的网络中时，通常才会涉及网络层的功能，保证数据报从源节点到目的节点的正确传输。而且，网络层要负责确定在网络中采用何种技术，从源节点出发选择一条通路通过中间的节点，将数据报最终送达目的节点。如图 2-9 所示为网络层与传输层的关系。

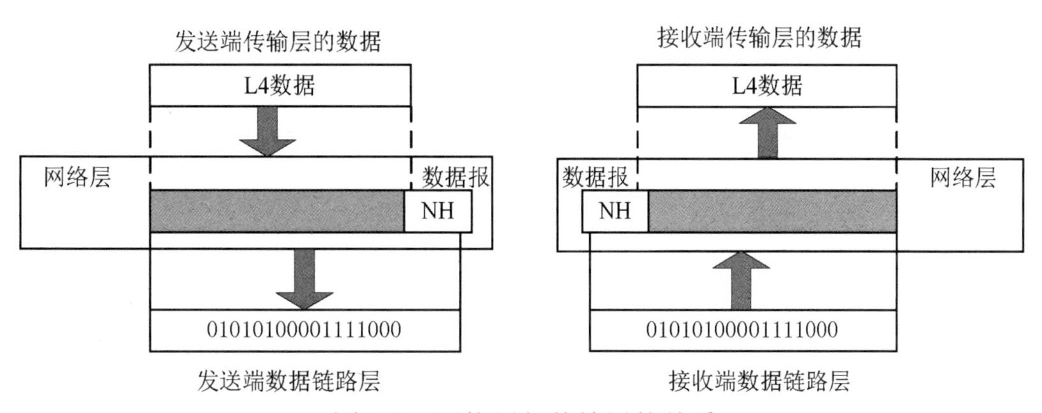

图 2-9 网络层与传输层的关系

网络层主要负责以下任务。

1. 逻辑地址寻址

数据链路层的物理地址只是解决了同一个网络内部的寻址问题，如果一个分组穿过了网络的边界，就需要一种编址来帮助用户区分开源系统和目的系统。网络层给上层来的分组添加首部，其中包括发送端和目的端逻辑地址。

2. 路由功能

在网络中，端节点之间的数据传输可以选择多条路径，网络层如何为分组的存储转发选择一条较好的路径称为路由选择。路由选择的关键是根据一定的原则和算法在传输通路中选出一条通向目的端的最佳路由。

3. 流量控制

在数据链路层中介绍过流量控制，在网络层同样也存在流量控制问题。只不过数据链路层中的流量控制是在两个相邻节点之间进行的，而在网络层中是完成数据报从源节点到目的节点过程中的流量控制。

4. 拥塞控制

信道带宽、节点发送与接收缓冲区、处理机速度等称为网络资源，一般采取拥塞控制的方法限制网络资源的使用。网络上传输的信息量是变化的，而网络的容量是不变的。把进入网络的分组数看成负载量，把网络上输出的分组数看成吞吐量，负载量大时，网络的吞吐量也大，但是当负载量继续增加时，网络的资源就会变得紧张。随着负载量的增加，吞吐量增加缓慢或不再增加，这种现象称为拥塞。

拥塞是进入网络的分组数太多造成的，拥塞的结果最终有可能导致死锁。通过拥塞控制，能防止出现拥塞和死锁。

任务六　其他各层简介

任务引入

OSI/RM 中第 4 ～ 7 层分别是传输层、会话层、表示层、应用层，下面介绍这几层各自的功能。

任务分析

1. 传输层

传输层所处的位置是7层中的第4层，是承上启下的一层，是OSI/RM中至关重要的一层，几乎所有著名的网络体系结构都保留有传输层。传输层负责将报文准确、可靠、顺序地从源端传输到目的端（端到端）。这两个节点可以在同一网段上，也可以在不同网段上。网络层监督单个分组的端到端传输，但并不考虑这些分组之间的关系。网络层独立地处理每个分组，就好像每个分组属于独立的报文那样，而不管是否真的如此。但传输层要确保整个报文原封不动地按序到达，监督从源端到目的端这一级的差错控制和流量控制。如图 2-10 所示为传输层的端到端传输。

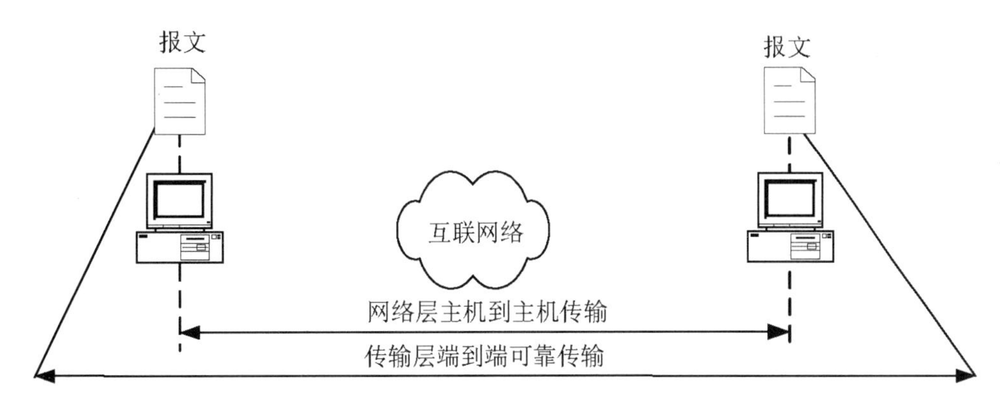

图 2-10　传输层的端到端传输

传输层是资源子网与通信子网的接口和桥梁，无论通信子网提供的服务可靠性如何，经传输层处理后都应向上层提交可靠的、透明的数据传输。传输层在网络层提供服务的基础上为高层提供两种基本的服务：面向连接的服务和面向无连接的服务。面向连接的服务要求高层的应用在进行通信之前，先要建立一个逻辑的连接，并在此连接的基础上进行通信，通信完毕后要拆除逻辑连接，而且通信过程中还要进行流量控制、差错控制和顺序控制。因此，面向连接提供的是可靠的服务。而面向无连接提供的是一种不太可靠的服务，由于它不需要高层应用建立逻辑连接，所以它就不能保证传输的信息按发送顺序交给用户。不过，在某些场合是必须依靠这种服务的，如网络中的广播数据。

2. 会话层

会话层的作用主要是在网络中不同用户、节点之间建立和维护通信通道、两个节点之间的会话，决定通信是否被中断及中断时决定从何处重新发送。例如，从互联网中下载文件，就与想要下载的文件所在地（提供下载的网站）建立了联系，也就是说建立了一个会话，这个下载的通道是会话层来控制的，如果下载的时候网络由于某种原因断掉了，等网络恢复正常后，仍然可以通过会话层的控制执行断点续传。

3．表示层

表示层处理的是两个系统所交换信息的语法和语义。表示层的作用主要包括以下几个方面。

（1）数据的解码与编码。两个系统中的进程（运行着的程序）所交换信息的形式通常都是字符串、数字等。这些信息在传送之前必须变换位流。由于不同计算机使用不同的编码系统，所以表示层的责任就是在这些不同的编码方法之间提供转换的可操作性。在发送端的表示层将信息转换为一种公共的格式，在接收端的表示层将此公共格式转换为与接收端有关的格式。

（2）数据的加密与解密。为了安全起见，要在发送前对数据进行加密处理，在数据到达目的端后，网络的表示层对接收的数据进行解密，变成用户能识别的信息。

（3）数据的压缩和解压。数据压缩压缩了信息中所包含的位数。在传输多媒体信息（如文本、声音和视频）时，数据压缩特别重要。

4. 应用层

应用层位于OSI/RM的最高层，它为计算机网络与应用软件提供接口，从而使得应用程序能够使用网络服务。这里的应用并不是单独指向某个特定程序的执行，如打开一个Word文档、建立一个Excel表格等，而是它在OSI/RM下面6层提供的数据传输和数据表示等各种服务的基础上，为网络用户或应用程序提供完成特定网络服务功能所需的各种应用协议。

常用的网络服务包括文件服务、电子邮件服务、打印服务、集成通信服务、目录服务、网络管理服务、安全服务、多协议路由与路由互连服务、分布式数据库服务、虚拟终端服务等。网络服务由相应的应用协议来实现，不同的操作系统提供的网络服务在功能、用户界面、实现技术、硬件平台支持及开发应用软件所需的应用程序接口（API）等方面均存在较大差异，而采纳的应用协议也各有特色，因此，应用协议的标准化是必需的。

任务七　数据的封装与拆分

任务引入

“纸上得来终觉浅，绝知此事要躬行”，通过观察、分析数据传输的封装及拆分过程，能够提高对OSI/RM各层功能的认识。

任务分析

1. 数据传输的封装及拆分机制

网络世界中数据的传输可以通过OSI/RM的7层来解释其全过程。数据在通过各层的时候，均被附加一些该层的信息，把每一层在数据上附加该层信息的过程理解为各层对数据的封装；接收方接收数据时，只要在各层上打开对应的封装，就能获得本层需要的数据，这个逆向的过程为拆分。封装与拆分的过程主要在传输层、网络层、数据链路层、物理层来实现。如图 2-11 所示为数据的封装过程。

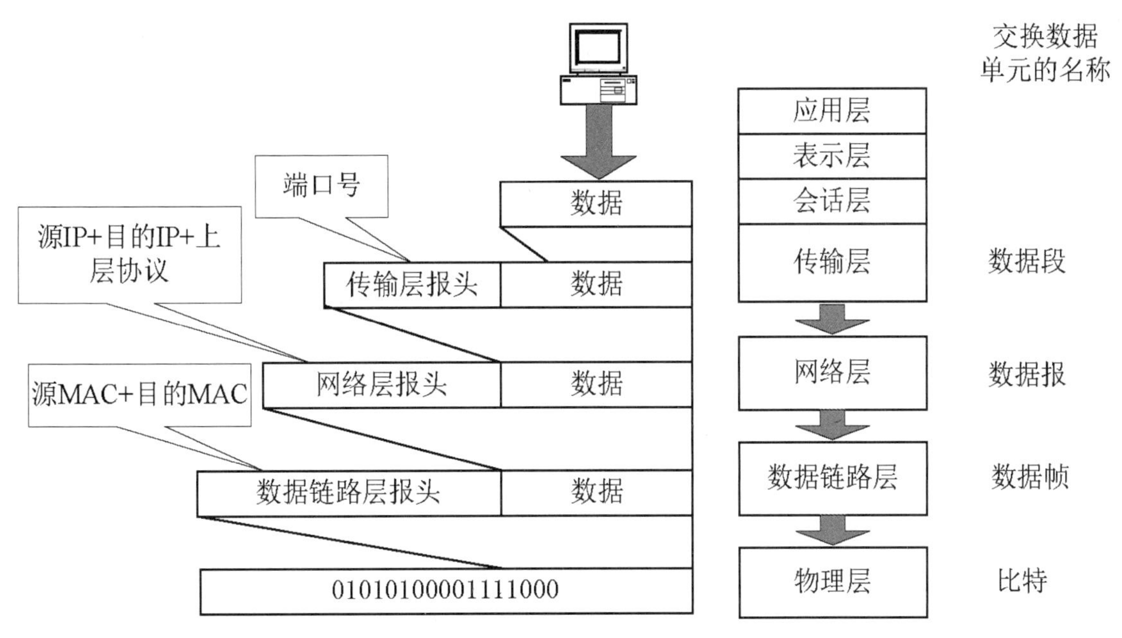

图 2-11　数据的封装过程

2．数据传输的封装及拆分过程

现在用发送电子邮件和接收电子邮件的过程来讨论封装及拆分的过程。当写好电子邮件后，提出一个发送到远程邮件服务器的请求，发送端的应用层会识别请求，并将请求（APDU，应用层协议数据单元）传递到表示层；表示层将 APDU 数据格式化，并根据需要进行加密处理，然后封装为 PPDU（表示层协议数据单元），将 PPDU 传递给会话层；会话层接收到表示层处理过的请求后，会在请求上赋给一个数据标记符，这个标记符指示是否有权限传输数据。然后会话层把数据（SPDU，会话层协议数据单元）传递给传输层。在传输层（包含上层加在数据上的控制信息）将数据分割成可以被管理的数据段，并在每个数据段的头部添加 TCP 报头（包含源端和目的端的端口号，实现端到端的连接）。传输层的数据到达网络层后，网络层增加地址信息，在 TCP 报头前面添加 IP 报头（包括源地址和目的地址）。数据在这个时候称为数据报。数据报达到数据链路层后，加上 MAC 地址头部（包括源 MAC 地址和目的 MAC 地址），数据报在数据链路层被打包成单个的帧。数据帧被传输到物理层后，物理层不做任何解释，也不再添加信息，把数据帧发送到传输介质并通过位流的形式传输。在到达远程服务器的物理层时，服务器的数据链路层开始解析物理层向上传递来的数据单元，并反向执行上述过程。如图 2-12 所示为数据的拆分过程。

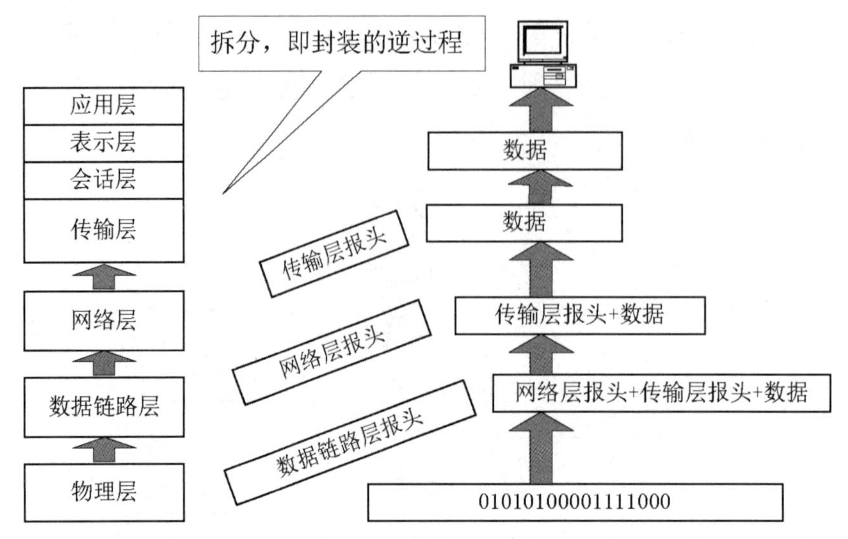

图 2-12　数据的拆分过程

项目总结

本项目介绍了计算机网络 OSI/RM 的基本概念，重点介绍了 ISO/OSI 参考模型的各层功能，这对于理清概念与层次、理论与应用之间的关系至关重要。

实训与练习 2

一、名词解释

1．协议　2．体系结构　3．服务　4．接口　5．OSI

二、判断题

1．体系结构由服务和接口两部分构成。

2．IP 协议是面向连接的、可靠的协议。

3．OSI 中的“开放”意味着其中的标准可由人们任意修改和添加。

三、简答题

1．简述 OSI/RM 中数据的封装与拆分过程。

2．OSI/RM 没有得以推广应用的主要原因有哪些？

项目三

TCP/IP 参考模型

TCP/IP 参考模型是由美国国防部创建的一种网络互连模型。美国国防部设想在战争条件下有一种可以使用任何一种链路（铜缆、光纤、微波甚至卫星链路）的网络，无论网络的任何部分受到破坏，数据分组仍然可以通过寻找适当的路径到达目的地。本项目要求在理解 TCP/IP 参考模型的各层协议及其功能的基础上，能利用 IP 编址技术解决网络 IP 规划问题。

知识目标

- 理解 TCP/IP 参考模型中各层的功能
- 掌握 TCP/IP 参考模型各协议的功能
- 掌握 IP 编址技术

能力目标

- 能利用 TCP/IP 参考模型分析网络中数据的传输原理
- 能利用 TCP/IP 参考模型排查网络中的故障
- 能利用 IP 编址技术解决网络 IP 规划问题

任务一　TCP/IP 参考模型各层的功能

任务引入

随着互联网的快速发展和广泛应用，TCP/IP 在各类网络和计算机应用系统中都得到了应用，包括 UNIX、Linux、Novell NetWare、Microsoft Windows NT/2000/2003 系列的各种计算机网络操作系统。人们非常熟悉的 Windows 系列操作系统（如 Windows 7）过去默认安装的网络协议一般都是 Microsoft 公司自己的 NetBEUI，而现在已经改为 TCP/IP。虽然 TCP/IP 不是 ISO 标准，但是 TCP/IP 已成为事实上的国际标准和工业标准，并形成了 TCP/IP 参考模型。

不过，ISO/OSI 模型的制定也参考了 TCP/IP 协议簇及其分层体系结构的思想。而 TCP/IP 在不断发展的过程中也吸收了 OSI 标准中的概念及特征。

OSI/RM 和 TCP/IP 参考模型分别作为计算机网络体系结构的理论指导和事实上的应用模型，体现出了求同存异的理念，该理念不仅可以用来解决生活中的一些小矛盾，还可以用于处理国与国之间的分歧，求同存异，共同发展。

任务分析

TCP/IP 在 OSI/RM 之前就开发了，因此 TCP/IP 协议簇的层次无法准确地和 OSI/RM 对应起来。TCP/IP 参考模型是一个 4 层的体系结构，它包括网络接口层、网际层、传输层和应用层。但从实质上讲，TCP/IP 参考模型只有 3 层，即网际层、传输层和应用层，因为最下面的网络接口层并没有什么具体内容。因此，在学习计算机网络原理时往往采取折中的方法，也就是综合 OSI/RM 和 TCP/IP 参考模型的优点，采用一种 5 层协议的体系结构：物理层、数据链路层、网络层、传输层和应用层。如图 3-1 所示为 OSI/RM 与 TCP/IP 参考模型的各层次结构的对照。

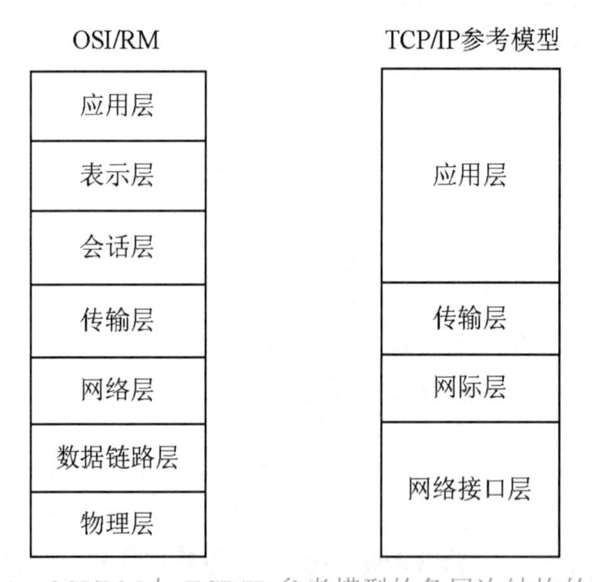

图 3-1　OSI/RM 与 TCP/IP 参考模型的各层次结构的对照

1. 网络接口层

网络接口层，也称为网络访问层，包括了能使用 TCP/IP 与物理网络进行通信的协议，它对应 OSI 的物理层和数据链路层。TCP/IP 标准并没有定义具体的网络接口协议。

该层的主要功能如下。

（1）参考模型的最低层，负责通过网络发送和接收 IP 数据报。

（2）允许主机联入网络时使用多种现成的与流行的协议，如局域网的以太网、令牌环网、分组交换网的 X.25、帧中继、ATM 协议等。

（3）当一种物理网被用作传送 IP 数据报的通道时，就可以认为是这一层的内容。

（4）充分体现出 TCP/IP 的兼容性与适应性，它也为 TCP/IP 的成功奠定了基础。

2．网际层

网际层是在互联网标准中正式定义的第 1 层。IP 是这一层最核心的协议。

该层的主要功能如下。

（1）相当于 OSI/RM 网络层无连接网络服务。

（2）处理互连的路由选择、流量控制与网络拥塞问题。

（3）IP 是无连接的、提供“尽力而为”服务的网络层协议。

3．传输层

TCP/IP 中的传输层对应 OSI/RM 中的传输层。

该层的主要功能如下。

（1）在互联网中的源主机与目的主机的对等实体间建立用于会话的端到端连接。

（2）TCP 是一种可靠的面向连接协议。

（3）用户数据报协议（User Datagram Protocol，UDP）是一种不可靠的无连接协议。

4．应用层

TCP/IP 参考模型中的应用层对应 OSI/RM 中的会话层、表示层和应用层。应用层的主要功能是通过基于特定协议的应用软件为用户提供各项针对性的服务，如文件传输协议、超文本传输协议、简单邮件传输协议等，所有的应用软件都通过该层利用网络。

知识链接

OSI/RM 与 TCP/IP 参考模型作为两个为了完成相同任务的协议体系结构，具有比较紧密的关系，下面从多个方面逐一比较它们之间的联系与区别。

1．分层结构

OSI/RM 与 TCP/IP 参考模型都采用了分层结构，都是基于独立的协议栈的概念。OSI/RM 有 7 层，而 TCP/IP 参考模型只有 4 层，即 TCP/IP 参考模型没有表示层和会话层，并且把数据链路层和物理层合并为网络接口层。不过，二者的各层之间有一定的对应关系，如图 3-1 所示。

2．标准的特色

OSI/RM 的标准最早是由 ISO 和 CCITT（ITU 的前身）制定的，有浓厚的通信背景，因此也打上了深厚的通信系统的特色，比如，对服务质量（QoS）、差错率的保证，只考虑了面向连接的服务。并且是先定义一套功能完整的构架，再根据该构架来发展相应的协议与系统。

TCP/IP 产生于对互联网的研究与实践中，是应实际需求产生的，再由 IAB、IETF 等组织标准化，并不是之前就定义一个严谨的框架。而且 TCP/IP 最早是在 UNIX 系统中实现的，考虑了计算机网络的特点，比较适合计算机实现和使用。

3．连接服务

OSI/RM 的网络层基本与 TCP/IP 参考模型的网际层对应，二者的功能基本相似，但是寻址方式有较大的区别。

标识 OSI/RM 地址的字节长度是可变的，由选定的地址命名方式决定，最长可达 160B，可以容纳非常大的网络，因而具有较大的成长空间。根据 OSI 的规定，网络上每个系统至多可以有 256 个通信地址。

TCP/IP 网络的地址空间为固定的 4B（在目前常用的 IPv4 中是这样，在 IPv6 中将扩展到 16B）。网络上的每个系统至少有一个唯一的地址与之对应。

4．传输服务

OSI/RM 与 TCP/IP 参考模型的传输层都对不同的业务采取不同的传输策略。OSI/RM 定义了五个不同层次的服务：TP0、TP1、TP2、TP3、TP4。TCP/IP 参考模型定义了 TCP 和 UDP 两种协议，分别具有面向连接和面向无连接的性质。其中，TCP 与 OSI 中的 TP4，UDP 与 OSI 中的 TP0 在构架和功能上大体相同，只是内部细节有一些差异。

5．应用范围

OSI/RM 由于体系比较复杂，而且设计先于实现，有许多设计过于理想，不太方便计算机软件实现，因而完全实现 OSI/RM 的系统并不多，应用的范围有限。而 TCP/IP 参考模型最早在计算机系统中实现，在 UNIX、Windows 平台中都有稳定的实现，并且提供了简单方便的应用程序接口，可以在其上开发出丰富的应用程序，因此得到了广泛的应用。

与 OSI/RM 相比，TCP/IP 参考模型从更实用的角度出发，形成了具有高效率的 4 层协议。IP 可以用于广域网或局域网技术，以及高速网和低速网、无线网和有线网、光纤网等几乎所有类型的计算机通信技术；而 TCP 处理没有处理的通信问题，向应用程序提供可靠的通信连接，能够自动适应网络的各种变化，因而使得 TCP/IP 在应用中取得了巨大成功。而 OSI/RM 作为一种参考模型则由于过于复杂和缺乏商业推广，没有得到真正的应用。

TCP/IP 已成为目前网际互连事实上的国际标准和工业标准。

6．OSI/RM 与 TCP/IP 参考模型的发展趋势

从以上的比较可以看出，OSI/RM 和 TCP/IP 参考模型大致相似，也各具特色。虽然 TCP/IP 参考模型在目前的应用中占了统治地位，在下一代网络（NGN）中也有强大的发展潜力，甚至有人提出了“Everything is IP”的预言。但是 OSI 作为一个完整、严谨的体系结构，也有它的生存空间，它的设计思想在许多系统中得以借鉴，同时随着它的逐步改进，必将得

到更广泛的应用。

TCP/IP 目前面临的主要问题有地址空间问题、服务质量问题、安全问题等。地址空间问题有望随着 IPv6 的引入而得到解决；服务质量问题、安全问题也正在研究中，并取得了不小的成果。因此，TCP/IP 在一段时期内还将保持它强大的生命力。

OSI 的缺点在于太理想化，不易适应变化和不易实现。因此，如果它在这些方面做出适当的调整，那么也会迎来自己的发展机会。

任务二　TCP/IP 协议簇

任务引入

TCP/IP 4 层体系的参考模型中，实际上只有 3 个层次包含了实际的协议。TCP/IP 参考模型中各层的协议如图 3-2 所示。

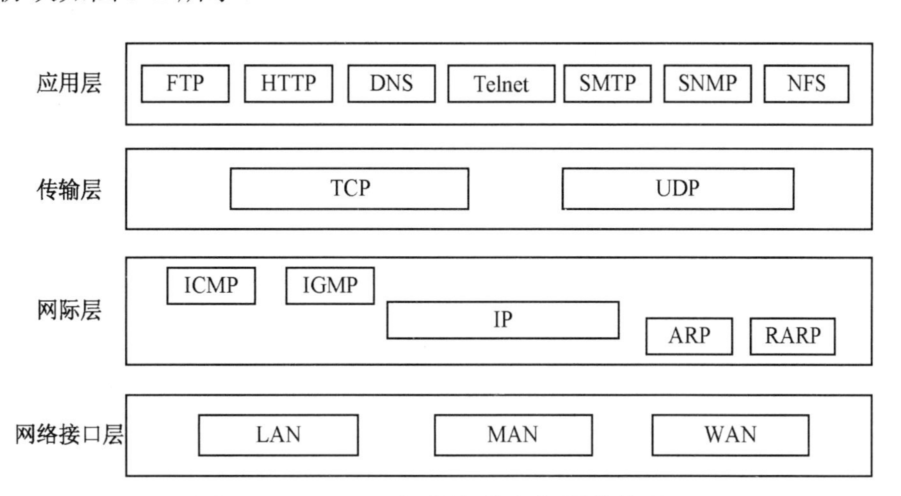

图 3-2　TCP/IP 参考模型中各层的协议

任务分析

1．网际层的协议

1）IP

网际协议（IP）的任务是对数据报进行相应的寻址和路由，并从一个网络转发到另一个网络。主机上的 IP 层基于数据链路层的服务向传输层提供服务。IP 从源运输实体取得数据，通过它的数据链路层服务传给目的主机的 IP 层。若目的主机直接连接在本网中，IP 可直接通过网络将数据报传给目的主机；若目的主机在远地网络，IP 通过本地 IP 网关所在的路由器传送数据报，而路由器依次通过下一网络将数据报传到目的主机或下一网关。IP 协议的另一项工作是分割和重编在传输层被分割的数据报。由于数据报要从一个网络传输到另一个网络，当两个网络所支持传输的数据报的大小不相同时，IP 协议就要在发送端将数据报分割，然后在分割的每一段前再加入控制信息进行传输。当接收端接收到数据报后，IP 将所有的片段重新组合形成原始的数据。

IP 是一个无连接的协议。无连接是指主机之间不建立用于可靠通信的端到端的连接，源主机只是简单地将 IP 数据报发送出去，而数据报可能会丢失、重复、延迟时间大或者次序混乱。因此，要实现数据报的可靠传输，就必须依靠高层的协议或应用程序，如传输层的 TCP。IP 提供一种全网统一的地址，并在统一管理下进行地址分配，通过这种逻辑地址实现网际层寻址，从而避免了网络接口层不同链路节点物理地址的差异。

在 IP 层的分组叫作数据报。如图 3-3 所示为 IP 数据报的格式。数据报是可变长度的分组，它由两部分组成：首部和数据。首部的前一部分是固定长度，共 20 字节，是所有 IP 数据报必须具有的；后面的一些可选字段，其长度是可变的。

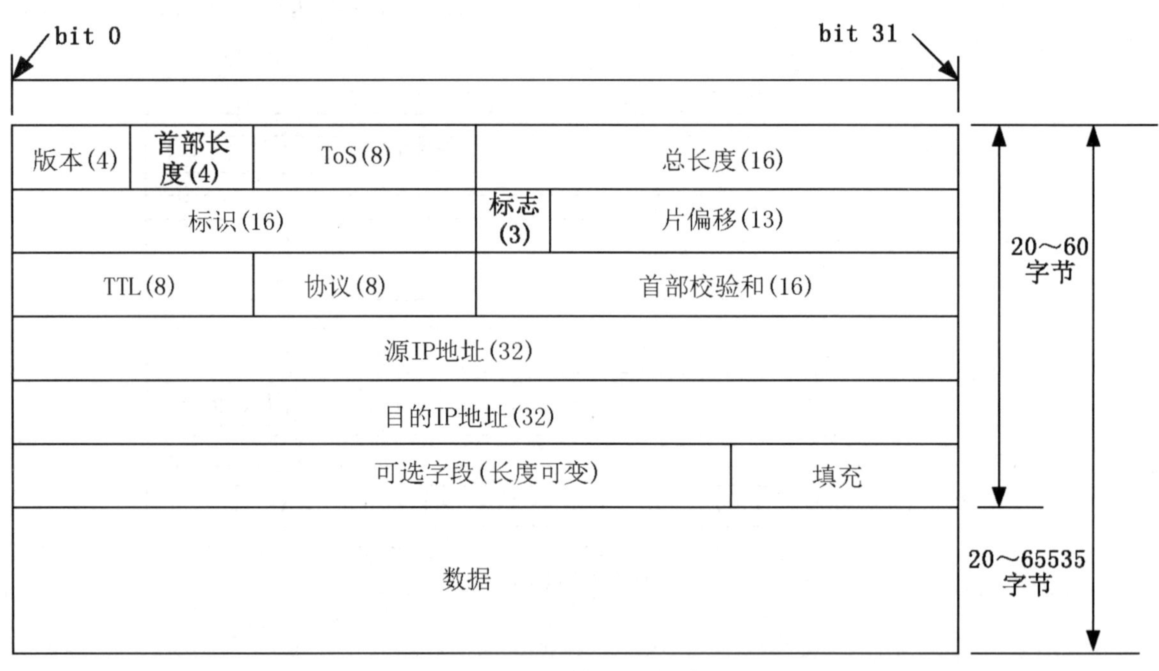

图 3-3　IP 数据报的格式

IP 报文结构为 IP 协议头 + 载荷，对 IP 头部的分析是分析 IP 报文的主要内容之一，以下是首部各字段的意义。

（1）版本：占 4bit，指 IP 协议的版本。目前广泛使用的版本号为 IPv4。

（2）首部长度：占 4bit，以 4 字节为单位，取值范围是 5 ～ 15，所以首部长度范围是 20 ～ 60 字节。

（3）服务类型（ToS）：占 8bit，用来获得更好的服务。当网络流量较大时，路由器会根据 ToS 内不同字段的值，决定哪些数据报该先发送，哪些后发送。

（4）总长度：占 16bit，单位是字节，因此数据报的最大长度为 65535 字节。虽然用尽可能长的数据报会使传输效率提高，但由于以太网的普遍应用，实际上用的数据报长度很少超过 1500 字节。当数据报长度超过网络所允许的最大长度时，就必须将过长的数据报进行分片。数据报首部中的总长度字段是指分片后的首部长度与数据长度的总和。

（5）标识：占 16bit，用于数据报的分片与重组。它是一个计数器，当 IP 发送数据报时，它就将这个计数器的当前值复制到标识字段中。如果数据报要进行分片，则将这个值复制到每一个分片后的数据报片中。这些数据报片到了接收端，就按照标识字段的值使这些分片后的数据报片重组成为原来的数据报。

（6）标志：占 3 位，表示数据报的分片信息。目前只用低位的两个比特。

- 最低位 MF（More Fragment）：MF=1 表示后面还有分片的数据报；MF=0 表示这已经是若干数据报片中的最后一个。
- 中间位 DF（Don't Fragment）：DF=1 表示不能分片；DF=0 表示允许分片。

（7）片偏移：占 13 位，以 8 个字节为偏移单位，表示分片后的分组在原分组中的相对位置。

（8）生存时间（TTL）：数据报在网中的寿命，单位是秒。

（9）协议：占 8bit，协议字段指此数据报携带的数据是使用何种协议，即位于 IP 层之上的协议是什么。当目的主机接收到 IP 数据报时，就根据协议字段的值将此 IP 数据报的数据部分交给其相应的上层协议处理。例如，此字的值，1 代表网际控制报文协议（Internet Control Message Protocol，ICMP）；6 代表 TCP；17 代表 UDP；89 代表 OSPF（Open Shortest Path First）。

（10）首部校验和：占 16 位，IP 首部校验和只检验 IP 数据报的首部，不包括数据部分。

当然，源地址和目的地址部分肯定各占 4 个字节。

2）ICMP

ICMP 为 IP 提供差错报告。由于 IP 不保证服务的可靠性，在主机资源不足的情况下，它可能丢弃某些数据报，同时 IP 也不检查数据链路层遗失或丢弃的报文，为此设计者在 IP 层中加入了一类特殊用途的报文机制，即 ICMP。向发送 IP 数据报的主机汇报错误就是 ICMP 的责任。例如，如果某台设备不能将一个 IP 数据报转发到另一个网络，它就向发送数据报的源主机发送一个消息，并通过 ICMP 解释这个错误。ICMP 能够报告的一些普通错误类型有目标无法到达、阻塞、回波请求和回波应答等。

ICMP 是 IP 正式协议的一部分，其数据报通过 IP 送出。ICMP 报文的封装如图 3-4 所示。

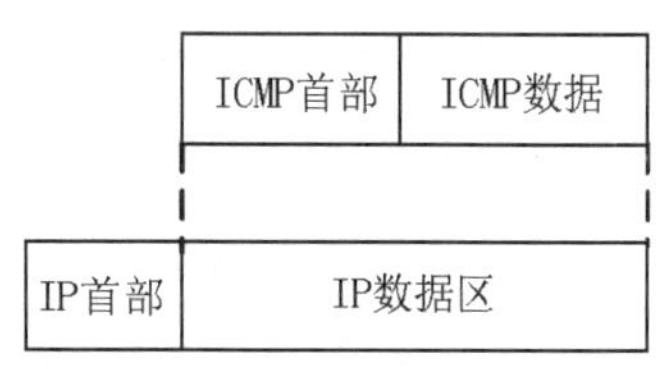

图 3-4　ICMP 报文的封装

3）IGMP

互联网组管理协议（Internet Group Management Protocol，

IGMP）是在多播环境下使用的协议，用来帮助多播路由器识别加入一个多播组的成员主机。和ICMP相似，IGMP使用IP数据报传递其报文，即IGMP报文加上IP首部构成IP数据报，但它也为IP提供服务。因此，IGMP不是一个单独的协议，而是属于整个IP的一个组成部分。

4）ARP和RARP

地址解析协议（Address Resolution Protocol，ARP）是指在TCP/IP网络环境下，每个主机分配的IP地址只是一种逻辑地址，这样在传送时必须转换成物理地址，ARP就是完成这一功能的。

反向地址解析协议（Reverse Address Resolution Protocol，RARP）负责将物理地址转换成逻辑地址。若站点初始化之后只有自己的物理网络地址而没有IP地址，这时它可以通过RARP发出广播请求，征询自己的IP地址，而RARP服务器则回答这个问题，使无IP地址的站点通过RARP协议取得自己的IP地址。这个地址在下一次系统重新开始以前有效。RARP广泛用于获取无盘工作站的IP地址。

2. 传输层协议

1）TCP

传输控制协议（TCP）向高层提供了面向连接的可靠报文段的传输服务。TCP也在IP层之上，TCP报文段包括首部和数据字段两部分，封装在IP数据报中传输。

IP层向传输层提供了不可靠的数据报服务，可靠性问题由TCP层自己完善解决。TCP将源主机应用层的数据分成多个分段，然后将每个分段传送到网际层，网际层将数据封装为IP数据报，并发送到目的主机。目的主机的网际层将IP数据报中的分段传送给传输层，再由传输层对这些分段进行重组，还原成原始数据，传送给应用层。

TCP还要完成流量控制和差错检验的任务，以保证可靠的数据传输。

2）UDP

用户数据报协议（UDP）是一种无连接的传输服务，所以UDP非常简单，只是在IP数据报的基础上增加了端口的功能，以便在数据传输时识别端点。UDP在通信的过程中无连接、无确认，没有提供检测手段。UDP的真正意义在于高效率，UDP数据传输因为不需要烦琐的连接、确认过程，所以可以得到非常高的传输效率。在高质量的物理网络（如局域网）条件下，在信息量较小、交互传输的应用中，UDP是一种相当不错的传输协议。在TCP/IP中，如简易文件传送协议（Trivial File Transfer Protocol，TFTP）、域名系统（Domain Name System，DNS）等许多应用服务都使用UDP。UDP用户数据报文包括首部和数据字段两部分，封装在IP数据报中传输。

3. 应用层协议

在TCP/IP参考模型中，应用层包括了所有的高层协议，而且总是不断有新的协议加入。

应用层的协议主要有以下几种。

（1）文件传输协议（FTP）：可以在本地和远程系统之间通过互联网进行远程文件传输，不但可以传输文本文件，还可以传输二进制文件。

（2）超文本传输协议（HTTP）：用于互联网中客户机与 WWW 服务器之间的数据传输。

（3）域名系统（DNS）：用于实现主机名与 IP 地址之间的映射。

（4）远程登录（Telnet）协议：本地主机作为仿真终端，登录到远程主机上运行应用程序。

（5）简单邮件传输协议（SMTP）：实现主机之间电子邮件的传送。

（6）简单网络管理协议（Simple Network Management Protocol，SNMP）：实现网络的管理。

（7）网络文件系统（NFS）：实现主机之间的文件系统共享。

与 OSI/RM 的应用层相同，TCP/IP 参考模型中的应用层为网络用户或应用程序提供完成特定网络服务功能所需的各种应用协议。

任务三 IP 编址技术

任务引入

在互联网上连接的所有计算机，从大型机到微型计算机，都以独立的身份出现，称为主机。为了实现各主机间的通信，每台主机都必须有一个唯一的网络地址。类比方法经常用于知识学习中，使我们更易于理解某些事物，在这里，网络地址就好像每一个住宅都有唯一的门牌一样，有了地址才不至于在传输数据时出现混乱。

任务分析

互联网的网络地址是指连入互联网的计算机的地址编号。在互联网中，网络地址唯一地标识一台计算机，这个地址就叫作 IP 地址。

1. 物理地址与逻辑地址

在计算机寻址中经常会遇到“名字”“地址”和“路由”这三个术语，它们之间是有较大区别的。名字是要找的，就像人名一样；而地址是用来指出这个名字在什么地方，就像人的住址一样；路由用来解决如何到达目的地址的问题，就像已经知道了某个人住在什么地方，现在要考虑走什么路线、采用什么交通工具到达目的地最为简便。不同的网络所采用的地址编址方法和内容均不相同。

互联网通过路由器把各个通信子网互连。通信子网又称为物理网络，物理网络内的节点都存在一个物理地址，这是各节点的唯一标识。在互联网中，不同物理地址连成虚拟网后必须有一个统一的地址，以便互联网上的主机在整个网络上有一个唯一的节点标识，这就是 IP 地址（即逻辑地址）。IP 地址对各个物理网络地址的统一是通过上层软件进行的，这种软件没有改变任何物理地址，而是屏蔽了它们，建立了一种 IP 地址与它们之间的映射关系。这样，在互联网络层使用 IP 地址，到了底层，通过映射得到物理地址。IP 地址作为互联网的逻辑地址也是层次型的。

2. IP 地址的划分

IP 主要用来解决地址的问题。IP 要寻找的“地址”是 32 位长，32 比特的 IP 地址被划分为地址类别、网络号和主机号。IP 地址的结构如图 3-5 所示。IP 地址各部分比特的位数一旦确定，就等于确定了整个互联网中所能包含的网络数量及各个网络所能容纳的主机数量。

IP 地址以 32 位二进制数字形式表示，不适合阅读和记忆。为了便于用户阅读和理解 IP 地址，互联网管理委员会采用了一种“点分十进制”表示方法表示 IP 地址。即将 IP 地址分为 4 个字节（每个字节 8 个比特），且每个字节用十进制表示，并用点号“.”隔开。点分十进制的 IP 表示方法如图 3-6 所示。

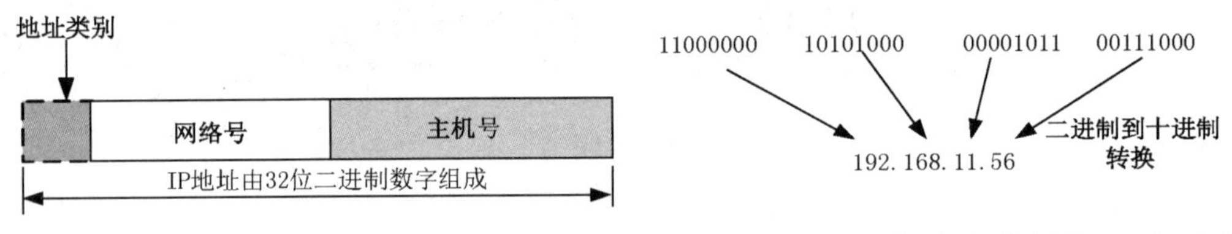

图 3-5　IP 地址的结构　　图 3-6　点分十进制的 IP 表示方法

IP 地址的类别就是将 IP 地址划分为若干个固定类，每一类别地址都由两个固定长度的字段组成，分别为网络号和主机号。网络号用来标识主机或路由器所连接到的网络，主机号用来标识该主机或路由器。每一个 IP 数据报都包含源 IP 地址和目的 IP 地址，用来标识源和目的网络及主机。每一个网络都有唯一的网络地址，所有连接到这个网络中的主机，都有相同的网络号和唯一的主机号。

IP 地址可分为 A 类、B 类、C 类、D 类和 E 类。5 类地址格式如图 3-7 所示。

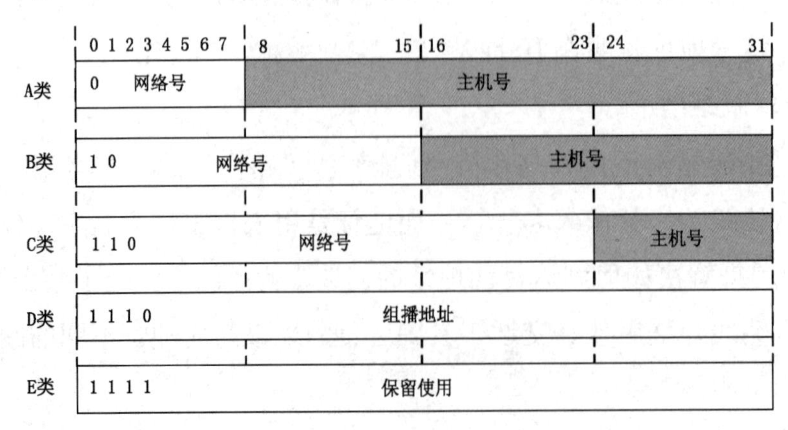

图 3-7　5 类地址格式

1）A 类 IP 地址

A 类 IP 地址第一字节的第一位为“0”，其余 7 位表示网络号。第 2 ～ 4 字节共计 24 位，表示主机号。通过网络号和主机号的位数就可以知道 A 类 IP 地址的网络数为 2^7（128）个，每个网络包含的主机数为 2^{24}（16777216）个，A 类 IP 地址的范围是 0.0.0.0 ～ 127.255.255.255，如图 3-8 所示。由于网络号全为 0 和全为 1 保留用于特殊目的，所以 A 类 IP 地址有效的网络数为 126 个，其范围是 1 ～ 126。另外，主机号全为 0 和全为 1 也有特殊作用，所以每个网络号包含的主机数应该是 2^{24}−2（16777214）个。因此，一台主机能使用的 A 类 IP 地址的有效范围是 1.0.0.1 ～ 126.255.255.254。

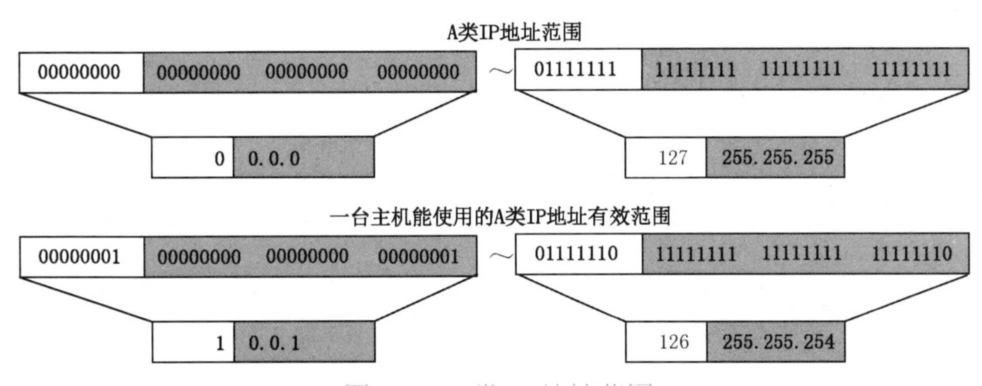

图 3-8　A 类 IP 地址范围

A 类 IP 地址一般分配给具有大量主机的网络用户，如 IBM 公司的网络。

2）B 类 IP 地址

B 类 IP 地址用前面 16 位来标识网络号，其中最前面两位规定为“10”，16 位标识主机号。也就是说，B 类 IP 地址的第一段取值为“10000000 ～ 10111111”，转换成十进制后为 128 ～ 191，第一段和第二段合在一起表示网络地址，它的地址范围为 128.0.0.0 ～ 191.255.255.255。B 类 IP 地址的网络数为 2^{14}（16384）个，每个 B 类网络最多可以连接 2^{16}（实际有效的主机数为 2^{16}−2=65534）台计算机。由于主机号全 0 和全 1 有特殊作用，一台主机能使用的 B 类 IP 地址的有效范围是 128.0.0.1 ～ 191.255.255.254。B 类 IP 地址范围如图 3-9 所示。

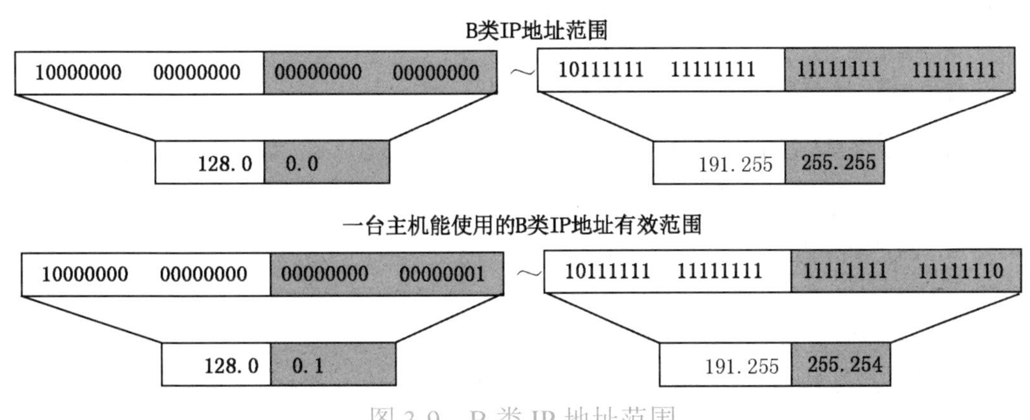

图 3-9　B 类 IP 地址范围

B类IP地址通常提供给中等规模的网络。

3）C类IP地址

C类IP地址用前面24位来标识网络号，其中最前面三位规定为“110”，8位标识主机号。这样C类IP地址的第一段取值为“11000000～11011111”，转换成十进制后为192～223。第一段、第二段、第三段合在一起表示网络号，最后一段标识网络上的主机号，它的地址范围为192.0.0.0～223.255.255.255。C类IP地址范围如图3-10所示。

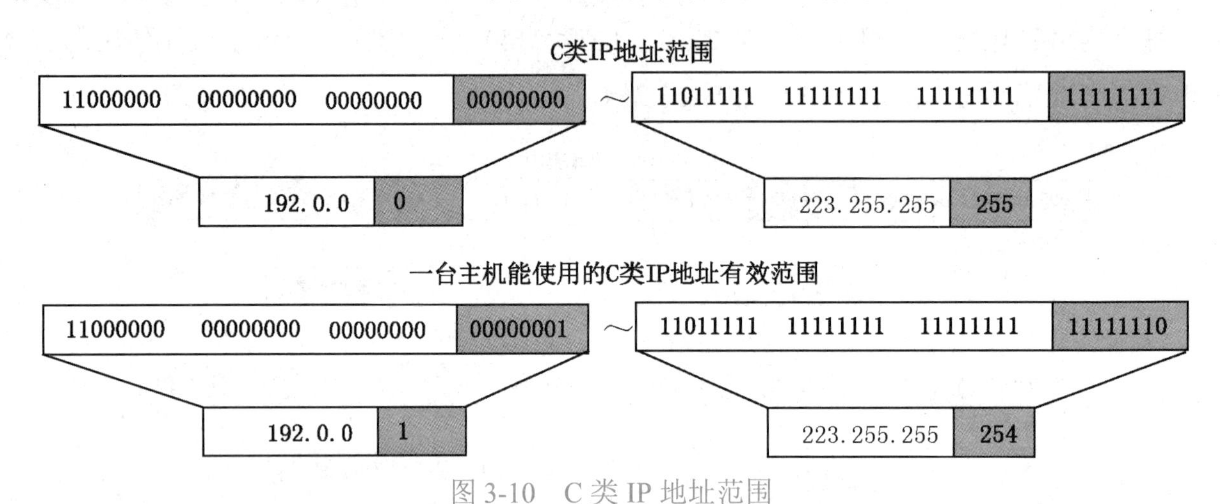

图3-10　C类IP地址范围

C类IP地址适用于校园网等小型网络，每个C类网络最多可以有254台计算机。这类地址是所有的地址类型中地址数最多的，但这类网络所允许连接的计算机是最少的。这类IP地址可分配给任何有需要的人。

4）D类IP地址

D类IP地址用于多播组，一个多播组可能包括1台或更多台主机，或根本没有。D类IP地址的最高位为1110，第一段取值为“11100000～11101111”，转换成十进制为224～239，地址范围为224.0.0.0～239.255.255.255。在多播操作中没有网络或主机位，数据报将传送到网络中选定的主机子集中，只有注册了多播地址的主机才能接收到数据报。Microsoft支持D类IP地址，用于应用程序将多播数据发送到网络间的主机上，包括WINS和Microsoft NetShow。

5）E类IP地址

E类IP地址通常是不用的实验性地址，保留以后使用。E类IP地址第一字节的前4位为“1111”。

3. 几种特殊的IP地址

1）广播地址

如果主机地址全为1，代表广播地址，广播地址是针对标识网络上所有主机的地址。例如，136.147.255.255就是一个B类网广播地址。

2）有限广播地址

有时需要在本网内广播，但又不知道本网的网络号，于是 TCP/IP 规定，32 比特全为“1”的 IP 地址用于本网广播。因此，该地址称为“有限广播地址”，即 255.255.255.255。

3）回送地址

A 类 IP 地址中网络号 127 是个回送地址，回送的含义是任何分组都不发向网络，而是又回到应用程序中。这个地址主要用于对所安装的 TCP/IP 软件是否配置合理进行测试，最常用的是 127.0.0.1。

4）0 地址

TCP/IP 规定，主机号全为“0”时，表示“本地网络”。例如，“10.0.0.0”中“10”表示这是个 A 类网络，“192.168.1.0”中“192.168.1”表示这是个 C 类网络。

有了这些特殊地址后，不同类网络能表示的网络数和主机数就有些出入了，比如，A 类网的网络数实际上不是 128，而是 126，各类网内主机数也应减去 2。

4. 专用 IP 地址

互联网上的 IP 地址统一由一个叫“互联网网络号分配机构”（Internet Assigned Numbers Authority，IANA）的组织来管理。IANA 在 IP 地址中保留了三个地址字段，它们只在某机构的内部有效，不会被路由器转发到公网中。这些 IP 地址存在的意义：假定在一个机构内部的计算机通信也是采用 TCP/IP，那么原则上讲，对于这些仅在机构内部使用的计算机就可以由本机自行分配其 IP 地址。也就是说，让这些计算机使用仅在本机构有效的 IP 地址，而不需要向互联网管理机构申请全球唯一的 IP 地址，这样做既可以避免与合法的互联网地址造成冲突，又可以节省宝贵的全球 IP 地址资源。

我们将这样的 IP 地址称为专用地址（Private Address）。这些地址只能用作本地地址而不能用作全球地址。互联网中的所有路由器一律不对目的地址是专用地址的数据报进行转发。这些专用地址如下。

A 类：10.0.0.0 ～ 10.255.255.255

B 类：172.16.0.0 ～ 172.31.255.255

C 类：192.168.0.0 ～ 192.168.255.255

5. 地址解析

互联网由许多物理网络及一些路由器和网关的联网设备组成。从源主机发出的分组在到达目的主机之前，可能经过许多不同的物理网络。

在网络层上，主机和路由器用它们的逻辑地址来标识。在物理层上，主机和路由器用它们的物理地址来标识。物理地址通常是由网卡生产厂家写入网卡的 EPROM（一种闪存芯片，通常可以通过程序擦写）芯片中，该地址是传输数据时真正赖以标识发出数据的电脑和接收数据的主机的地址。

报文发送到主机或路由器需要两级地址：逻辑地址和物理地址。ARP 可将逻辑地址映射为物理地址；RARP 可将物理地址映射为逻辑地址。

在任何时候，当主机或路由器有数据报要发送给另一个主机或路由器时，它必须有接收端的逻辑地址。但是 IP 数据报必须封装成帧才能通过物理网络。这就表示，发送端必须有接收端的物理地址，因此需要从逻辑地址到物理地址的映射。此时它发送 ARP 查询报文，这个报文包括发送端的物理地址和 IP 地址，以及接收端的 IP 地址。因为发送端不知道接收端的物理地址，查询就在网络上广播。

ARP 的工作过程如图 3-11 所示。

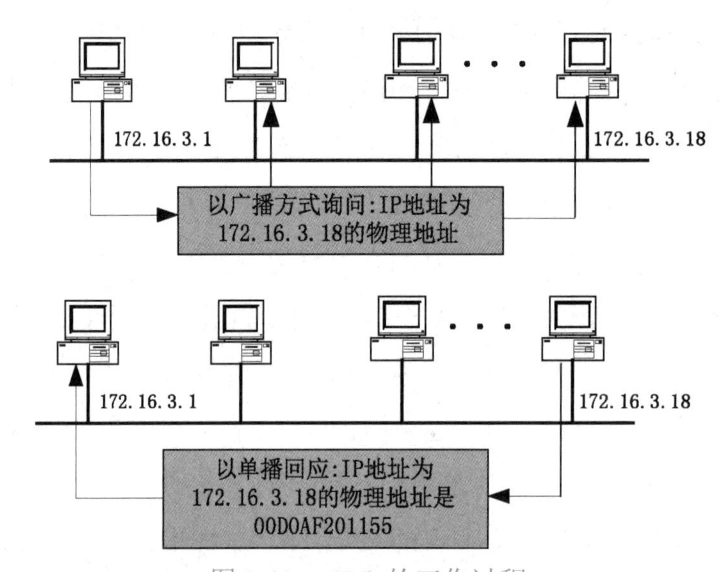

图 3-11　ARP 的工作过程

（1）发送端知道接收端的逻辑地址（即 IP 地址）。

（2）发送端请求 ARP 产生 ARP 请求报文，并在 ARP 请求报文中填入发送端的物理地址、发送端的 IP 地址及接收端的 IP 地址等。

（3）这个报文发送给数据链路层，在这一层它被封装成帧，使用发送端的物理地址作为源地址，而将物理广播地址作为目的地址。

（4）每一个主机或路由器都收到这个帧。因为这个帧使用了广播目的地址，所有的站都把这个报文送交给 ARP。除了目标机器，所有的机器都丢弃这个报文。目标机器识别这个 IP 地址。

（5）目标机器用 ARP 回答报文进行应答，这个报文包含它的物理地址。这时报文使用单播应答。

注：单播是指一个源地址发送一个目的地址。

（6）发送端收到这个回答报文。它现在知道了目标机器的物理地址。

（7）携带发给目标机器的 IP 数据报封装成帧，用单播发送给目的站。

任务四　子网技术

任务引入

网络安全事件频频出现，已成为社会关注的重点问题，确保网络安全既要依靠技术手段，更要提高自身的网络安全意识和丰富安全知识。

出于对管理和安全方面的考虑，许多单位把一个网络划分为多个物理网络，并使用路由设备将它们连接起来。将一个网络划分成更小的一系列物理网络，这些物理网络统称为子网。一个大型网络划分成多个子网的示例如图 3-12 所示。

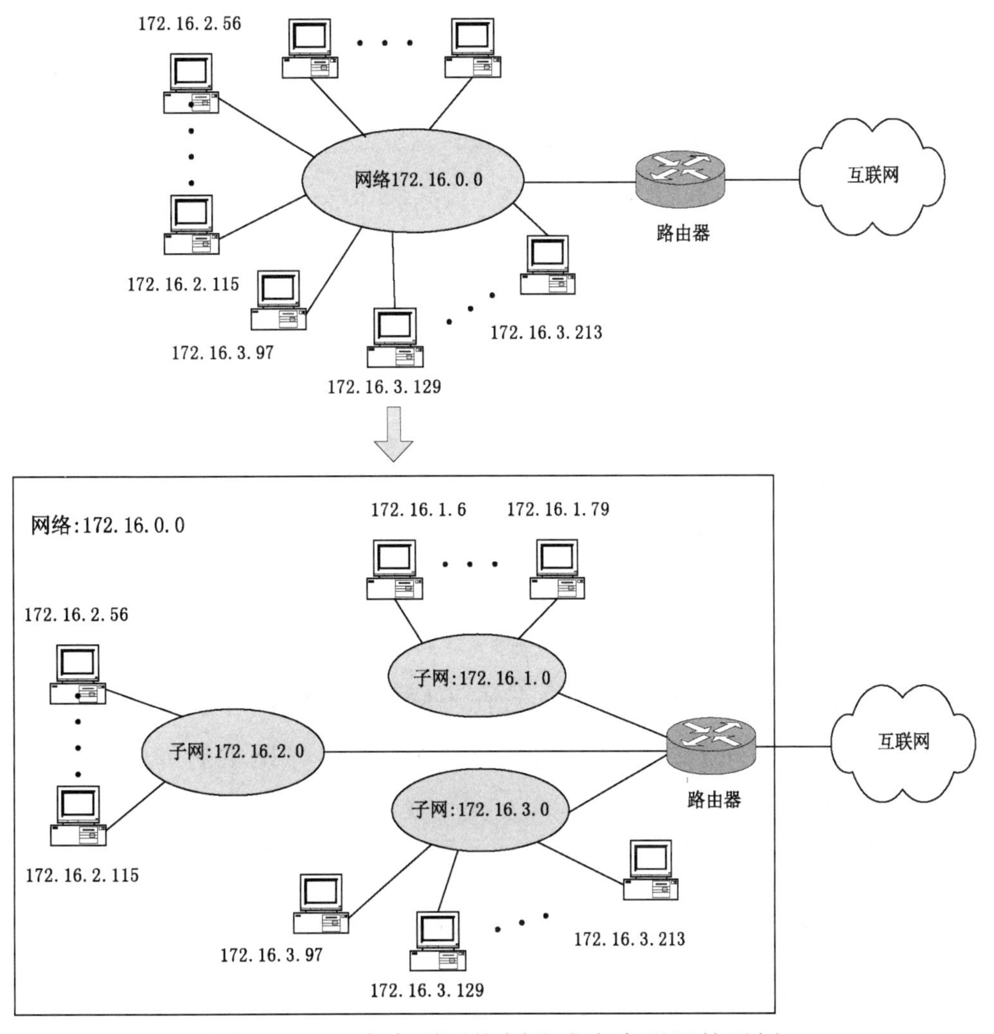

图 3-12　一个大型网络划分成多个子网的示例

任务分析

1. 划分子网的目的

1）充分利用地址

如果将一个网络划分成若干个子网，就可以使IP地址应用得更加有效。例如，一个B类网络“163.246.0.0”，可以有65534个主机，这么多的主机在单一的网络下是不能有效工作的。因此，为了能更有效地使用地址空间，有必要把可用地址分配给更多较小的网络。

2）更安全地管理网络

将原有的处于同一个网段上的多台主机分配到若干个网段或子网，同时也将原来的一个广播域划分成了若干个较小的广播域，减少了网络广播风暴所造成的网络拥塞。

网络中只有在同一个子网内的主机才能进行直接通信，不同的子网可分配给不同的部门，部门之间增加了网络的安全性。

2. 划分子网的方法

在图3-12中，网络172.16.0.0被分成了三个子网，分别是172.16.1.0、172.16.2.0、172.16.3.0。一个B类IP地址172.16.0.0在划分子网后，网络号的位数增加了，由原来的16位变成了24位，我们将增加的网络位称为子网号。

子网的划分如图3-13所示。子网号是网络号的一个延伸，网络管理者可以根据自己的需要决定子网号的位数。划分子网的方法是从网络的主机号借用若干个比特作为子网号，而主机号也就相应减少了若干个比特。于是，一个IP数据报的路由分成了三部分：主类网络号、子网号和主机号。

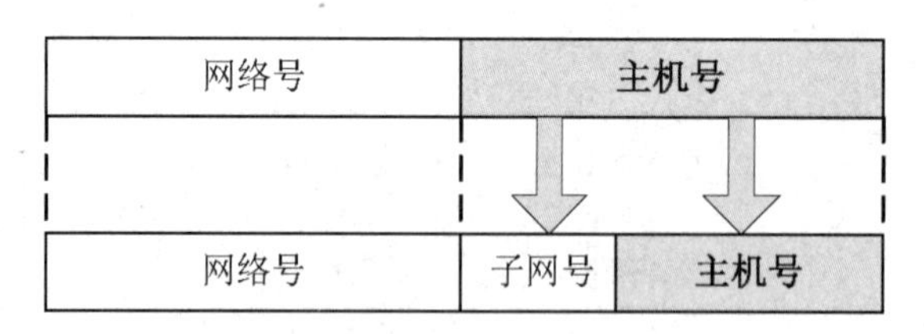

图3-13　子网的划分

值得注意的是，路由器的每个端口要连接在不同的网段上，即属于不同的主网络或子网络。并且划分一个子网，付出的代价就是丢失了两个地址。子网中的主机地址同样不能是全0或全1。

3. 子网掩码

图3-14为两个地址，其中一个是未划分子网的B类地址，而另一个是划分了子网的B类地址，我们很容易发现，这两个地址从外观上没有任何差别，那么该如何区分这两个地址呢？这就用到了子网掩码。

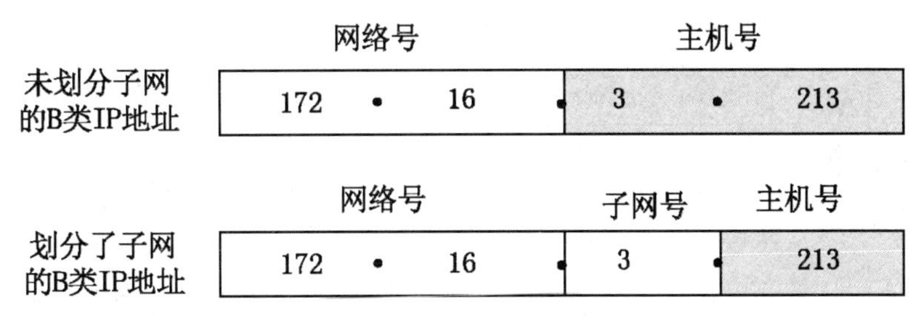

图 3-14　未划分和划分了子网的 B 类 IP 地址

子网掩码与 IP 地址一样，也是一个 32 位的二进制数，可以用 8 位位组的方法来表示。给出子网掩码时，当某位对应网络号或子网号时，使该位为 1；某位对应主机号时，使该位为 0。标准的 A 类、B 类和 C 类 IP 地址都有一个默认的子网掩码，如表 3-1 所示。

表 3-1　A 类、B 类和 C 类 IP 地址的默认子网掩码

地址类别	点分十进制表示	子网掩码的二进制位			
A	255.0.0.0	11111111	00000000	00000000	00000000
B	255.255.0.0	11111111	11111111	00000000	00000000
C	255.255.255.0	11111111	11111111	11111111	00000000

为了识别网络地址，TCP/IP 对子网掩码和 IP 地址进行“按位与”操作。“按位与”就是两个比特之间进行“与”运算，若两个值为 1，则结果为 1；若其中一个值为 0，则结果为 0。子网掩码的作用是与 IP 地址进行“按位与”运算可以得到该 IP 地址所在的网络号。

针对图 3-15 所示的例子，B 类 IP 地址 172.16.3.213，网络号占 16 位，主机号占 16 位，子网掩码为 255.255.0.0；划分子网后的地址 172.16.3.213，子网号向主机位借 8 位，网络号占 24 位，主机号占 8 位，子网掩码为 255.255.255.0；从外表上看 IP 地址 172.16.3.213 没有什么变化，它与两个子网掩码“按位与”后，将每个 IP 地址的网络地址取出，便可知道两个 IP 地址所对应的网络，运算过程如图 3-15 所示。

如果这个子网掩码是一个 A 类网的子网掩码，那么子网字段将占去 16 位，主机字段占去 8 位；如果是一个 C 类网的子网掩码，子网字段为 0 位，表示没有规定子网。在这个 B 类 IP 地址的例子中，子网掩码的边界正好是字节的边界，也可以不在字节边界。例如，对于一个 B 类 IP 地址 163.37.0.0，若将第三个字节的前 3 位用于子网号，而将剩下的位用于主机号，则子网掩码为 255.255.224.0。由于借用主机号的 3 位用于划分子网，网络号 + 子网号 =19 比特，主机号占 13 位，所以可将这个 B 类 IP 地址 163.37.0.0 划分成 8 个子网，但全 0 子网和全 1 子网不可用，所以可用的子网只有 6 个。非字节边界的子网掩码如图 3-16 所示。

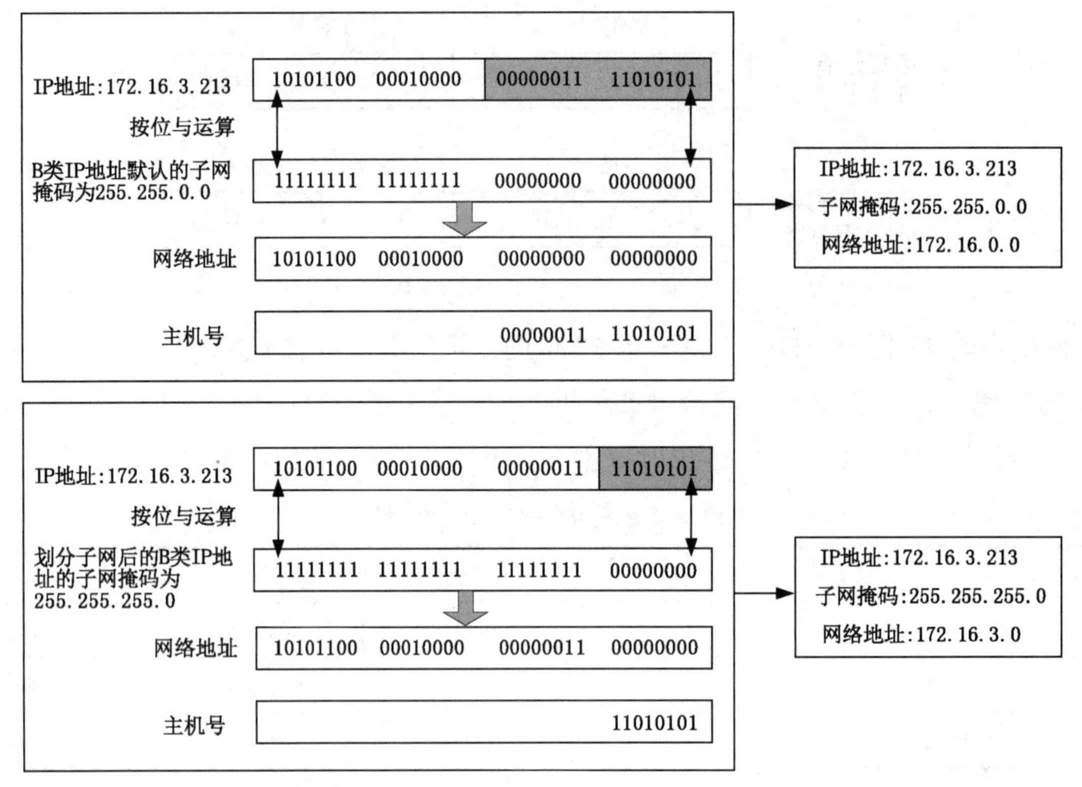

图 3-15　子网掩码的作用

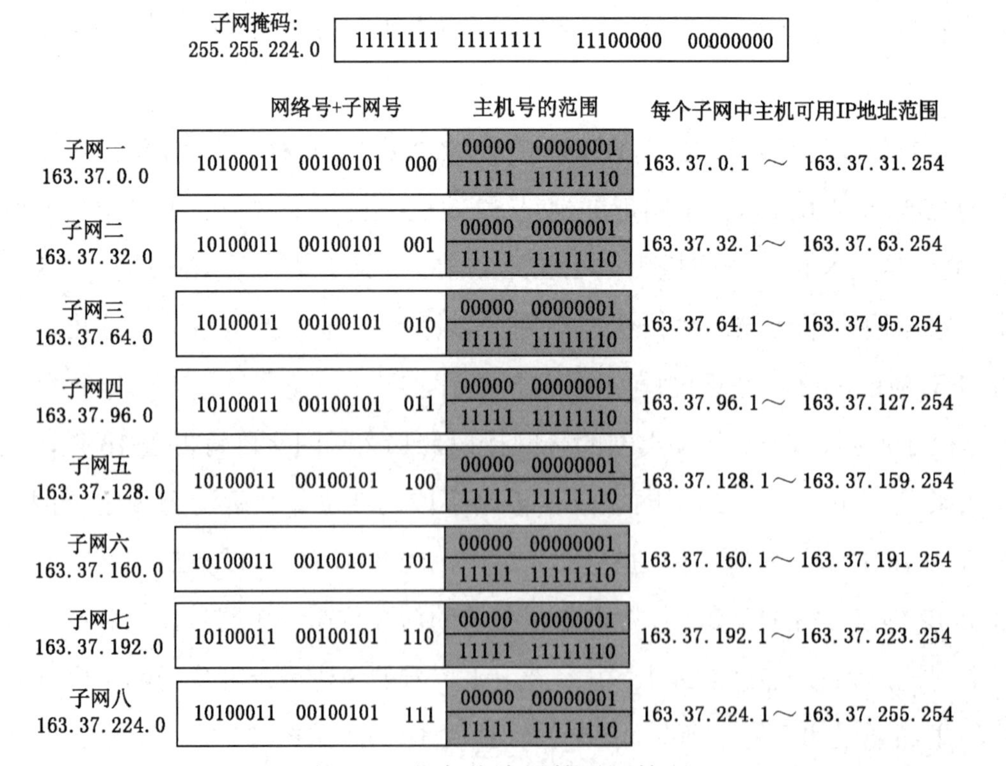

图 3-16　非字节边界的子网掩码

4．子网掩码的标注

我们知道，子网掩码决定可能的子网数目和每个子网的主机数目。

1）无子网的标注法

对无子网的 IP 地址，可写成主机号为 0 的掩码。例如，IP 地址为 210.73.140.5，子网掩码为 255.255.255.0，也可以缺省子网掩码，只写 IP 地址。

2）有子网的标注法

有子网时，IP 地址与子网掩码一定要配对出现。以上述 B 类 IP 地址为 163.37.0.0，子网掩码为 255.255.224.0 为例来说明。

（1）两个 IP 地址如果属于同一网络区间，那么这两个地址间的信息交换就不通过路由器。如果不属于同一网络区间，也就是子网号不同，那么两个地址的信息交换就要通过路由器进行。例如，对于 IP 地址为 163.37.33.5 的主机来说，其主机号为 00001 00000101；对于 IP 地址为 163.37.41.6 的主机来说，它的主机号为 01001 00000110。以上两个主机第三字节前三位全是 001，说明这两个 IP 地址在同一个网络区域中，这两台主机在交换信息时不需要通过路由。

IP 地址为 163.37.65.5 的主机号为 00001 00000101，IP 地址为 163.37.105.6 的主机号为 01001 00000110，但两台主机的第三字节前三位分别为 010 和 011，并不相同，说明二者在不同的网络区域，交换信息需要通过路由器。不同网络区间交换信息需要通过路由器如图 3-17 所示。

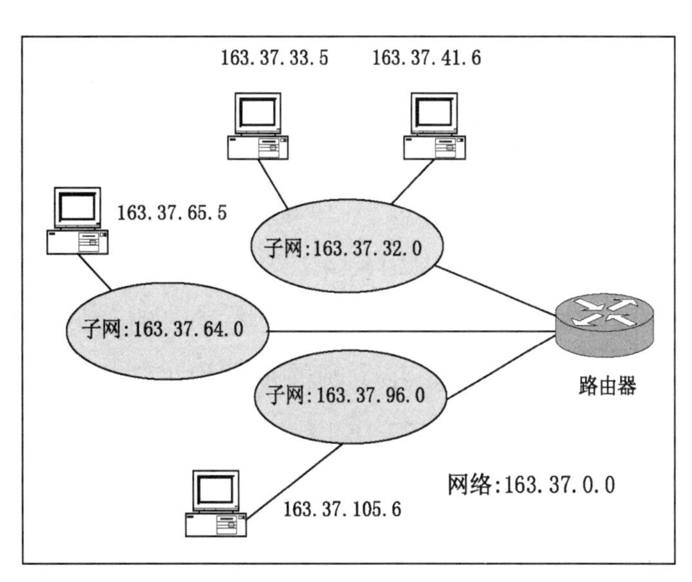

图 3-17　不同网络区间交换信息需要通过路由器

（2）子网掩码的作用是说明有子网和有几个子网，但子网数只能表示为一个范围，不能确切表示出具体几个子网，子网掩码不能说明具体子网号，只有 IP 地址与子网掩码“按位与”运算后才能得出该 IP 地址所在的子网。

5．子网划分的规则

在 RFC 文档中，RFC 950 规定了子网划分的规范，其中对网络地址中的子网号做了如下规定。

由于网络号全为“0”代表的是本网络，所以网络地址中的子网号也不能全为“0”，子网号全为“0”，表示本子网网络。

由于网络号全为“1”表示的是广播地址，所以网络地址中的子网号也不能全为“1”，全为“1”的地址用于向子网广播。

虽然互联网的RFC 950文档禁止使用子网网络号全为0（全0子网）和子网网络号全为1的子网网络，但在实际情况中，很多供应商的产品都支持全0和全1子网。在现代网络技术中，可变长子网划分和无类别域间路由选择（Classless Inter-Domain Routing，CIDR）都支持全0和全1子网。

6．可变长子网掩码

前面定义子网掩码时，将整个网络中的子网掩码都假设为同一个掩码。也就是说，无论各个子网容纳了多少台主机，只要这个网络被划分了子网，这些子网都将使用相同的子网掩码。然而在许多情况下，网络中不同的子网连接的主机数可能有很大的差别，这就需要在一个主网络中定义多个子网掩码，我们将这种方式称为可变长子网掩码（Variable Length Subnet Masks，VLSM）。

1）VLSM的优点

（1）VLSM使IP地址更加有效，减少了子网中IP地址的浪费，并且VLSM允许对已经划分过子网的网络继续进行子网划分。

VLSM可变长的子网掩码如图3-18所示。网络172.16.0.0/16（即子网掩码中1的个数为16）被划分成/24的子网，其中子网172.16.14.0/24又被继续划分成/27的子网。这个/27的子网的网络范围是172.16.14.0/27～172.16.14.224/27（可理解为172.16.14.00000000/27～172.16.14.11100000/27）。从图3-18中可以看到，又将其中的子网172.16.14.128/27用掩码/30再分成只有两个主机地址的小子网，小子网的范围为172.16.14.128/30～172.16.14.156/30（可理解为172.16.14.10000000/30～172.16.14. 10011100/30），每个小子网中的这两个IP地址正好供连接两台路由器的端口使用。

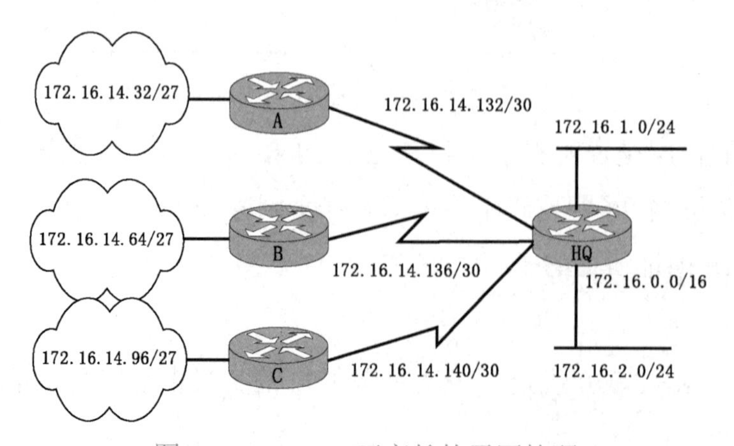

图3-18　VLSM可变长的子网掩码

注：在表示子网掩码时，除了点分十进制，还有一种网络前缀法，也就是用网络前缀表示，即“/ 位数”，位数表示的是本子网中网络号的位数。

（2）VLSM 提高了路由汇总的能力。VLSM 加强了 IP 地址的层次化结构设计，使路由表的路由汇总更加有效。例如，在图 3-18 中，路由器 HQ 的路由表中子网 172.16.14.0/24 汇总了所有从 172.16.14.0 中进一步划分出来的地址，包括 172.16.14.0/27 ～ 172.16.14.128/30。

2）VLSM 的计算

现在假设一个企业的分支机构已经被分配了一个子网地址 172.16.32.0/20，该分支机构共拥有 10 个用户。对于 /20 的网络来说，所能容纳的最大主机数量超过了 4000（$2^{12}-2=4094$）台，造成了非常多的地址资源的浪费。此时如果使用 VLSM 技术，就可以将原来的一个子网地址划分出更多的子网地址，每个子网拥有的主机地址就减少了。

计算 VLSM 如图 3-19 所示。子网由原来的 172.16.32.0/20 变成子网 172.16.32.0/26，得到 64 个子网，每个子网可支持 62（$2^6-2=62$）台主机。

被划分子网的地址：172.16.32.0/20

二进制格式：10101100.00010000.00100000.00000000

VLSM地址二进制格式：10101100.00010000.0010 | 0000.00 | 000000

	网络	子网	VLSM子网	主机	
第1个子网：	10101100.00010000.	0010	0000.00	000000	=172.16.32.0/26
第2个子网：	10101100.00010000.	0010	0000.01	000000	=172.16.32.64/26
第3个子网：	10101100.00010000.	0010	0000.10	000000	=172.16.32.128/26
第4个子网：	10101100.00010000.	0010	0000.11	000000	=172.16.32.192/26
第5个子网：	10101100.00010000.	0010	0001.00	000000	=172.16.33.0/26

图 3-19 计算 VLSM

7．子网划分实例

划分子网时计算掩码是关键。

1）利用子网数来计算

问题提出：某公司拥有一个 C 类 IP 地址 192.168.10.0，公司总共有 5 个部门，请问如何划分子网？每个部门最多有多少台主机？

解决方法：

在求子网掩码之前必须先搞清楚要划分的子网数目，以及每个子网内所需的主机数目。

（1）将子网数目转化为二进制来表示。

（2）取得该二进制的位数，为 N。

（3）取得该 IP 地址的标准子网掩码，将其标识主机地址部分的前 N 位置 1，即得出该 IP 地址划分子网后的子网掩码。

具体步骤：

（1）5 的二进制为 101。

（2）该二进制为 3 位数，$N=3$。

（3）将 C 类 IP 地址的子网掩码 255.255.255.0 的主机地址前 3 位置 1，得到 192.168.10.0/27，子网掩码用二进制表示为 11111111.11111111.11111111.11100000，十进制表示为 255.255.255.224，即划分成 5 个子网的 C 类 IP 地址 192.168.10.0 的子网掩码。

C 类 IP 地址实际从第四字节的主机地址借了 3 位，即子网数为 $2^3=8$，第四字节的主机地址部分变成了 5 位，主机 IP 地址数为 $2^5-2=30$ 个。

所有子网的有效 IP 地址如下：

192.168.10.$\underline{000}$ 00000 ～ 192.168.10.$\underline{000}$11111 → 192.168.10. 1 ～ 192.168.10.30

192.168.10.$\underline{001}$ 00000 ～ 192.168.10.$\underline{001}$11111 → 192.168.10.33 ～ 192.168.10.62

192.168.10.$\underline{010}$ 00000 ～ 192.168.10.$\underline{010}$11111 → 192.168.10.65 ～ 192.168.10.94

192.168.10.$\underline{011}$ 00000 ～ 192.168.10.$\underline{011}$11111 → 192.168.10.97 ～ 192.168.10.126

192.168.10.$\underline{100}$ 00000 ～ 192.168.10.$\underline{100}$11111 → 192.168.10.129 ～ 192.168.10.158

192.168.10.$\underline{101}$ 00000 ～ 192.168.10.$\underline{101}$11111 → 192.168.10.161 ～ 192.168.10.190

192.168.10.$\underline{110}$ 00000 ～ 192.168.10.$\underline{110}$11111 → 192.168.10.193 ～ 192.168.10.222

192.168.10.$\underline{111}$ 00000 ～ 192.168.10.$\underline{111}$11111 → 192.168.10.225 ～ 192.168.10.254

2）利用主机数来计算

问题提出：欲将 B 类 IP 地址 168.195.0.0 划分成若干子网，每个子网内有主机 700 台。

解决方法：

（1）将主机数目转化为二进制来表示。

（2）如果主机数小于或等于 254（注意去掉保留的两个 IP 地址），则取得该主机的二进制位数为 N，这里肯定 $N<8$。如果大于 254，则 $N>8$，这就是说主机地址将占据不止 8 位。

（3）将该类 IP 地址的前 $32-N$ 位全部置 1，即子网掩码值。

具体步骤：

（1）700 的二进制为 10 10111100。

（2）该二进制为 10 位数，$N=10$。

（3）子网掩码 168.195.0.0/(32−10)，即 168.195.0.0/22，子网掩码用二进制表示为 11111 111.11111111.11111100.00000000，点分十进制表示为 255.255.252.0。这就是欲划分成主机为

700 台的 B 类 IP 地址 168.195.0.0 的子网掩码。

B 类 IP 地址实际从第三字节的主机地址借了 6 位，即子网数为 2^6=64；第三字节的主机地址部分变成了 2 位，再加第四字节的 8 位，主机 IP 地址数为 $2^{10}-2$=1022 个。

3）注意事项

（1）使用某类 IP 地址划分更多子网时，在每个子网上的可用主机地址数目会比原先减少。

（2）在计算子网掩码时，我们要注意 IP 地址中的保留地址，即 0 地址和广播地址，它们是指网络中主机地址全为 0 或 1 时的 IP 地址，它们代表着本网络地址和广播地址，一般是不能被计算在内的。

（3）现代网络技术中，可变长子网划分支持全 0 和全 1 子网。

4）知识扩充

（1）使用专门的子网掩码计算工具，如 IP SubNetter，进行子网划分。

（2）下面列出各类 IP 地址所能划分出的所有子网，其划分后的主机和子网占位数，以及主机和子网的（最大）数目。注意：要去掉保留的 IP 地址（即划分后有主机位全为 0 或全为 1 的）。A 类、B 类和 C 类 IP 地址能划分出的所有子网的情况如表 3-2 ～表 3-4 所示。

表 3-2 A 类 IP 地址能划分出的所有子网的情况

子网位 / 主机位	子网掩码	子网最大数 / 主机最大数
2/22	255.192.0.0	4/4194302
3/21	255.224.0.0	8/2097150
4/20	255.240.0.0	16/1048574
5/19	255.248.0.0	32/524286
6/18	255.252.0.0	64/262142
7/17	255.254.0.0	128/131070
8/16	255.255.0.0	256/65534
9/15	255.255.128.0	512/32766
10/14	255.255.192.0	1024/16382
11/13	255.255.224.0	2048/8190
12/12	255.255.240.0	4096/4094
13/11	255.255.248.0	8192/2046
14/10	255.255.252.0	16384/1022
15/9	255.255.254.0	32768/510
16/8	255.255.255.0	65536/254
17/7	255.255.255.128	131072/126

续表

子网位 / 主机位	子网掩码	子网最大数 / 主机最大数
18/6	255.255.255.192	262144/62
19/5	255.255.255.224	524288/30
20/4	255.255.255.240	1048576/14
21/3	255.255.255.248	2097152/6
22/2	255.255.255.252	4194304/2

表 3-3　B 类 IP 地址能划分出的所有子网的情况

子网位 / 主机位	子网掩码	子网最大数 / 主机最大数
2/14	255.255.192.0	4/16382
3/13	255.255.224.0	8/8190
4/12	255.255.240.0	16/4094
5/11	255.255.248.0	32/2046
6/10	255.255.252.0	64/1022
7/9	255.255.254.0	128/510
8/8	255.255.255.0	256/254
9/7	255.255.255.128	512/126
10/6	255.255.255.192	1024/62
11/5	255.255.255.224	2048/30
12/4	255.255.255.240	4096/14
13/3	255.255.255.248	8192/6
14/2	255.255.255.252	16384/2

表 3-4　C 类 IP 地址能划分出的所有子网的情况

子网位 / 主机位	子网掩码	子网最大数 / 主机最大数
2/6	255.255.255.192	4/62
3/5	255.255.255.224	8/30
4/4	255.255.255.240	16/14
5/3	255.255.255.248	32/6
6/2	255.255.255.252	64/2

8．超网和无类别域间路由选择

无类别域间路由选择（CIDR）在 RFC 1517 ～ RFC 1520 中都有描述。提出 CIDR 的初衷是为了解决 IP 地址空间即将耗尽（特别是 B 类 IP 地址）的问题。CIDR 并不使用传统的有类别网络地址的概念，即不再区分 A、B、C 类网络地址。在分配 IP 地址段时也不再按照有类别网络地址的类别进行分配，而是将 IP 网络地址空间看成一个整体，并划分成连续的地址块。然后，采用分块的方法进行分配。

在 CIDR 技术中，常使用子网掩码中表示网络号二进制位的长度来区分一个网络地址块的大小，称为 CIDR 前缀。例如，IP 地址 210.31.233.1、子网掩码 255.255.255.0 可表示成 210.31.233.1/24；IP 地址 166.133.67.98、子网掩码 255.255.0.0 可表示成 166.133.67.98/16；IP 地址 192.168.0.1、子网掩码 255.255.255.240 可表示成 192.168.0.1/28 等。

CIDR 可以用来做 IP 地址汇总 [或称超网（Supernet）]。在未做地址汇总之前，路由器需要对外声明所有的内部网络 IP 地址空间段。这将导致互联网核心路由器中的路由条目非常庞大（接近 10 万条）。采用 CIDR 地址汇总后，可以将连续的地址空间块总结成一条路由条目。路由器不再需要对外声明内部网络的所有 IP 地址空间段。这样，就大大减少了路由表中路由条目的数量。

例如，某公司申请到了 1 个网络地址块（共 8 个 C 类网络地址）：210.31.224.0/24 ～ 210.31.231.0/24。为了对这 8 个 C 类网络地址进行汇总，采用了新的子网掩码 255.255.248.0，CIDR 前缀为 /21。CIDR 的应用如图 3-20 所示。

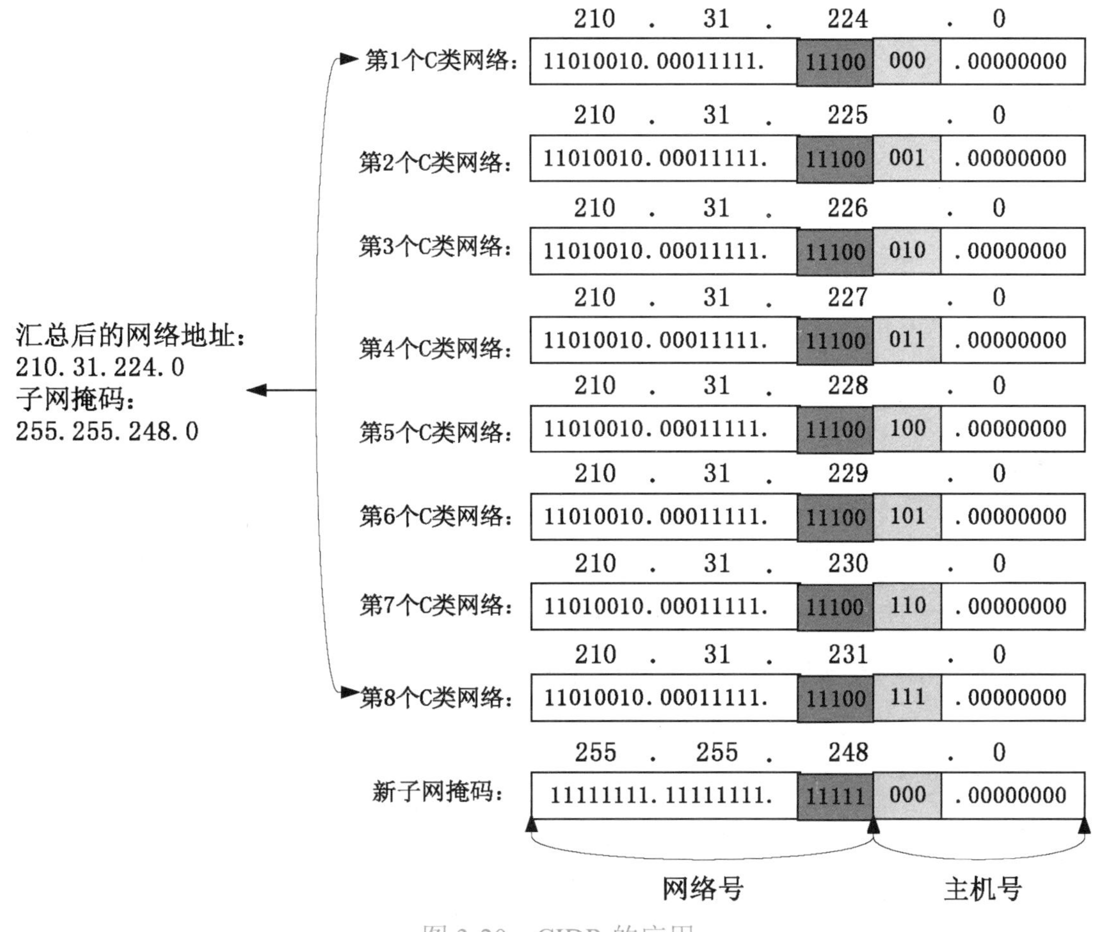

图 3-20　CIDR 的应用

可以看出，CIDR 实际上使用的是借用部分网络号充当主机号的方法。在图 3-20 中，因为 8 个 C 类 IP 地址网络号的前 21 位完全相同，变化的只是最后 3 位网络号，因此，可以将网络号的后 3 位看成主机号，选择新的子网掩码为 255.255.248.0（子网掩码二进制为 11111111.11111111.11111000.00000000），将这 8 个 C 类网络地址汇总成 210.31.224.0/21。

利用 CIDR 实现地址汇总有两个基本条件。

（1）待汇总地址的网络号拥有相同的高位。如图 3-20 中 8 个待汇总的网络地址的第 3 个位域的前 5 位完全相等，均为 11100。

（2）待汇总的网络地址数目必须是 2*n*，如 2 个、4 个、8 个、16 个等。否则，可能会导致路由黑洞（汇总后的网络可能包含实际中并不存在的子网）。

任务五　IPv6 技术

任务引入

IP 是互联网的核心协议。现在使用的 IP（IPv4）是在 20 世纪 70 年末期设计的，无论从计算机本身发展还是从互联网规模和网络传输速率来看，现在 IPv4 已很不适用了。对于解决 IP 地址耗尽的问题，虽然各方面都在研究一些补救的方法，如用网络地址转换（Network Address Translation，NAT）来缓解 IP 地址的紧张，用 CIDR 来改善路由性能等，但这些方法只能给 IPv4 带来暂时的改善，并不能解决长远的地址匮乏问题。

IPv4 地址的耗尽及 IPv6 地址登上历史舞台，体现了世界是动态变化的，相应的技术也需要不断发展。IPv6 的发展为我国实现网络强国带来了机遇，我们应准确抓住，实现网络技术的弯道超车。

任务分析

为了解决现行互联网出现的问题，IETF 于 1992 年开始开发 IPv6，1995 年 12 月在 RFC 1883 中公布了建议标准（Proposal Standard），1996 年 7 月和 1997 年 11 月先后发布了版本 2 和 2.1 的草案标准（Draft Standard），1998 年 12 月发布了标准 RFC 2460。

我国也在不断致力于 IPv6 的开发和应用。中国下一代互联网示范工程 CNGI 示范网络核心网 CNGI-CERNET2 于 2004 年建成，到 2007 年已与全国 20 个城市的 167 所高校科研机构进行了互连，传输速率达到每秒 2.5 ～ 10G。2017 年 11 月 26 日，中共中央办公厅、国务院办公厅印发了《推进互联网协议第六版（IPv6）规模部署行动计划》，将极大地推进我国

IPv6 的部署和应用加速。

1. IPv6 的技术特点

与 IPv4 相比，IPv6 具有如下优点。

1）扩展的寻址能力

IPv6 将 IP 地址长度从 32 位扩展到 128 位，以支持大规模数量的网络节点。采用了层次化的地址结构把 IPv6 的地址空间按照不同的地址前缀来划分，以利于骨干网路由器对数据报的快速转发。

2）简化的报头和灵活的扩展

IPv6 对数据报头做了简化，以减少处理器开销并节省网络带宽。IPv6 的报头由一个基本报头和多个扩展报头（Extension Header）构成，基本报头具有固定的长度（40 字节），放置所有路由器都需要处理的信息。由于互联网上的绝大部分数据报都只是被路由器简单地转发，因此固定的报头长度有助于加快路由速度。IPv6 还定义了多种扩展报头，这使得 IPv6 变得极其灵活，能提供对多种应用的强力支持，如路由、分段报头、身份认证报头，同时又为以后支持新的应用提供了可能。

3）即插即用的联网方式

IPv6 把自动将 IP 地址分配给用户的功能作为标准功能。只要机器一连接上网络便可自动设定地址。它有两个优点：一是最终用户无须花精力进行地址设定；二是可以大大减轻网络管理者的负担。IPv6 有两种自动设定功能：一种是和 IPv4 自动设定功能一样的名为“全状态自动设定”功能；另一种是“无状态自动设定”功能。

4）网络层的认证与加密

安全问题始终是与互联网相关的一个重要话题。由于在 IP 设计之初没有考虑安全性，因而在早期的互联网上时常发生诸如企业或机构网络遭到攻击、机密数据被窃取等不幸的事件。为了加强互联网的安全性，从 1995 年开始，IETF 着手研究制定了一套用于保护 IP 通信的 IP 安全协议（IPSec）。IPSec 是 IPv4 的一个可选扩展协议，是 IPv6 的一个组成部分。

5）服务质量的满足

基于 IPv4 的互联网在设计之初，只有一种简单的服务质量，即采用“尽最大努力（Best Effort）”传输，从原理上讲服务质量是无保证的。文本、静态图像等传输对 QoS 并无要求。随着 IP 网上多媒体业务增加，如 IP 电话、VOD、电视会议等实时应用，对传输延时和延时抖动均有严格的要求。

IPv6 数据报的格式包含一个 8 位的通量类和一个新的 20 位的流标签（Flow Label）。IPv6 中流的概念引入仍然是在无连接协议的基础上的，一个流可以包含几个 TCP 连接，一个流的目的地址可以是单个节点，也可以是一组节点。IPv6 的中间节点接收到一个信息包时，通过验证它的流标签，可以判断它属于哪个流，然后就可以知道信息包的服务质量需求，进而进行快速的转发。

6）对移动通信更好的支持

未来移动通信与互联网的结合将是网络发展的大趋势之一。移动互联网将成为我们日常生活的一部分，改变我们生活的方方面面。移动互联网不仅是移动接入互联网，它还提供一系列以移动性为核心的多种增值业务：远程控制工具、无限互动游戏、购物付款等。移动IPv6的设计汲取了移动IPv4的设计经验，并且利用了IPv6的许多新特征，所以提供了比移动IPv4更多、更好的特点。移动IPv6成为IPv6不可分割的一部分。

2. IPv6的地址表示方法

IPv6地址有3种格式，即首选格式、压缩格式和内嵌IPv4的IPv6格式。

1）首选格式

首选格式采用冒号十六进制法，也就是说，将IPv6的128位地址的每16位划分为一段，每段被转换为一个4位十六进制数，并用冒号隔开，例如，

68E6:8C64:FFFF:0:1180:F:960A:FFFF

在第四段中将0000的前三个0省略了，在第六段中将000F缩写为F。

2）压缩格式

压缩格式是指一连串连续的零可以被一对冒号取代，例如，

FF05:0:0:0:0:0:0:B3

可以写成

FF05::B3

3）内嵌IPv4的IPv6格式

冒号十六进制法可结合点分十进制法的后缀，这种结合在IPv4向IPv6转换的阶段特别有用。例如，下面的串是一个合法的冒号十六进制法，即内嵌IPv4的IPv6格式，

0:0:0:0:0:0:128.10.2.1

也使用压缩格式，写成

::128.10.2.1

3. IPv6的地址种类

IPv6定义了三种地址类型，分别为单点传送地址（Unicast Address）、多点传送地址（Multicast Address）和任意点传送地址（Anycast Address）。所有类型的IPv6地址都属于接口而不是节点。一个IPv6单点传送地址被赋给某一个接口，而一个接口又只能属于某一个特定的节点，因此一个节点的任意一个接口的单点传送地址都可以用来表示该节点。

IPv6中的单点传送地址是连续的，以位为单位的可掩码地址与带有CIDR的IPv4地址

很类似，一个标识符仅标识一个接口的情况。在 IPv6 中有多种单点传送地址形式，包括基于全局提供者的单点传送地址、基于地理位置的单点传送地址、NSAP 地址、IPX 地址、节点本地地址、链路本地地址和兼容 IPv4 的主机地址等。

多点传送地址是一个地址标识符对应多个接口的情况（通常属于不同节点）。IPv6 多点传送地址用于表示一组节点。一个节点可能会属于几个多点传送地址。在互联网上进行多播是在 1988 年随着 D 类 IPv4 地址的出现而发展起来的。这个功能被多媒体应用程序广泛使用，它们需要一个节点到多个节点的传输。RFC 2373 对多点传送地址进行了更为详细的说明，并给出了一系列预先定义的多点传送地址。

任意点传送地址也是一个标识符对应多个接口的情况。如果一个报文要求被传送到一个任意点传送地址，则它将被传送到由该地址标识的一组接口中的最近一个（根据路由选择协议距离度量方式决定）。任意点传送地址是从单点传送地址空间中划分出来的，因此它可以使用表示单点传送地址的任何形式。从语法上来看，它与单点传送地址是没有差别的。当一个单点传送地址被指向多于一个接口时，该地址就成为任意点传送地址，并且被明确指明。当用户发送一个数据报到这个任意点传送地址时，离用户最近的一个服务器将响应用户。这对于一个经常移动和变更的网络用户大有益处。

4．IPv4 向 IPv6 的过渡

由于现在整个互联网上使用老版本 IPv4 的路由器的数量太大，因此，“规定一个日期，从这一天起所有的路由器一律都改用 IPv6”显然是不可行的。这样，向 IPv6 过渡只能采用逐步演进的办法，同时还必须使新安装的 IPv6 系统向后兼容。这就是说，IPv6 系统必须能够接收和转发 IPv4 的分组，并且能够为 IPv4 分组选择路由。

下面介绍两种向 IPv6 过渡的策略，即使用双协议栈（Dual Stack）和隧道技术。

1）双协议栈

双协议栈是指在完全过渡到 IPv6 之前，使一部分主机（或路由器）装有两个协议栈，一个 IPv4 和一个 IPv6，因此双协议栈主机（或路由器）既能够和 IPv6 的系统通信，又能够和 IPv4 的系统通信。双协议栈主机（或路由器）记为 IPv6/IPv4，表明它具有两种 IP 地址：一个 IPv6 地址和一个 IPv4 地址。

2）隧道技术

隧道技术就是在 IPv6 数据报要进入 IPv4 网络时，将 IPv6 数据报封装成 IPv4 数据报（整个 IPv6 数据报变成了 IPv4 数据报的数据部分），然后 IPv6 数据报就在 IPv4 网络的隧道中传输。当 IPv4 数据报离开 IPv4 网络中的隧道时再将其数据部分（即原来的 IPv6 数据报）交给主机的 IPv6 协议栈。

任务六　常用的网络操作命令

任务引入

随着科技的进步和人们生活水平的提高，计算机及计算机网络已融入人们的工作、生活中。计算机在给我们提供娱乐和便利的同时，时不时地会出现一些小故障，这些故障虽不是什么大问题，随手即可解决，但由于计算机知识的匮乏往往令我们不知所措。

学习一些计算机网络诊断的技巧，对网络设备之间的连通性进行测试，利用操作系统本身内置的一些网络故障诊断命令，再结合网络测试工具，就可以满足日常网络维护的要求。

任务分析

常用的网络故障诊断命令有 ping、ipconfig/winipcfg、arp、netstat、tracert 等。

知识链接

1．ping 命令

1）了解 ping 命令

ping 命令是一个基于 ICMP 的实用程序，它的主要功能是用来检测网络的连通情况和分析网络速率。由于该命令发送的数据报非常小，在网上传递得非常快，所以可以快速地检测出当前的网络故障。

凡是应用 TCP/IP 的局域网或广域网，当客户端之间无法正常进行访问或者网络工作出现各种不稳定的情况时，建议大家使用 ping 命令测试网络的通信是否正常，多数情况下是可以一次奏效的。

2）ping 命令的使用

选择“开始”→“程序”→“附件”命令，选择“命令提示符”，打开“命令提示符”窗口，在窗口命令行下，输入“ping 127.0.0.1”，其中“127.0.0.1”是用于本地回环测试的 IP 地址（“127.0.0.1”代表本地主机），按回车键后，就会显示测试结果。ping 命令的使用如图 3-21 所示。

使用简单的“ping 127.0.0.1”命令后，ping 程序将对本机网卡进行检测。在返回 4 次检测结果的过程中，如果网卡工作正常，网卡的返回时间将小于 10ms。

一般 ping 公网地址，响应时间小于 300ms 都可以认为是正常的；如果时间超过 400ms 则说明连接较慢。出现“请求暂停（Request timed out）”信息意味着网址没有在 1s 内响应，这表明服务器没有对 ping 做出响应的配置或者网址反应极慢。如果您看到 4 个“请求暂停”信息，说明网址拒绝 ping 请示，因为过多的 ping 测试会对网络服务器产生不必要的消耗，因此许多网络管理员会对服务器进行必要的设置，不让服务器接受无限制的 ping 测试。

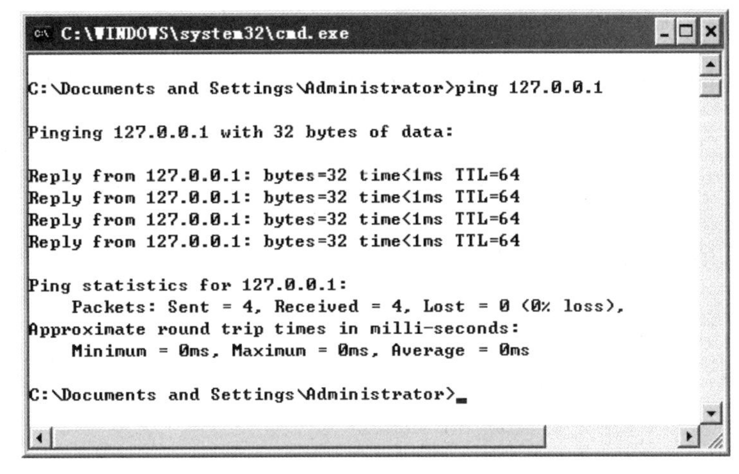

图 3-21 Ping 命令的使用

3）ping 命令的参数介绍

从命令格式中输入“ping / ? ”可以查看它的详细使用方法，ping 命令后面是它的执行参数，下面对其常用参数做详细的介绍。

-t：不间断地 ping 指定计算机，直到管理员中断。

-a：将地址解析为计算机名。

-n count：发送 count 指定的 Echo（空）数据报数。在默认情况下，ping 将发送 4 个数据报。通过这个参数，可以定义发送的个数，这对衡量网络平均速率很有帮助。

例如，ping -n 60 202.102.224.25，可以测试发送到主机的 60 个数据报的平均返回时间、最快时间、最慢时间。

-l size：指定发送到目标主机的数据报的大小。在默认的情况下，Windows 的 ping 发送的数据报大小为 32B，我们也可以自己定义它的大小，但有一个大小的限制，就是最大只能发送 65500B。因为 Windows 系列的系统都有一个安全漏洞，当一次发送的数据报大于或等于 65532B 时，将可能导致接收方计算机当机。微软公司为了解决这一安全漏洞，限制了 ping 的数据报大小。虽然微软公司已经做了此限制，但这个参数配合其他参数以后的危害依然非常强大，比如，攻击者可以通过 -t 参数实施 Dos 攻击。

例如：ping -l 65500 -t 172.16.0.88。

```
Pinging 172.16.0.88 with 65500 bytes of data:
Reply from 172.16.0.88: bytes=65500 time=12ms TTL=128
Reply from 172.16.0.88: bytes=65500 time=13ms TTL=128
Reply from 172.16.0.88: bytes=65500 time=12ms TTL=128
Reply from 172.16.0.88: bytes=65500 time=12ms TTL=128
Reply from 172.16.0.88: bytes=65500 time=12ms TTL=128
Reply from 172.16.0.88: bytes=65500 time=12ms TTL=128
Ping statistics for 172.16.0.88:
```

```
        Packets: Sent = 6, Received = 6, Lost = 0 (0% loss),
    Approximate round trip times in milli-seconds:
        Minimum = 12ms, Maximum = 13ms, Average = 12ms
```

这样就会不停地向 172.16.0.88 计算机发送大小为 65500B 的数据报，如果只有一台计算机进行此操作也许没有什么效果，但如果有很多台计算机进行此操作那么就可以使对方完全瘫痪。如果网络中多台计算机 ping 一台 Win2000 Pro 系统的计算机，那么很快对方的网络会完全瘫痪，网络严重堵塞，HTTP 和 FTP 服务完全停止，由此可见威力非同小可。

4）ping 命令的实训总结

网络故障可能由许多原因引起，如本地配置错误、远程主机协议失效、设备故障。下面列出了典型的网络管理员排除网络故障的步骤。

（1）使用 ipconfig/all 观察本地网络设置是否正确。

（2）ping 127.0.0.1。127.0.0.1 是回环地址，ping 回环地址是为了检查本地的 TCP/IP 有没有设置好。

（3）ping 本机 IP 地址，这样可以检查本机的 IP 地址是否设置有误。

（4）ping 本网网关或本网 IP 地址，这样做的目的是检查硬件设备是否有问题，也可以检查本机与本地网络连接是否正常（在非局域网中这一步骤可以忽略）。

（5）ping 远程 IP 地址，检查本网或本机与外部的连接是否正常。

最后是作者的一点经验：一般网络错误的原因主要是协议设置出现了问题，可以从软件方面着手进行检查。如果网络设置正确，测试本地主机也是通的，但与相邻主机不通，网卡与交换机相连端口的网线也没有出现松动，那么 TCP/IP 或网卡驱动程序要重新安装一遍。如果问题还没有解决，最后检查的重点是与交换机所连的端口。

2．ipconfig/winipcfg 命令

1）了解 ipconfig 和 winipcfg 命令

利用 ipconfig 和 winipcfg 命令可以查看和修改网络中与 TCP/IP 有关的配置。在发现和解决 TCP/IP 网络问题时，首先需要检查出有问题的计算机上的 TCP/IP 配置，如 IP 地址、网关、子网掩码等。这两个工具在 Windows 9x 中都能使用，功能基本相同，只是 ipconfig 是以 DOS 的字符形式显示，在 Windows 9x/2000/XP 中都可以使用；而 winipcfg 则以图形界面的形式显示，只能在 Windows 9x 中使用。

2）ipconfig 命令的使用

ipconfig/?：显示 ipconfig 的格式和参数的英文说明。

在本地主机执行不带参数的 ipconfig 命令。不带参数的 ipconfig 命令的使用如图 3-22 所示。

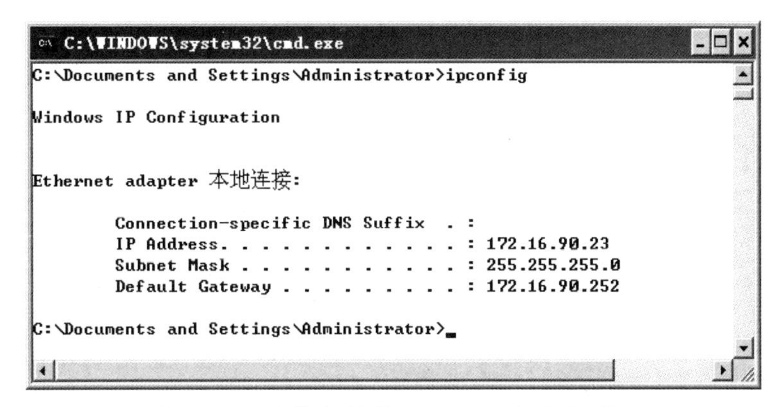

图 3-22 不带参数的 ipconfig 命令的使用

使用带 /all 参数的 ipconfig 命令时，将给出所有接口的详细配置报告，可以了解当前计算机使用的网卡类型、主机的 IP 地址、子网掩码、路由器的地址，甚至包括任何已配置的串行端口和网络适配器（Network Adapter，NA）的物理地址。带 /all 参数的 ipconfig 命令的使用如图 3-23 所示。如果 IP 地址是从动态主机配置协议（DHCP）服务器租用的，ipconfig 命令的结果将显示 DHCP 服务器的 IP 地址和租用地址预计失效的日期。

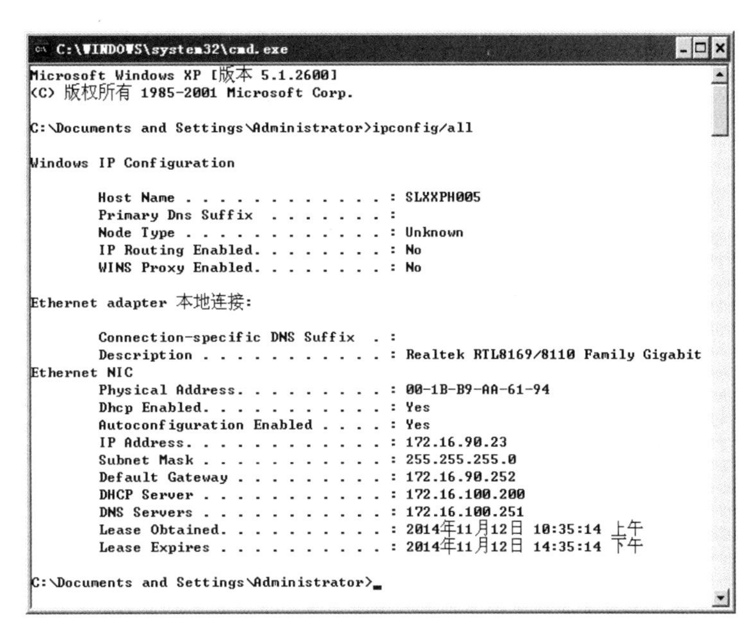

图 3-23 带 /all 参数的 ipconfig 命令的使用

3. arp 命令

1）了解 arp 命令

我们知道，每个网卡都有一个全球唯一的物理地址，上网时，动态的 IP 地址就是根据这个物理地址进行映射的。在每台安装 TCP/IP 的计算机里都有一个 ARP 缓存表，表里的 IP 地址与 MAC 地址是一一对应的。

Arp.exe 是一个管理网卡底层物理地址的程序。利用该命令可以显示和修改 ARP 缓存中的项目。如果在没有参数的情况下使用 Arp 命令将显示帮助信息。

2）arp 命令的使用

（1）arp -a

本命令用于查看高速缓存中的所有项目。

例如，arp -a，显示缓存表如图 3-24 所示。-a 可视为 all，即全部的意思。

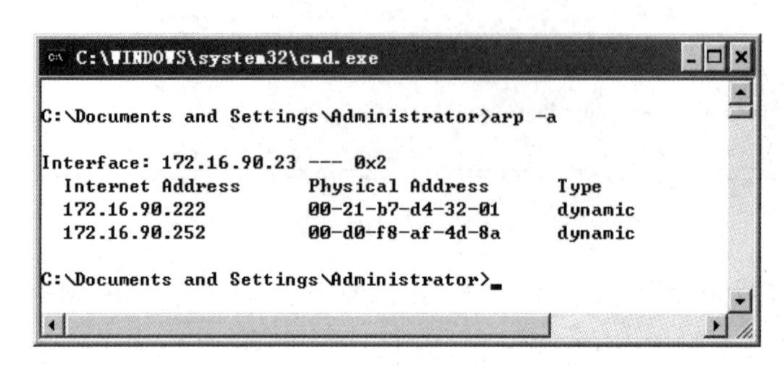

图 3-24 显示缓存表

（2）arp -a IP

如果有多块网卡，那么使用 arp -a 命令加上接口的 IP 地址，就可以只显示与该接口相关的 ARP 缓存项目。

例如，arp -a 172.16.0.135。

（3）arp -s IP 物理地址

使用本命令可以向 ARP 高速缓存中人工输入一个静态项目，该项目在计算机引导过程中将保持有效状态，或者在出现错误时，人工配置的物理地址将自动更新该项目。

例如，arp -s 172.16.0.135 00-50-8b-e9-04-00。

（4）arp -d IP

使用本命令能够人工删除一个静态项目。

例如，arp -d 172.16.0.135。

4．netstat 命令

1）了解 netstat 命令

netstat 命令用于显示活动的 TCP 连接、计算机侦听的端口、以太网统计信息、IP 路由表、IPv4（对于 IP、ICMP、TCP 和 UDP）统计信息及 IPv6（对于 IPv6、ICMPv6、通过 IPv6 的 TCP 及通过 IPv6 的 UDP）统计信息。使用时如果不带参数，netstat 命令结果显示活动的 TCP 连接。

netstat 使用格式：netstat[-a][-e][-n][-s][-p proto][-r][interval]。

-a：显示所有活动的 TCP 连接及计算机侦听的 TCP 和 UDP 端口。

-e：显示以太网统计信息，如发送和接收的字节数、数据报数。该参数可以与 -s 结合使用。

-n：以数字表格形式显示地址和端口。

-s：显示每个协议的使用状态（包括 TCP、UDP、IP）。

-p proto：显示通过 proto 参数指定的协议的连接。proto 参数可以是 TCP、UDP 或 IP。

-r：显示本机路由表的内容。

interval：每隔 interval 秒重新显示一次选定的信息。按 Ctrl+C 组合键停止重新显示统计信息。如果省略该参数，netstat 命令的结果将只打印一次选定的信息。

2）netstat 命令的使用

（1）要显示本机路由表信息，执行如下命令：

```
netstat -r
```

显示路由表如图 3-25 所示。

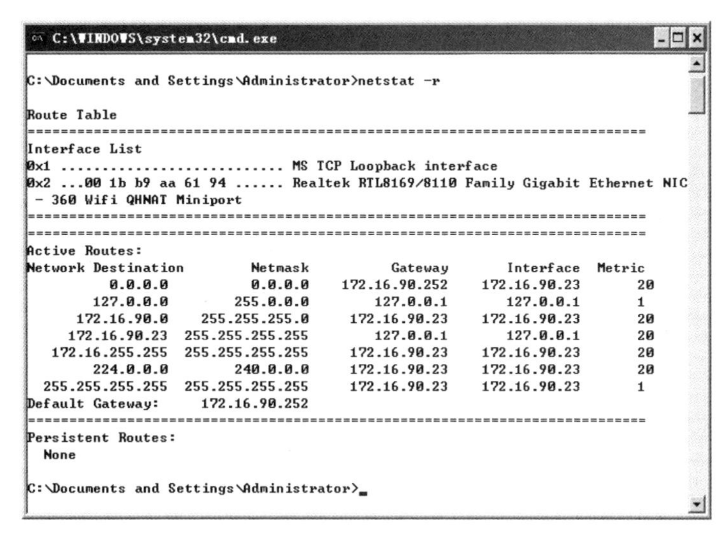

图 3-25　显示路由表

（2）要想显示以太网统计信息和所有协议的统计信息，执行以下命令：

```
netstat -e -s
```

（3）要想仅显示 TCP 和 UDP 的统计信息，执行以下命令：

```
netstat -s -p tcp udp
```

5．tracert 命令

1）了解 tracert 命令

tracert 命令是路由跟踪实用程序，用于确定 IP 数据报访问目标所采取的路径。tracert 命令用 IP 生存时间（TTL）字段和 ICMP 错误消息来确定从一个主机到网络上其他主机的路由。通过向目标发送不同 IP 生存时间（TTL）值的“互联网控制消息协议（IMCP）”回应数据报，tracert 诊断程序确定本机到目标所采取的路由。tracert 先发送 TTL 为 1 的回应数据报，并在随后的每次发送过程中将 TTL 递增 1，直到目标响应或 TTL 达到最大值，从而确定路由。

2）tracert 命令的使用

tracert 实用程序对于解决网络问题非常有用。使用不带参数的 tracert 命令显示帮助。例如，输入“tracert　www.163.com ”命令，可以看到 tracert 程序会自动将 www.163.com 域名解析为 IP 地址。tracert 命令的应用实例如图 3-26 所示。

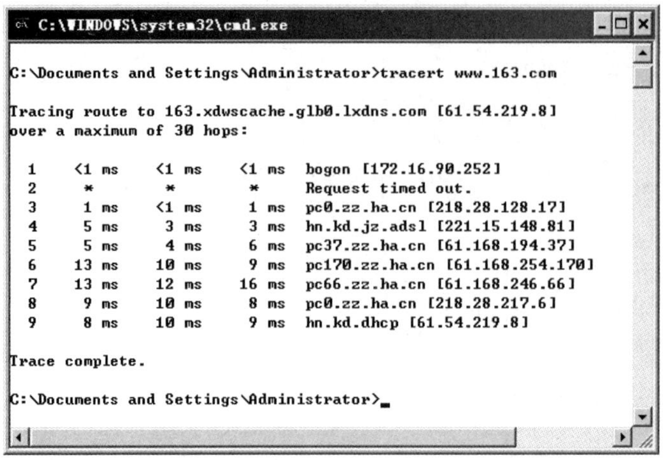

```
C:\WINDOWS\system32\cmd.exe

C:\Documents and Settings\Administrator>tracert www.163.com

Tracing route to 163.xdwscache.glb0.lxdns.com [61.54.219.8]
over a maximum of 30 hops:

  1    <1 ms    <1 ms    <1 ms  bogon [172.16.90.252]
  2     *        *        *     Request timed out.
  3     1 ms    <1 ms     1 ms  pc0.zz.ha.cn [218.28.128.17]
  4     5 ms     3 ms     3 ms  hn.kd.jz.adsl [221.15.148.81]
  5     5 ms     4 ms     6 ms  pc37.zz.ha.cn [61.168.194.37]
  6    13 ms    10 ms     9 ms  pc170.zz.ha.cn [61.168.254.170]
  7    13 ms    12 ms    16 ms  pc66.zz.ha.cn [61.168.246.66]
  8     9 ms    10 ms     8 ms  pc0.zz.ha.cn [218.28.217.6]
  9     8 ms    10 ms     9 ms  hn.kd.dhcp [61.54.219.8]

Trace complete.

C:\Documents and Settings\Administrator>_
```

图 3-26　tracert 命令的应用实例

从返回的结果可以看出，从当前计算机到 www.163.com，需要经过 8 个路由器。其中第一个路由器“172.16.90.252”，是本地网络的路由器，所以响应时间非常快。而其后的几个路由器，由于所处的位置不同，响应也有所不同。

项目总结

本项目介绍了 TCP/IP 参考模型中各层的功能及各层协议的功能，重点介绍了 IPv4 和 IPv6 编址技术及子网划分方法。通过本项目的学习，学习者能够利用 TCP/IP 参考模型分析网络中的数据传输原理、排查网络中出现的故障，并能根据网络项目需要利用 IP 编址技术解决网络 IP 规划问题。

实训与练习 3

一、名词解释

1．IP　2．TCP　3．UDP

二、判断题

1．IP 是面向连接的、可靠的协议。

2．10.0.0.1 是一个公用的 A 类 IP 地址。

3．IPv6 使用 128 个二进制位表示地址。

4．子网掩码的作用是确定一个绑定 IP 地址的主机属于哪个网络。

三、简答题

1．比较 IPv6 与 IPv4 的异同。

2．简述 A 类、B 类、C 类公用 IP 地址的范围及其子网掩码。

3．简述 A 类、B 类、C 类私用 IP 地址的范围及其子网掩码。

4．比较 TCP 与 UDP 的异同。

5．简述 IP、DNS、DHCP、ARP、RARP、ICMP 的用途。

6．OSI/RM 没有得以推广应用的主要原因有哪些？

四、实训题

1．某公司获得一个 C 类网络号 206.120.33.0，该公司拥有 4 个部门，每部门的主机不超过 30 台，各自连成小型局域网，自成体系。要求：通过为这 4 个小网分配 IP 地址段和子网掩码，实现它们之间的互连和子网划分。

2．某厅局网络中心欲将 B 类 IP 地址 168.195.0.0 划分成 27 个子网，以供各市局网络使用，请问该如何划分？

项目四

使用物理层互连设备

物理层是 OSI/RM 的最低层，它利用传输介质为通信的主机之间建立、管理和释放物理连接，实现比特流的透明传输。本项目主要介绍最常用的双绞线传输介质制作方法、网卡的安装方法，以及中继器、集线器的基本原理。

项目目标

- 掌握网卡的安装方法及网线的制作与测试方法
- 了解常见传输介质的特点
- 了解常用的物理层互连设备

能力目标

- 能安装局域网网卡及制作、测试网线
- 能根据网络建设需要合理选择物理层互连设备

任务一 网线的制作与测试

任务引入

工匠精神是指工匠对自己的产品精雕细琢、精益求精、追求完美的精神理念。在当今这个心浮气躁、追求“短、平、快”的社会氛围里，具备工匠精神的技能型人才是一种稀缺资源，因此，2016 年政府工作报告提出培育精益求精的工匠精神。工匠精神不仅存在于航空发动机、计算机芯片等高科技产品的生产中，也存在于钢笔尖、螺丝帽等小物件的制造中，网线的制作也能体现工匠精神。

掌握直通线与交叉线的制作规范和方法。

任务分析

网络设备(网卡、集线器、交换机)之间一般采用双绞线进行连接。双绞线有 4 组共 8 根线，用颜色来区分，白橙与橙、白蓝与蓝、白绿与绿、白棕与棕两两绞在一起，常用于星形拓扑结构的网络中。双绞线的 8 根线要接入 RJ-45 插头（俗称“水晶头”）。双绞线、连接双绞线用的 RJ-45 插头如图 4-1、图 4-2 所示。

图 4-1　双绞线

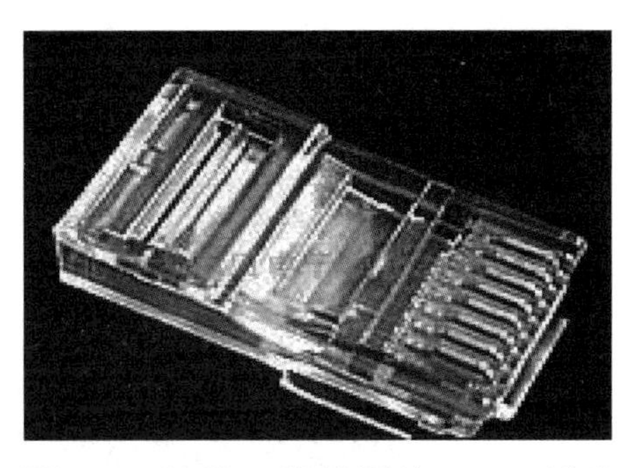

图 4-2　连接双绞线用的 RJ-45 插头

操作步骤

1. 网线的制作

下面以图示的方法介绍双绞线接入水晶头的制作过程，如图 4-3 ～图 4-13 所示。

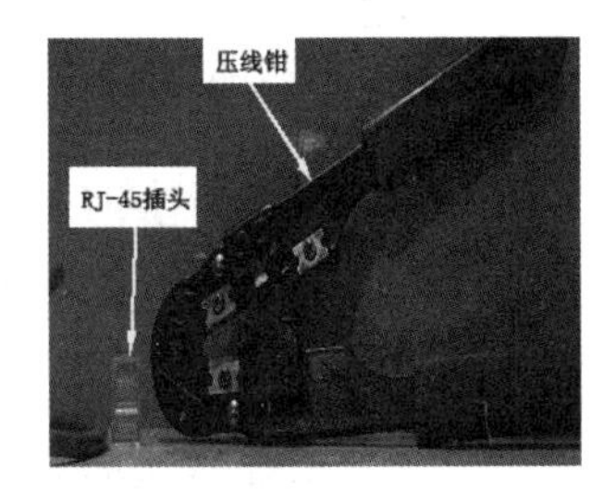

图 4-3　步骤一：准备

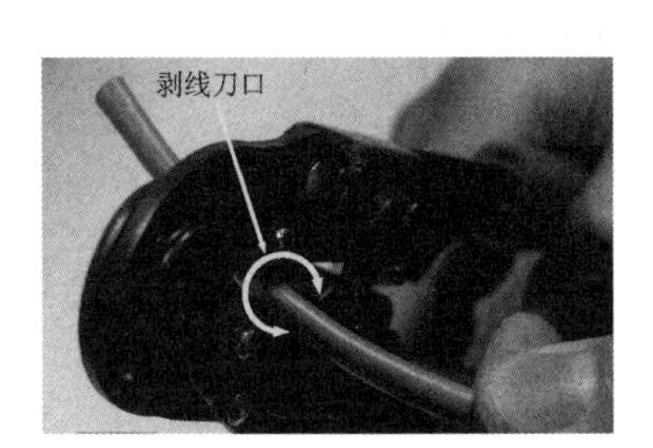

图 4-4　步骤二：剥线

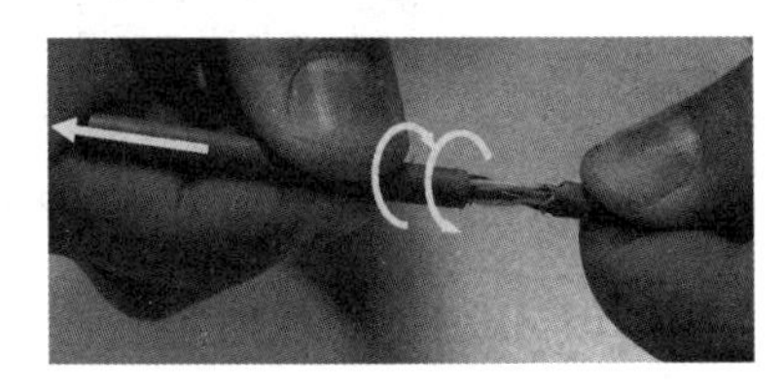

图 4-5　步骤三：抽出外套层

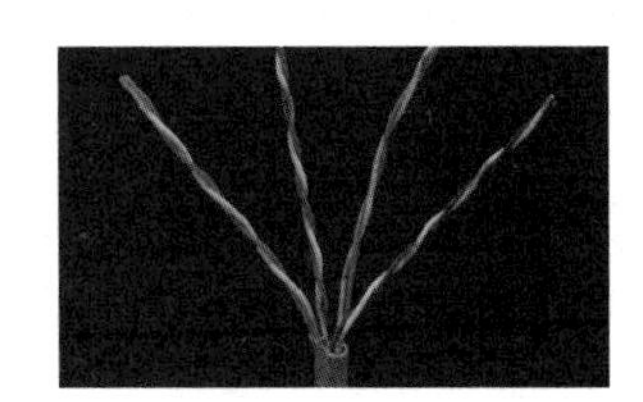

图 4-6　步骤四：露出 4 组线对

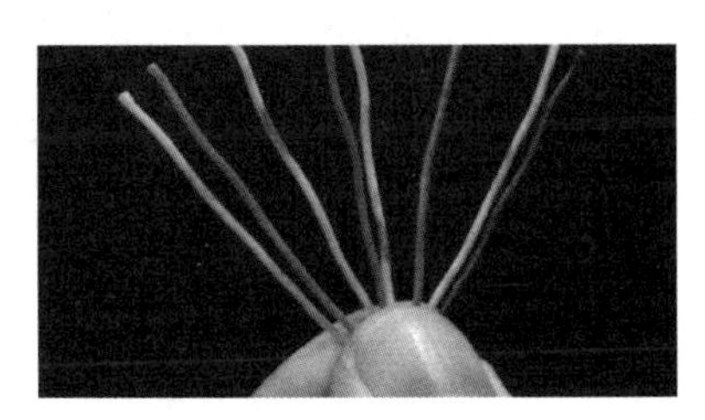

图 4-7　步骤五：按序号排好

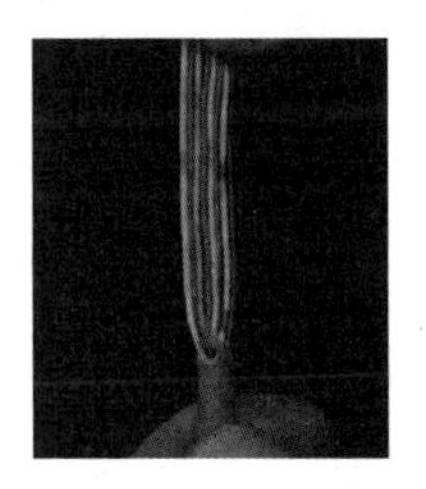

图 4-8　步骤六：排列整齐

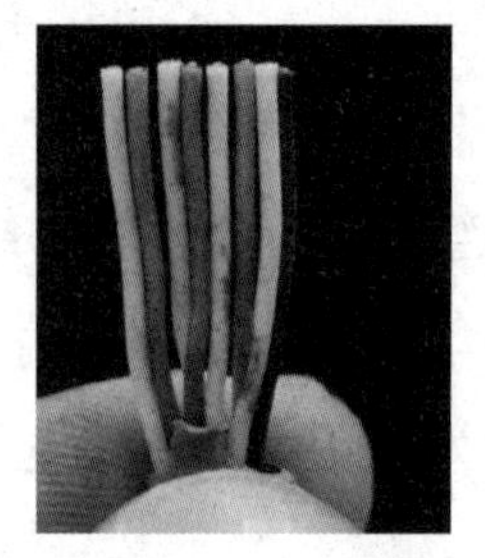

图 4-9　步骤七：剪断

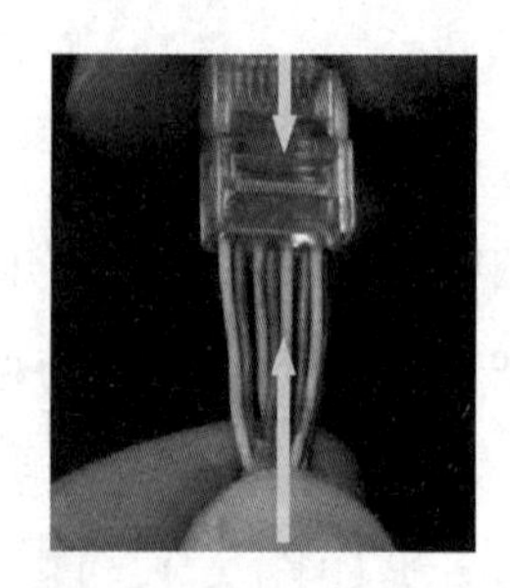

图 4-10　步骤八：放入插头

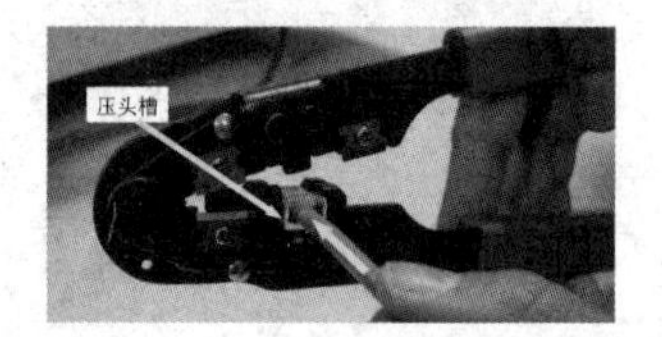

图 4-11　步骤九：准备压实

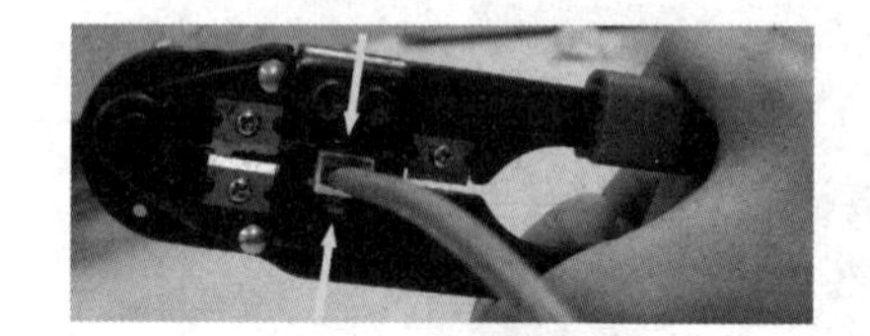

图 4-12　步骤十：压紧

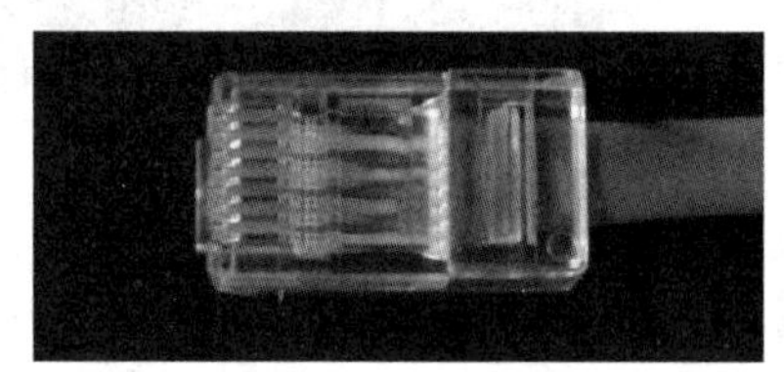

图 4-13　做好后的接头正反面

提示

在双机互连网线的制作中，因双机互连时网卡上的接线排序相同，因此连接线需要设为反线序，即 RJ-45 插头一端遵循 568A 标准，而另一端则采用 568B 标准。

2．网线的测试

测试线路是否通畅应使用 RJ-45 测试仪。RJ-45 测试仪如图 4-14 所示。

测试时，将网线插头分别插入主测试器和远程测试器，如果是直通线则主测试器和远程测试器的 8 个指示灯 1-2-3-4-5-6-7-8 依次闪亮；如果是交叉线则主测试器的 8 个指示灯 1-2-3-4-5-6-7-8 依次闪亮，而远程测试器对应的 8 个指示灯按 3-6-1-4-5-2-7-8 闪亮。

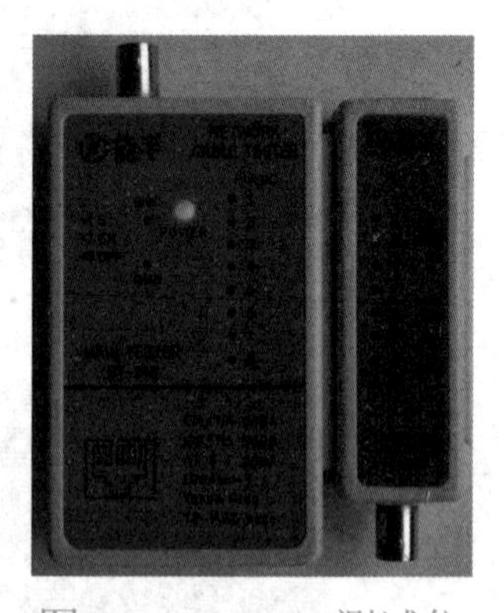

图 4-14　RJ-45 测试仪

知识链接

1．认识传输介质

在网络中，计算机之间的通信必须依靠传输介质。传输介质对网络的数据传输影响很大，这主要取决于传输介质的以下特性。

（1）传输介质的最大传输速率。

（2）传输介质的传输频率范围。

（3）传输介质的最大传输距离。

（4）传输介质的抗干扰能力。

（5）传输介质可支持的传输技术是模拟传输还是数字传输。

常见的传输介质有双绞线、同轴电缆、光纤、无线网络等。

2. 双绞线电缆及连接线

1）双绞线的结构

双绞线电缆由两股彼此绝缘而又拧在一起的导线组成。双绞线的目的是抵消电缆中由于电流流动而产生的电磁场干扰，对绞的两条线，扭绞的次数越多，抗干扰的能力越强。为了提高双绞线的抗干扰能力，还可以在双绞线的外壳上加一层金属屏蔽护套。因此它可分为非屏蔽双绞线（Unshielded Twisted Pair，UTP）电缆和屏蔽双绞线（Shielded Twisted Pair，STP）电缆两种。屏蔽双绞线电缆比非屏蔽双绞线电缆传输可靠，串音减少，具有更高的数据传输速率，传输的距离更远。

2）双绞线连接器

双绞线连接器通常称为RJ插头，可用于双绞线电缆和网卡或其他设备如集线器、调制解调器、电话等的连接。根据双绞线电缆的类型，RJ插头也有不同的规格。常见的是用于电话的RJ-11插头（4线）及RJ-45插头（8线）。

3）非屏蔽双绞线类型

非屏蔽双绞线根据传输特性可以分为以下类型。非屏蔽双绞线类型如表4-1所示。

表4-1　非屏蔽双绞线类型

类型	导线对数	传输速率	应用特性
1类线	2	语音级	用于电话场合，但不适合数据传输（虽然也可以用于短距离场合）
2类线	2	4Mbit/s	可以用于数据通信，但实际很少使用；568A标准中没有此种类型
3类线	4	10Mbit/s	用于10BASE-T网络及语音通信
4类线	4	16Mbit/s	用于语音传输和IBM令牌环网
5类线	4	100Mbit/s	用于语音传输和以太网100BASE-TX网络
超5类线	4	1000Mbit/s	满足大多数应用需要，尤其支持千兆以太网1000BASE-T
6类线	4	1000Mbit/s	支持千兆以太网1000BASE-T

4）RJ-45插头及跳线

一般而言，RJ-45插头用于局域网中双绞线电缆的连接。在8根4对的双绞线中，实际上只有4根2对线用于传输数据。其中1、2线对用于发送数据，3、6线对用于接收数据。按照TIA/EIA 568A标准和TIA/EIA 568B标准，插头与电缆线对的连接和排列有两种不同的方法，其颜色标志及电缆线对的排列顺序如图4-15和图4-16所示。

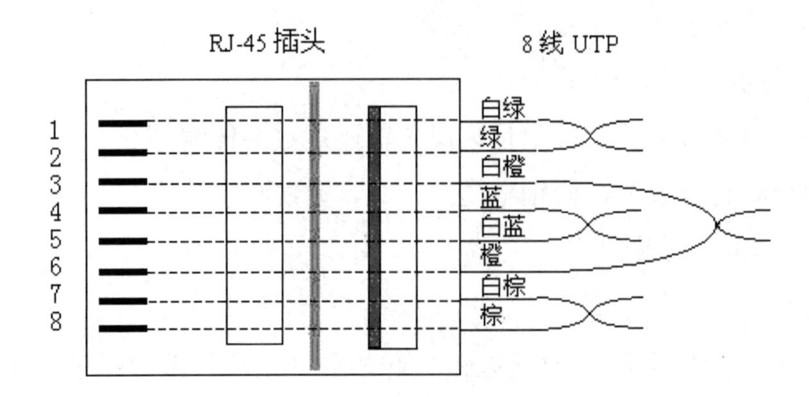

图 4-15　TIA/EIA 568A 标准线序

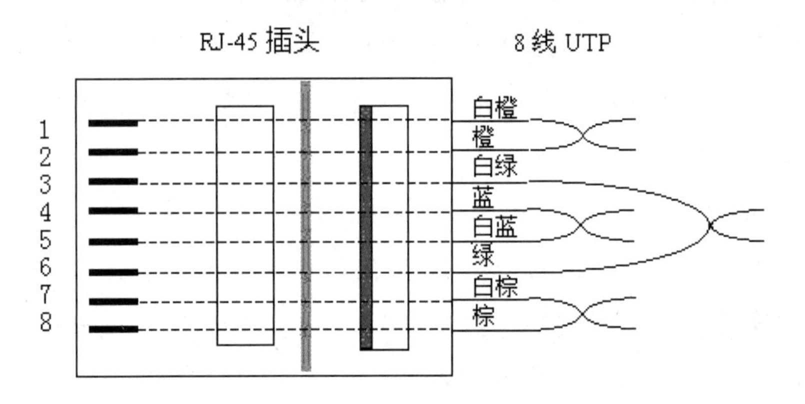

图 4-16　TIA/EIA 586B 标准线序

TIA/EIA 568A 标准规定线对顺序如下。

1—白绿、2—绿、3—白橙、4—蓝、5—白蓝、6—橙、7—白棕、8—棕。

TIA/EIA 568B 标准规定线对顺序如下。

1—白橙、2—橙、3—白绿、4—蓝、5—白蓝、6—绿、7—白棕、8—棕。

在实际的连接中，关键要保证 1、2 线是一对；3、6 线是一对；4、5 线是一对；7、8 线是一对。实际应用中使用较多的是 TIA/EIA 568B 的接线方法。

双绞线的连接方式主要有直通方式和交叉方式两种。直通方式一般用于计算机与集线器或配线架与集线器之间的连接。这种连接方式的电缆两端的 RJ-45 插头中的线序完全相同，线缆两端都是 TIA/EIA 568A 或都是 TIA/EIA 568B 的连接。交叉方式一般用于集线器与集线器或者网卡与网卡之间的连接。这种连接方式的电缆两端的 RJ-45 插头中的线序一端是 TIA/EIA 568A 的连接，而另一端是 TIA/EIA 568B 的连接。

3. 认识同轴电缆

1）同轴电缆的结构

同轴电缆的结构如图 4-17 所示。它由铜导体、绝缘材料、网状金属屏蔽层、保护层四部分绕同一轴心组成。同轴电缆的名称便由此而来。

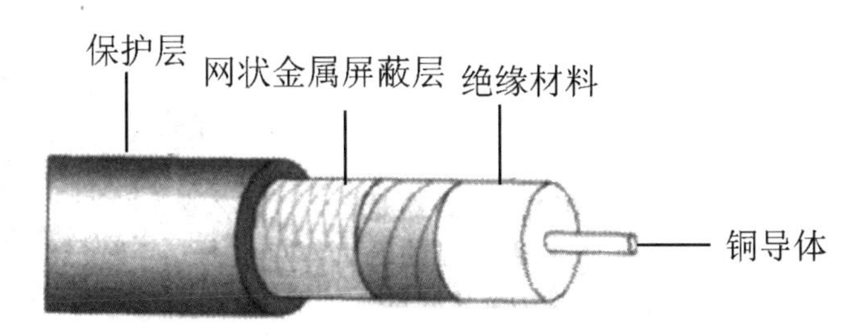

图 4-17　同轴电缆的结构

2）同轴电缆的分类

（1）RG-8 和 RG-11：特性阻抗为 50 Ω，用于粗缆以太网，即 10Base-5 网络（标准以太网，以太网的最初实现）。

提示

10Base-5 中的 Base 表示基带传输；10 表示最大传输速率为 10Mbit/s；5 表示最大传输距离为 500m。

（2）RG-58: 特性阻抗为 50 Ω，用于细缆以太网，即 10Base-2 网络。

提示

10Base-2 中的 Base 表示基带传输；10 表示最大传输速率为 10Mbit/s；2 表示最大传输距离为 185m。

（3）RG-59：特性阻抗为 75 Ω，用于有线电视（CATV），传输模拟信号。

提示

由同轴电缆组成的局域网基本被淘汰了，但在有线电视网络中还在广泛应用。

3）同轴电缆的特点

（1）传输距离较远。

（2）有一定的安全性。

（3）适用于语音与视频的传输。

4．认识光纤

1）光纤的结构

光纤是指使用玻璃纤维或塑料纤维传输数据信号的网络传输介质。光纤一般由纤芯、反射层和塑料保护层组成。光纤的结构如图 4-18 所示。

光纤介质的特点是传输距离远、传输速度快及传输频带较宽。光纤中传输的是光信号，不受电磁干扰，所以光纤正在被广泛地应用于通信网络和计算机网络的组建。

光信号要被计算机识别，必须转换成电信号，所以光纤两端需要光电转换器（见图 4-19）、光纤跳线（见图 4-20）、光纤模块或光纤网卡等。用于扩展交换机端口的光纤模块如图 4-21 所示。

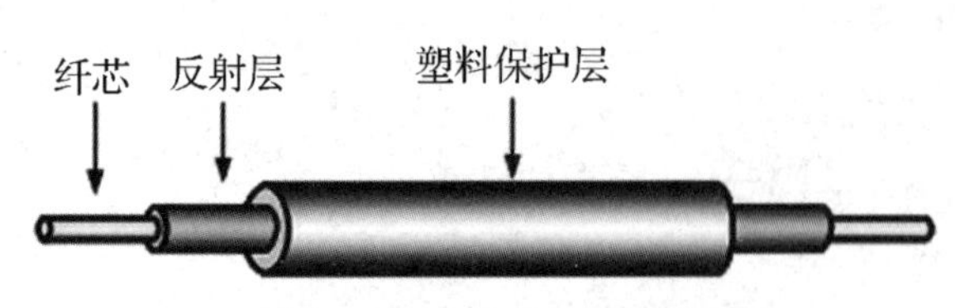

图 4-18　光纤的结构

图 4-19　光电转换器

图 4-20　光纤跳线

图 4-21　用于扩展交换机端口的光纤模块

2）光纤的分类

各种类型的光纤最终分成两大类：单模光纤和多模光纤。由多条光纤和保护层组成的集合便是光缆。光缆内含光纤的数量由 2 芯到 24 芯不等。如果有 2 芯，就简称为 2 芯光缆。光缆分为室内光缆和室外光缆。室外光缆比室内光缆有更好的保护。

3）802.3 中光纤以太网规范

（1）IEEE 802.3u:100Base-FX。

（2）IEEE 802.3z:1000Base-SX/1000Base-LX。

（3）100Base-FX 多模：50μm 或 62.5μm 多模光纤（传输距离小于等于 2km）。

（4）100Base-FX 单模：9μm 单模光纤（传输距离小于等于 10km）。

（5）1000Base-SX（多模）：62.5μm 多模光纤（传输距离小于等于 275m）；50μm 多模光纤（传输距离小于等于 550m）。

（6）1000Base-LX（单模）：9μm 单模光纤（传输距离小于等于 5km）。

4）光纤接头的制作（熔接）

制作光纤接头必须使用专用的设备。设备较贵，有专门做这项业务的公司，以熔接一芯为收费单位。

5．认识无线网络

任何不用布线而实现设备连接的方法都可以称为无线联网。

1）无线介质的分类

（1）无线电波：无线电的频率范围为 10KHz ～ 1GHz，其中大部分是国家管制的频段，需要申请使用。无线电广播是全方向的，也就是说，不必将接收信号的天线放在一个特定的地方或指向一个特定的方向。无线局域网中所使用的无线网卡如图 4-22 所示。

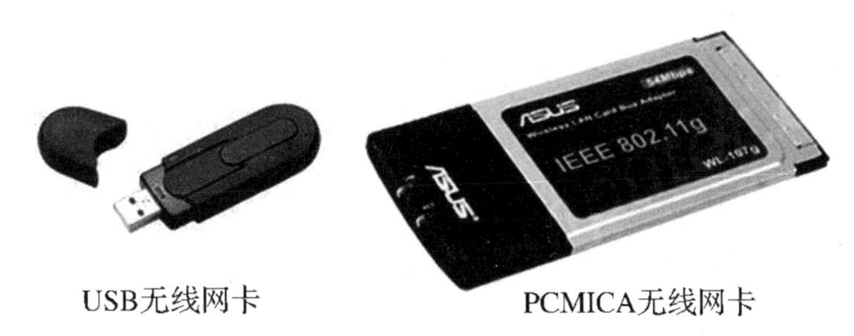

图 4-22　无线网卡

（2）微波：微波的传送是单向的，微波信号一次只能向一个方向传输，因此需要将双向通信信号的接收设备和发送设备集成在一个收发器设备中，从而使单个的天线可以处理双向信号的频率。微波可以传送大量数据，在使用上分为地面微波系统和卫星微波系统。

（3）红外线：通过空气使用红外线传输数据。红外线传输常见于我们的日常生活中，如电视机、空调及录像机的遥控器等。

2）无线网络的特点

优点：不破坏建筑结构，美观、方便。

缺点：安全性差。

任务二 网卡的安装

任务引入

有这样一件事：某人对计算机一窍不通，在一次卸载软件时误将网卡驱动卸载，导致无法上网，由于不知原因，无奈之下只好联系计算机维修人员上门服务。这样做既耽误了大量时间又浪费了金钱，可见掌握计算机基本常识是多么重要，正所谓“技多不压身”。本任务的知识属于计算机基本常识，理解并掌握这些知识有助于解决生活中的许多计算机问题。

利用网线和网络适配器将两台独立的计算机连接到一起，通过配置和调试网络，达到资源共享和信息沟通。双机互连如图 4-23 所示。

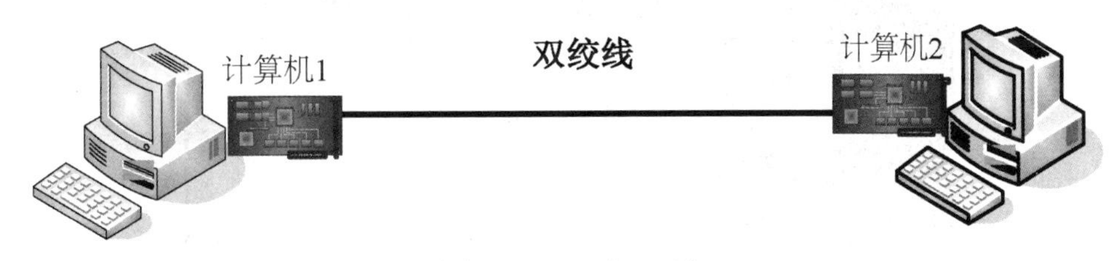

图 4-23　双机互连

任务分析

组建一个网络时，必须在每台机器上安装一个专门的接口卡，将接口卡与通信电缆连接并运行相应的驱动程序后，网络中的计算机之间才能进行相互通信，该接口卡又称为网络适配器或网络接口卡（Network Interface Card，NIC），简称网卡。它是组建局域网的主要器件。一些通用的网卡一般不需要安装驱动程序，Windows XP 会自动识别，但其他的一些网卡则需要进行驱动程序的手工安装。

操作步骤

1. 网卡的安装

打开计算机的机箱（如果主板集成网卡，则不用安装网卡），将网卡插入计算机的一个PCI 插槽中，固定好后盖，机箱后面板便出现以太网接口。连接交换机和计算机如图 4-24 所示。

图 4-24　连接交换机和计算机

2. 网卡驱动程序的安装

手工安装网卡驱动程序的具体方法如下。

（1）单击“开始”→“设置”→“控制面板”→“添加硬件”选项，如图 4-25 所示。

图 4-25　添加硬件

（2）双击“添加硬件”图标，打开“添加硬件向导”对话框，单击“下一步”按钮，如图 4-26 所示。

（3）在出现的“找到新的硬件向导”对话框中选择“是，仅这一次”单选按钮，单击“下一步”按钮，如图 4-27 所示。

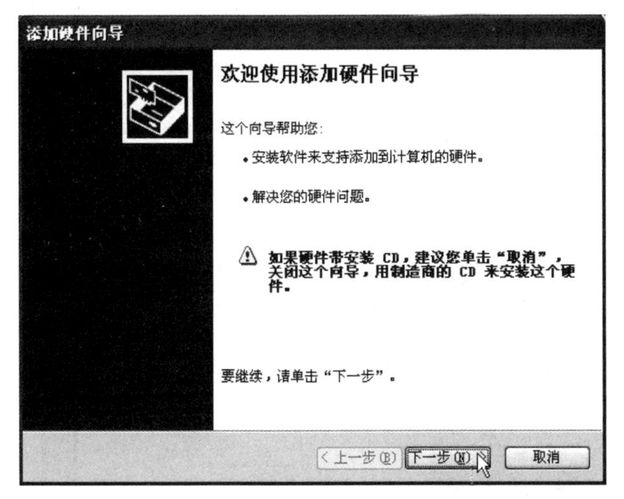

图 4-26 “添加硬件向导”对话框

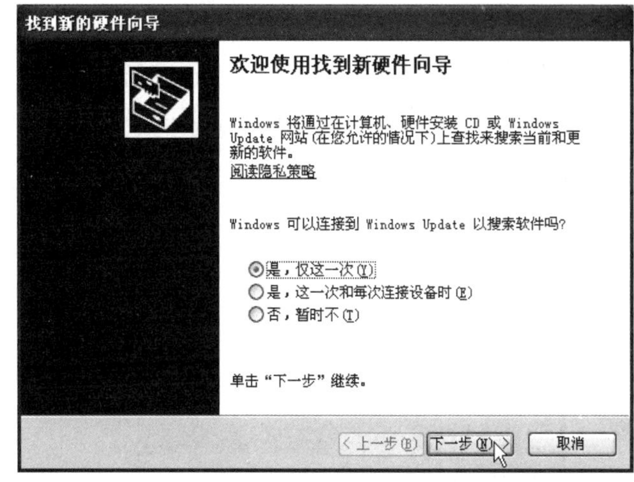

图 4-27 “找到新的硬件向导”对话框

（4）在出现的对话框中，选择“从列表或指定位置安装（高级）”单选按钮，单击“下一步”按钮，如图 4-28 所示。

（5）在出现的对话框中，选择“不要搜索。我要自己选择要安装的驱动程序”单选按钮，单击“下一步”按钮，如图 4-29 所示。

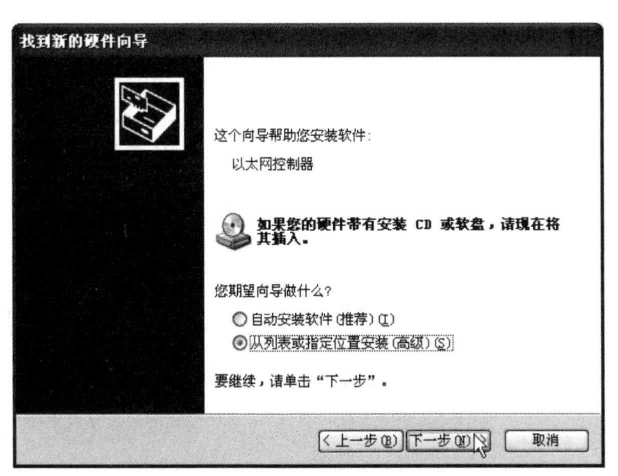

图 4-28 从列表或指定位置安装

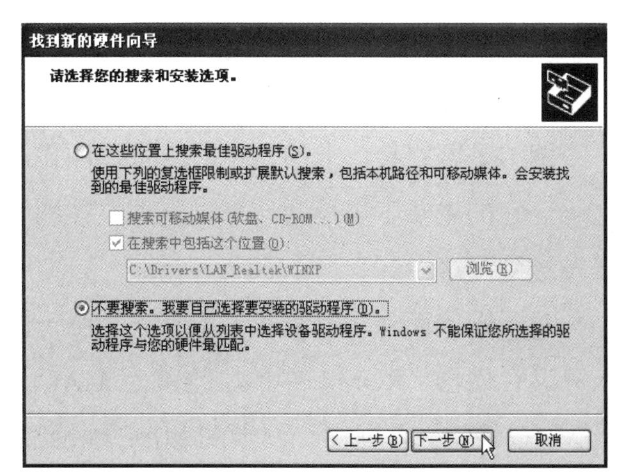

图 4-29 选择安装驱动程序的方式

（6）在出现的对话框中，选择“网络适配器”选项，单击“下一步”按钮，如图 4-30 所示。

（7）在出现的对话框中，单击“从磁盘安装”按钮，如图 4-31 所示。

（8）在出现的对话框中，选择驱动程序存放的路径，如图 4-32 所示。

（9）在出现的对话框中，单击“完成”按钮，如图 4-33 所示，完成网卡的安装。

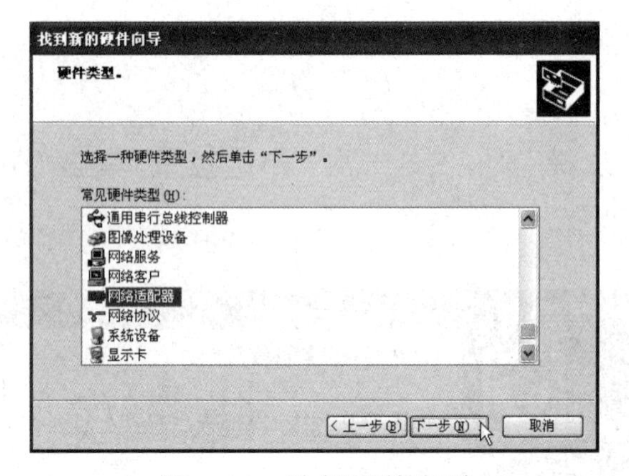

图 4-30　选择硬件类型

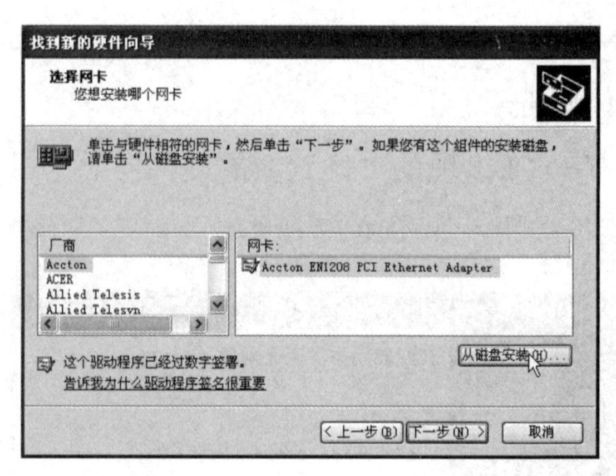

图 4-31　选择与硬件相符的网卡

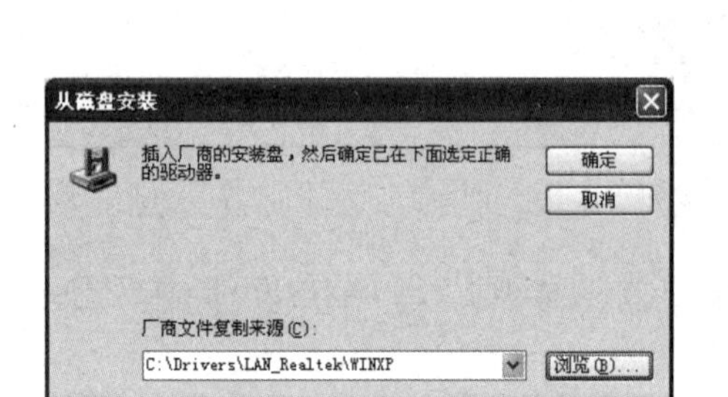

图 4-32　选择驱动程序存放的路径

图 4-33　完成安装

知识解析

1. 什么是网卡

网卡是网络接口卡的简称，也可以叫作网络适配器，是计算机连接网络的重要硬件设备之一。它的主要工作是为计算机整理发往网络的数据，并将这些数据分解为适当大小的数据报发送到网络中。

对于网卡而言，每块网卡都有一个唯一的网络节点地址，它是网卡生产厂家在生产时烧入只读存储器（ROM）中的，这就是 MAC 地址。因此每个以太网网卡生产厂家必须申请一组 MAC 地址。任何两个网卡的 MAC 地址都不会相同。

2. 网卡的分类

1）按工作平台分类

目前市面上的网卡按照工作平台分类，大致可以分为服务器网卡、台式机网卡、无线网卡和笔记本网卡四种。

2）按总线接口类型分类

网卡按总线接口类型可划分为 PCI 接口网卡、PCI-X 总线接口网卡和 PCMCIA 接口网卡。台式机网卡为 PCI 接口网卡；服务器上使用 PCI-X 总线接口网卡；笔记本计算机则使用 PCMCIA 接口网卡。

3）按网络接口类型分类

网卡按目前常见的网络接口类型可划分为以太网的 RJ-45 接口网卡、细同轴电缆的 BNC 接口网卡和粗同轴电缆的 AUI 接口网卡、ATM 接口网卡。选购网卡时一定要了解网卡接口类型，因为不同的类型之间不能通用。有的网卡为了适用于更广泛的应用环境，会提供两种或多种类型的接口。

4）按网卡连接速率分类

目前主流的网卡主要有 10/100Mbit/s 自适应网卡和 10/100/1000Mbit/s 自适应网卡，当前 10/100/1000Mbit/s 自适应网卡已成为联网设备的标准配置。

3. 网卡安装的注意事项

每一台网络计算机安装上网卡后都必须安装网卡驱动程序，通过该程序可以控制计算机中网卡的工作。Windows XP 支持 PnP 功能，因为 Windows XP 中已经包括了一个庞大的驱动程序库，其收集了各个厂家大量不同的硬件驱动程序，其中也包括大多数网卡的驱动程序。因此，安装网卡后，重新启动 Windows XP，系统可自动检测到新的硬件，识别网卡的种类，并且自动安装最合适的网卡驱动程序，从而省去手工安装驱动程序的步骤。

提示

在更新网卡驱动时，最好使用设备管理器的“更新驱动程序”功能，双击列表中的网卡，进入网卡属性设置窗口，在“驱动程序”选项卡中，通过“更新驱动程序”选项进行网卡驱动程序的更新。通过更新网卡驱动程序，可使网卡处于最佳的工作性能。

任务三　中继器

任务描述

由于存在损耗，在物理线路上传输的信号功率会逐渐衰减，衰减到一定程度时将造成信号失真，因此会导致接收错误。中继器就是为解决这一问题而设计的。

任务分析

中继器是连接网络线路的一种装置，常用于两个网络节点之间物理信号的双向转发工作。

中继器是最简单的网络互连设备，主要完成物理层的功能，负责在两个节点的物理层上按位传递信息，完成信号的复制、调整和放大，以此来延长网络的长度。中继器在 OSI/RM 中的位置如图 4-34 所示。

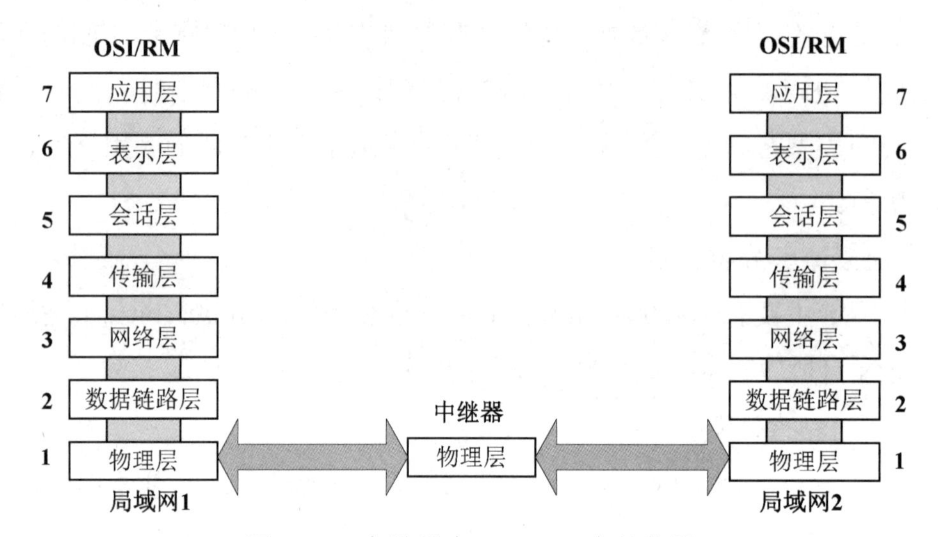

图 4-34　中继器在 OSI/RM 中的位置

一般情况下，中继器的两端连接的是相同的媒体，但有的中继器也可以完成不同媒体的转换工作。从理论上讲，中继器的使用是无限的，网络也因此可以无限延长。事实上这是不可能的，因为网络标准都对信号的延迟范围做了具体的规定，中继器只能在此规定范围进行有效的工作，否则会引起网络故障。以太网网络标准就规定，一个以太网中只允许出现 5 个网段，最多使用 4 个中继器，而且其中 3 个网段可以挂接计算机终端。

任务四　集线器

任务描述

对于多台设备要连接到网络中，集线器作为网络中的中央节点，克服了中继器单一通道的缺陷。

任务分析

集线器是中继器的一种形式，区别在于集线器能够提供多端口服务，也称为多口中继器。集线器在 OSI/RM 中的位置如图 4-35 所示。

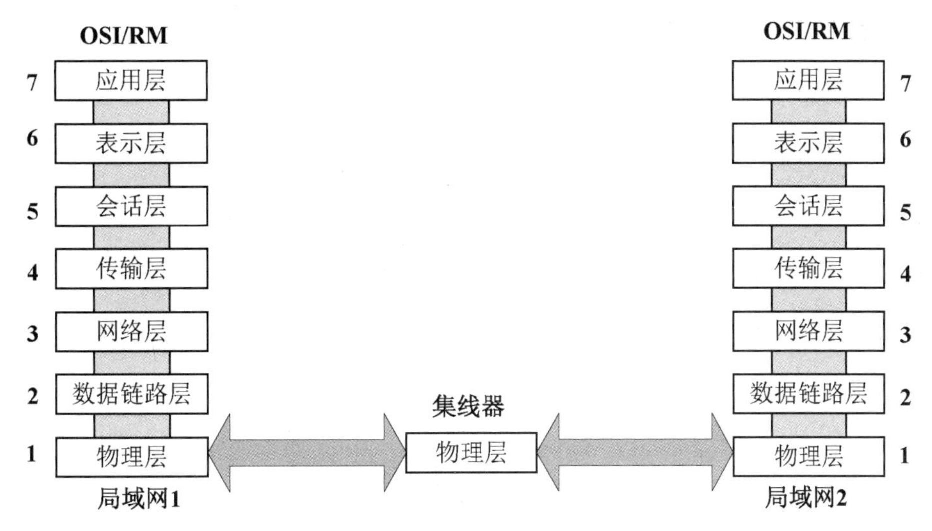

图 4-35 集线器在 OSI/RM 中的位置

集线器产品发展较快，局域网集线器通常分为五种不同的类型，它将对局域网交换机技术的发展产生直接影响。

1. 单中继网段集线器

单中继网段集线器是最简单的集线器，是一类用于最简单的中继式局域网网段的集线器，最好的例子是叠加式以太网集线器或令牌环网多站访问部件（Multistation Access Unit，MAU）。某些厂商试图在可管理集线器和不可管理集线器之间划一条界线，以便进行硬件分类。这里忽略了网络硬件本身的核心特性，即它实现什么功能，而不是如何简易地配置它。

2. 多网段集线器

多网段集线器是第一类集线器直接派生而来的，采用集线器背板，这种集线器带有多个中继网段。多网段集线器通常是有多个接口卡槽位的机箱系统。然而，一些非模块化叠加式集线器现在也支持多个中继网段。多网段集线器的主要技术优点是可以将用户分布于多个中继网段上，以减少每个网段的信息流量负载，网段之间的信息流一般要求独立的网桥或路由器。

3. 端口交换式集线器

端口交换式集线器是在多网段集线器基础上将用户端口和多个背板网段之间的连接过程自动化，并通过增加端口交换矩阵（PSM）来实现的集线器。PSM 提供一种自动工具，用于将任意外来用户端口连接到集线器背板上的任意中继网段上。这一技术的关键是“矩阵”，矩阵交换机是一种电缆交换机，它不能自动操作，需要用户介入。它不能代替网桥或路由器，并不提供不同局域网网段之间的交换功能，其主要优点是实现移动、增加和修改的自动化。

4. 网络互连集线器

端口交换式集线器注重端口交换，而网络互连集线器会在背板的多个网段之间提供一些类型的集成连接。这可以通过一台综合网桥、路由器或局域网交换机来完成。目前，这类集线器通常都采用机箱形式。

5．交换式集线器

目前，集线器和交换机之间的界线已变得模糊。交换式集线器有一个核心交换式背板，采用一个纯粹的交换系统代替了传统的共享介质中继网段。此类产品已经上市，并且是混合的（中继 / 交换）集线器。应该指出，集线器和非网管型（没有网络管理功能）交换机之间的特性几乎没有区别。

项目总结

网络互连设备是计算机网络系统中重要的不可缺少的组成部分。网络线路与用户节点具体连接时，要根据网络传输介质正确选择互连接口设备。在物理层互连设备中，要注意中继器与集线器的区别，以及集线器的分类。

实训与练习 4

一、填空题

1．千兆以太网光纤网卡一般采用 ________ 光纤接口；________ 是专门用于与细同轴电缆连接的接口；________ 专门用于连接粗同轴电缆。

2．集线器的特点：____。

3．中继器的特点：____。

二、实训题

每组同学制作一根直通线、一根交叉线。

项目五

使用数据链路层互连设备

交换机是网络中使用最广泛的网络设备。交换机工作在数据链路层，它将其他网络设备（如集线器、交换机和路由器等）和所有终端设备（如计算机、服务器和网络打印机等）连接在一起，实现彼此之间的通信。现在较高档的交换机也可直接工作在网络层上，并提供路由功能，俗称“三层交换机”。本项目就结合 Cisco 交换机来讲解有关交换机与路由器配置的相关技能和知识。

知识目标

- 了解交换机的工作方式及相关知识
- 掌握交换机的基本配置
- 掌握虚拟局域网（VLAN）的基本概念及配置方法

能力目标

- 能连接交换机、路由器配置线对设备进行基本配置
- 能对交换机端口进行 VLAN 划分

任务一　认识交换机

任务引入

局域网交换机拥有许多端口，每个端口有自己的专用带宽，并且可以连接不同的网段。交换机各个端口之间的通信是同时的、并行的，这就大大提高了信息吞吐量。并行设计思想不仅存在于交换机的端口通信中，并且广泛存在于工程管理与过程控制等领域。1988 年美国国家防御分析研究所完整地提出了并行工程的概念，即“并行工程是集成地、并行地设计产品及其相关过程（包括制造过程和支持过程）的系统方法。”进入 20 世纪 90 年代，并行

工程思想引起我国学术界的高度重视并成为研究的热点。

为了实现交换机之间的互连或交换机与高档服务器的连接，局域网交换机一般拥有一个或几个高速端口，如 100Mbit/s 以太网端口、FDDI 端口或 155Mbit/s ATM 端口，从而保证整个网络的传输性能。

任务分析

1. 交换机的功能

通过集线器共享局域网的用户不仅共享带宽，而且会竞争带宽。个别用户需要更多的带宽会导致其他用户的可用带宽相对减少，甚至被迫等待，从而耽误通信和信息处理。利用交换机的网络微分段技术，可以将一个大型的共享式局域网分成许多独立的网段，减少竞争带宽的用户数量，增加每个用户的可用带宽，从而缓解共享网络的拥挤状况。由于交换机可以将信息迅速而直接地送到目的地大大提高了速率和带宽，保护了用户以前在介质方面的投资，并提供了良好的可扩展性，因此交换机不但是网桥的理想替代物，而且是集线器的理想替代物。

与网桥和集线器相比，交换机从下面几方面改进了性能。

（1）通过支持并行通信，提高了交换机的信息吞吐量。

（2）将传统的一个大局域网上的用户分成若干工作组，每个端口连接一台设备或连接一个工作组，有效地解决了拥挤现象。人们称这种方法为网络微分段技术。

（3）虚拟局域网（VLAN）技术的出现，给交换机的使用和管理带来了更大的灵活性。

（4）交换机的端口密度可以与集线器相媲美，一般的网络系统都有一个或几个服务器，而绝大部分都是普通的客户机。客户机都需要访问服务器，这样就导致服务器的通信和事务处理能力成为整个网络性能好坏的关键。

交换机主要通过提高连接服务器端口的速率及相应帧缓冲区的大小，来提高整个网络的性能，从而满足用户的要求。一些高档的交换机还采用全双工技术进一步提高端口的带宽。以前的网络设备基本上都是半双工的工作方式，即当一台主机发送数据报时，它就不能接收数据报，当它接收数据报时，就不能发送数据报。由于采用全双工技术，即主机在发送数据报的同时，还可以接收数据报，普通的 10Mbit/s 端口就可以变成 20Mbit/s 端口，普通的 100Mbit/s 端口就可以变成 200Mbit/s 端口，这样就进一步提高了信息吞吐量。

2. 二层交换技术

二层交换技术发展得比较成熟，二层交换机属于数据链路层设备，可以识别数据报中的 MAC 地址信息，根据 MAC 地址进行转发，并将这些 MAC 地址与对应的端口记录在自己内部的一个地址表中。具体的工作流程如下。

（1）当交换机从某个端口接收到一个数据报时，它先读取报头中的源 MAC 地址，这样它就知道源 MAC 地址的机器是连在哪个端口上的。

（2）再去读取报头中的目的 MAC 地址，并在地址表中查找相应的端口。

（3）如果表中有与该目的 MAC 地址对应的端口，那么把数据报直接复制到该端口上。

（4）如果表中找不到相应的端口，则把数据报广播到所有端口上，当目的机器对源机器回应时，交换机可以学习一遍目的 MAC 地址与哪个端口对应，在下次传送数据时就不再需要对所有端口进行广播了。

不断地循环这个过程，二层交换机可以学习到全网的 MAC 地址信息，它就是这样建立和维护自己的地址表的。

3．转发方式

转发方式分为直通式转发、存储式转发和无碎片直通式转发（更高级的直通式转发）。由于不同的转发方式适用于不同的网络环境，因此，应根据实际需要进行选择。低端交换机通常只有一种转发方式，或是存储式转发，或是直通式转发。通常只有中高端产品才兼具两种转发方式，并具有智能转换功能，即交换机加电后，按直通式转发方式工作，若链路可靠性太差或帧碎片太多，交换机就会自动切换为存储式转发方式，以获得较高的工作效率。

1）直通式转发

直通式转发方式在输入端口检测到一个数据报后，只检查其报头，取出目的地址，通过内部的地址表确定相应的输出端口，然后把数据报转发到输出端口，这样就完成了交换。因为它只检查数据报的报头（通常只检查 14 B），所以，这种方式具有延迟时间短、交换速度快的优点。直通式转发的缺点：第一，不具备错误检测和处理能力；第二，如果要连接到高速网络上，如提供快速以太网（100Base-T）、FDDI 或 ATM 连接，就不能简单地将输入、输出端口“接通”，因为输入、输出端口的速率有差异；第三，当交换机的端口增加时，交换矩阵将变得越来越复杂，实现起来比较困难。直通式转发示意图如图 5-1 所示。

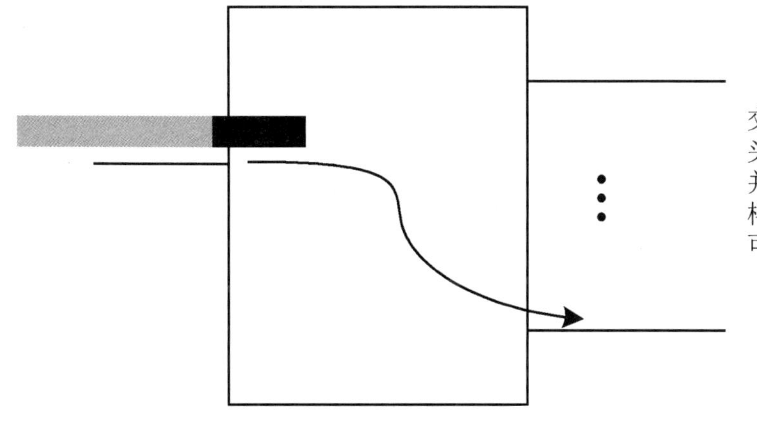

交换机接收数据报，一接收完头部信息，就马上查询MAC表，并根据结果立即进行转发，这样大大提高了转发速率，但有可能转发一些错误数据报

图 5-1　直通式转发示意图

2）存储式转发

存储式转发是计算机网络领域使用得最为广泛的技术之一。在这种工作方式下，交换机的控制器先缓存输入到端口的数据报，然后进行循环冗余校验（Cyclic Redundancy Check，CRC），滤掉不正确的报，确认报正确后，取出目的地址，通过内部的地址表确定相应的输出端口，然后把数据报转发到输出端口。

存储式转发在处理数据报时，延迟时间比较长，但它可以对进入交换机的数据报进行错误检测，并且能支持不同速率的输入、输出端口间的数据交换。

支持不同速率端口的交换机必须使用存储式转发方式，否则就不能保证高速端口和低速端口间的正确通信。例如，当需要把数据从10Mbit/s端口传送到100Mbit/s端口时，就必须缓存来自低速端口的数据报，然后以100Mbit/s的速率进行发送。存储式转发示意图如图5-2所示。

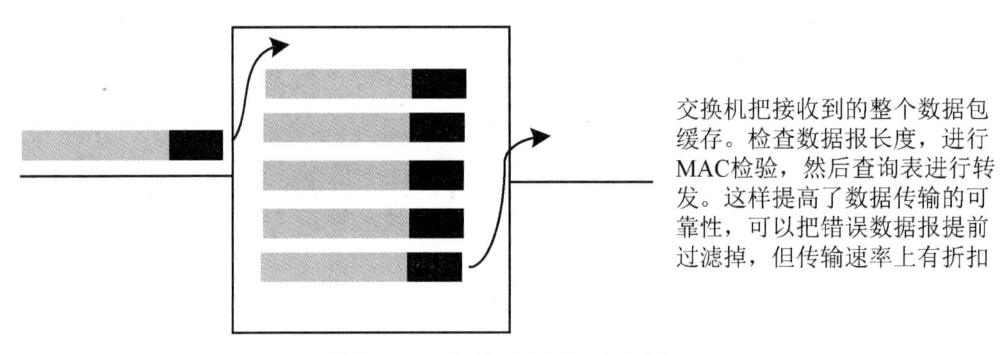

图5-2　存储式转发示意图

3）无碎片直通式转发

碎片是指信息发送过程中由于冲突而产生的残缺不全的帧（残帧）。碎片是无用的信息。

无碎片直通式转发是介于直通式转发和存储式转发之间的一种解决方案，它检查数据报的长度是否够64 B（512 bit），如果小于64 B，说明该报是碎片，则丢弃该报；如果大于64 B，则发送该报。该方式的数据处理速度比存储式转发方式快，但比直通式转发方式慢。由于能够避免残帧的转发，所以此方式被广泛应用于低档交换机中。

该方式使用了一种特殊的缓存。这种缓存采用先进先出（First In First Out，FIFO）的方式工作，即帧从一端进入，然后以同样的顺序从另一端出来。当帧被接收时，它被保存在先进先出缓存中，如果帧以小于512bit的长度结束，那么先进先出缓存中的内容（残帧）就会丢失。因此，采用此方式不存在直通式转发交换存在的残帧转发问题，是一个比较好的解决方案，能够在较大程度上提高网络工作效率。无碎片直通式转发示意图如图5-3所示。

通常情况下，如果网络对数据的传输速率要求不是太高，可选择存储式转发；网络对数据的传输速率要求较高，可选择直通式转发。

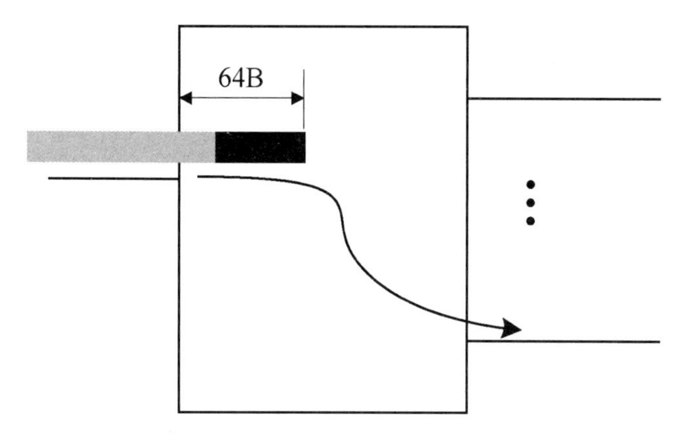

图 5-3　无碎片直通式转发示意图

4．背板带宽

背板带宽是交换机接口处理器或接口卡和数据总线间所能吞吐的最大数据量。背板带宽标志了交换机总的数据交换能力，单位为 Gbit/s，也称交换总线带宽，一般的交换机的背板带宽从几 Gbit/s 到上百 Gbit/s 不等。交换机的背板带宽越高，其所能处理数据的能力就越强，但同时设计成本也会越高。

知识链接

1．交换机简介

交换机是目前局域网中使用最广泛的网络设备，主要作为工作站、服务器、路由器、集线器和其他交换机集中点。

与交换机一样，集线器是早期的集中设备，提供多端口的连接。集线器比交换机的功能要差一些，主要是因为连接在集线器上的所有网络设备处于同一个带宽域，会引起冲突。另外，集线器工作在半双工的模式下，这就意味着在一个特定的时刻只能发送或者接收数据。

交换机拥有一条高带宽的内部总线和一个内部交换机构。交换机的所有端口都挂接在这条内部总线上。交换机内部地址表如图 5-4 所示。A 向 B 发送数据，控制电路收到数据报以后，端口处理程序会查找内存中的地址对照表以确定目的 MAC 地址的网卡挂接在哪个端口上，通过内部交换机构迅速地将数据报传送到目的端口。

使用交换机可以把网络“分段”，通过地址对照表，交换机只允许必要的网络流量通过交换机。通过交换机的过滤和转发，可以有效隔离广播风暴，减少错包的出现，避免共享冲突。

交换机是一台多端口的网桥，是当前采用星形拓扑结构的以太局域网的标准技术。交换机为所连接的两台联网设备提供一条独享的点到点虚线路，因此避免了冲突。交换机可以工作在全双工模式下，这意味着可以同时发送和接收数据。

总之，交换机是一种基于 MAC 的地址识别，能完成封装、解封及转发帧的数据链路层网络设备。它可以“学习”MAC 地址，并把它存放在内部端口——地址表中，通过在数据帧的始发者和接收者之间建立临时的交换路径，使数据帧直接由源站到达目的站。

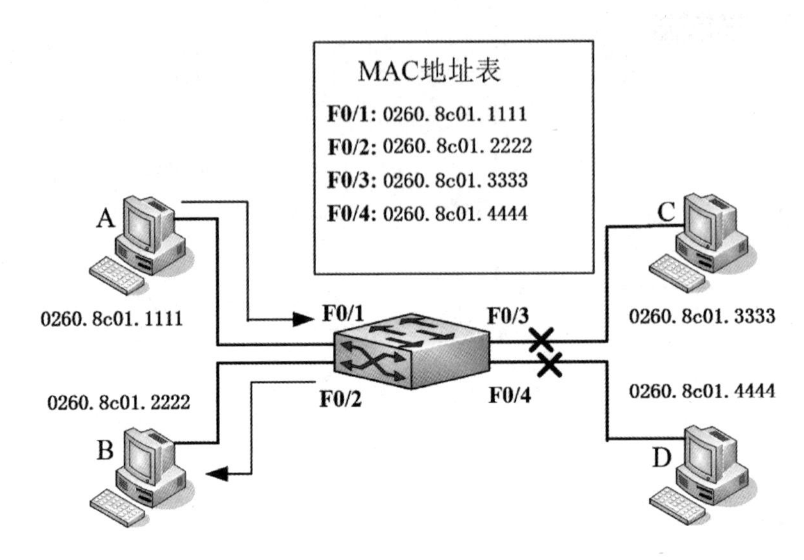

图 5-4　交换机内部地址表

2. 以太网交换机的体系结构

交换机是一台专用的特殊计算机，它包括中央处理器（CPU）、随机存储器（RAM）、只读存储器、接口、闪存（Flash）和操作系统等。交换机通常会有若干端口用于连接主机，同时还会有几个专用的管理端口，通过连接交换机控制台端口（Console Port），可以对交换机进行管理，并查看和变更交换机的配置。交换机的体系结构如图 5-5 所示。

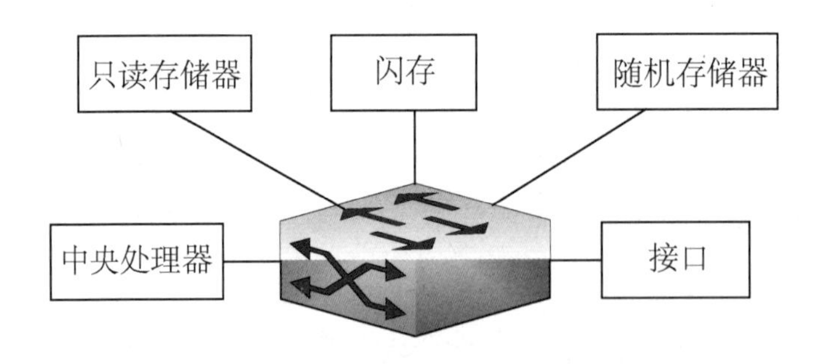

图 5-5　交换机的体系结构

3．以太网交换机与分层网络设计

分层网络设计把以太网交换机在网络中的应用分为三个层次：核心层、汇聚层和接入层。基于交换层次结构示例如图 5-6 所示。每层都有其特定的功能，每层有其最适合的交换机。

分层网络设计能适应网络规模的不断扩展。在网络极小的变动下，向现有的网络中加入新的组件及应用，以满足新的网络服务需求。

实际上，在分层网络设计中，每一层的准确构成因网络而异。每一个层次都有可能包含路由器、交换机、链路或者这些设备的组合。

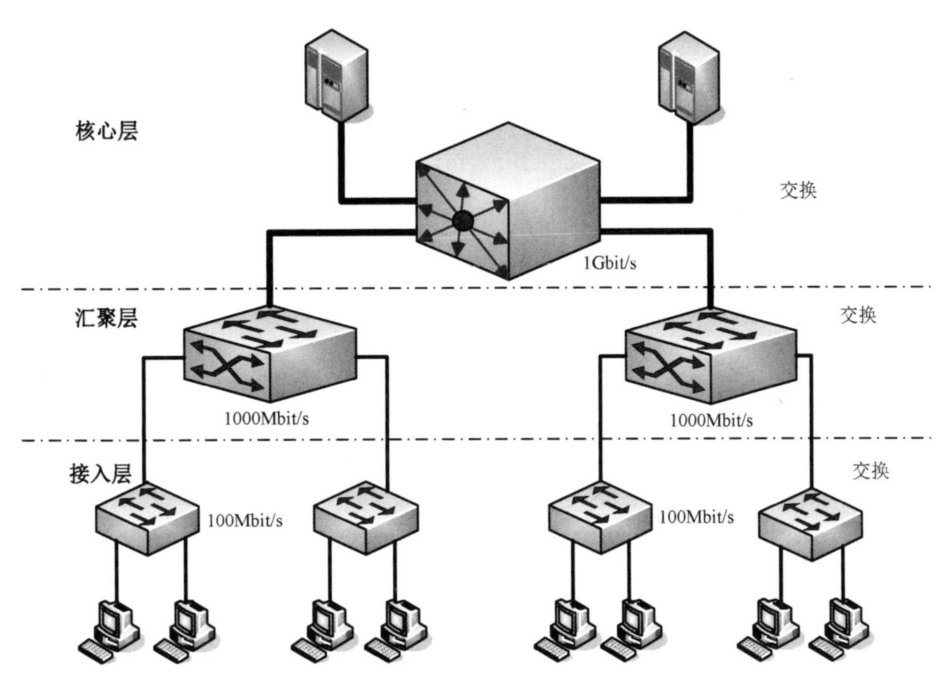

图 5-6　基于交换层次结构示例

1）核心层

核心层是网络高速交换的骨干，对协调通信至关重要。在该层中的设备不再承担访问列表检查、数据加密、地址翻译或者其他影响最快速率交换分组的任务。核心层有以下特征。

（1）提供高可靠性。

（2）提供冗余链路。

（3）模块化的设计，接口类型丰富。

（4）提供故障隔离。

（5）交换设备功能最强大。

2）汇聚层

汇聚层位于接入层和核心层之间，它把核心层网络的其他部分区分开来。汇聚层具有以下功能。

（1）策略（处理某些类型通信的一种方法，这些类型通信包括路由选择更新、路由汇总、VLAN 通信及地址聚合等）。

（2）安全。

（3）部门或工作组级访问。

（4）广播 / 多播域的定义。

（5）VLAN 之间的路由选择。

（6）介质翻译（例如，在以太网和令牌环网之间）。

（7）在路由选择之间重分布（例如，在两个不同路由选择协议之间）。

（8）在静态和动态路由选择协议之间划分。

3）接入层

接入层是用户工作站和服务器连接到网络的入口。接入层交换机的主要目的是允许最终用户连接到网络。接入层交换机应该以低成本和高端口密度提供这种功能。接入层具有以下特点。

（1）对汇聚层的访问控制和策略进行支持。

（2）建立独立的冲突域。

（3）建立工作组与汇聚层的连接。

任务二　交换机基本配置管理

一　启动过程与配置的基本操作

任务引入

启动交换机电源，观察交换机的自检过程，观察交换机的LED指示灯工作状态，对交换机进行初始配置。

从本任务起将进入交换机配置实操阶段，理论和实践结合是提高实践技能的最佳途径。理论与实践从来都是相互促进的，理论到实践的过程实际就是知识的迁移过程，而实践到理论的过程又是知识的总结和升华。

任务分析

对交换机进行初始配置，要准备好一台计算机、一根反转线缆和一台有控制台端口的交换机。

操作步骤

1. 连接配置线

为了配置交换机，需要将一台计算机用反转线缆连接交换机背面的控制台端口和计算机背面的串口。连接交换机和计算机如图5-7所示。

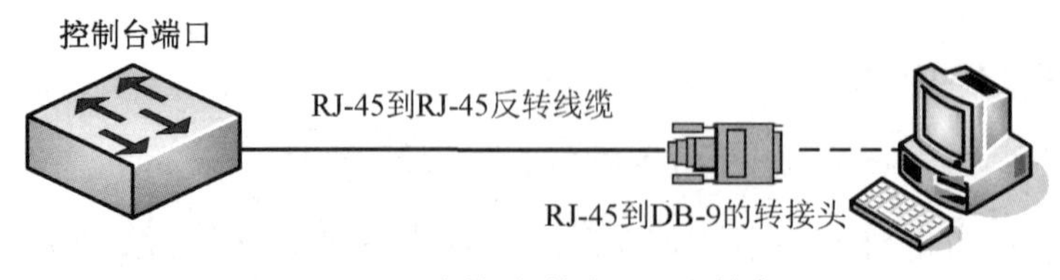

图5-7　连接交换机和计算机

2．设置超级终端

（1）选择“开始”→“程序”→“附件”→“通讯”→“超级终端”菜单命令，如果是第一次运行，会出现“位置信息”对话框，在“您的区号（或城市号）是什么”文本框中输入“010”，如图 5-8 所示。

（2）单击“确定”按钮，出现“电话和调制解调器选项”对话框，单击“确定”按钮。

（3）出现“连接描述”对话框，在“名称”文本框中输入“qq”，图标栏选择所需图标，如图 5-9 所示。

图 5-8 “位置信息”对话框

图 5-9 “连接描述”对话框

（4）单击“确定”按钮，出现“连接到”对话框，在“连接时使用”下拉列表中选择“COM1”，即选择连接使用的串口，如图 5-10 所示。

（5）单击“确定”按钮，出现“COM1 属性”对话框，配置相关参数。计算机端口参数配置如图 5-11 所示。单击“还原默认值”按钮，此时终端的硬件设置为每秒位数：9600，数据位：8，奇偶校验：无，停止位：1，数据流控制：无。

（6）单击“确定”按钮，出现“超级终端”窗口，如图 5-12 所示。

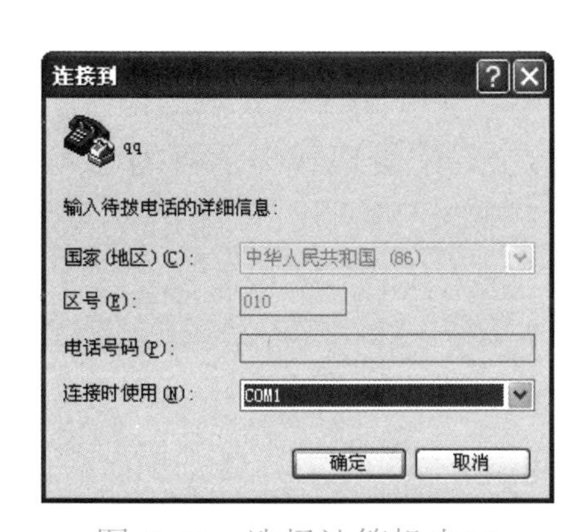

图 5-10　选择计算机串口

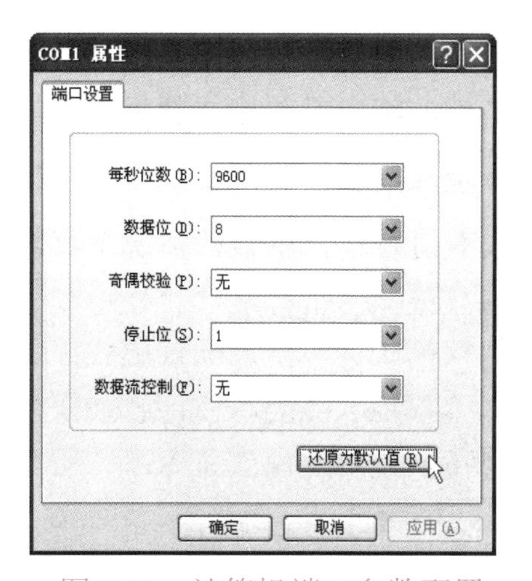

图 5-11　计算机端口参数配置

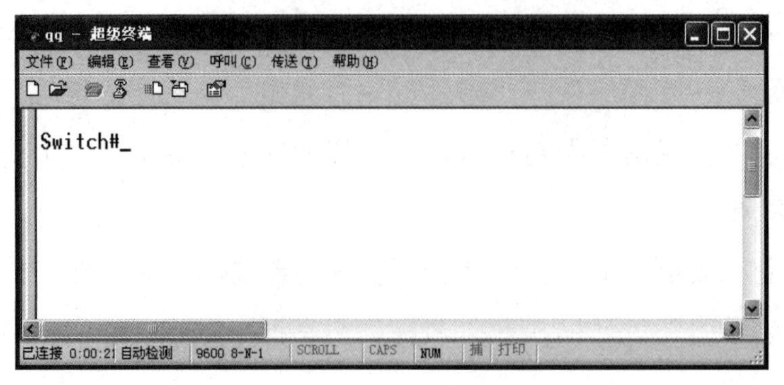

图 5-12 “超级终端”窗口

3. 交换机配置的基本操作

作为一项安全功能，交换机 IOS 软件将命令分为用户模式、特权模式和配置模式。

1）用户模式

该模式只允许有限数量的基本监视命令，不允许任何会改变交换机配置的命令，通过提示符“>”标识。

在没有进行任何配置的情况下，默认的 Cisco 交换机用户模式提示符为

```
Switch>
```

2）特权模式

该模式提供了对交换机所有命令的访问，可以通过输入用户 ID 和口令来保护。这种模式只允许经过授权的用户访问交换机特权模式，通过提示符“＃”标识。

在没有进行任何配置的情况下，默认的 Cisco 交换机特权模式提示符为

```
Switch#
```

从用户模式进入特权模式：

```
Switch>enable
```

返回用户模式命令：

```
Switch#exit 或 Ctrl+C 键
```

3）配置模式

配置模式又分为全局配置模式、接口配置模式、线路配置模式等子模式。全局配置模式和所有其他的特定配置模式都只能从特权模式到达。

（1）全局配置模式用于配置交换机的整体参数。

在没有进行任何配置的情况下，默认的 Cisco 交换机全局配置模式提示符为

```
Switch (config) #
```

从特权模式进入全局配置模式：

```
Switch#configure terminal
```

返回特权、用户模式命令：

```
Switch (config) #exit
Switch#
```

（2）接口配置模式

接口配置模式用于配置交换机的接口参数。若要进入各种配置模式，首先必须进入全局配置模式。从全局配置模式出发，可以进入各种配置子模式。

接口配置子模式：

```
Switch (config-if) #
```

VLAN 配置子模式：

```
Switch (config-vlan) #
```

从全局配置模式进入接口配置模式的命令为

```
Switch (config) #interface FastEthernet 0/1
```

返回全局配置模式的命令：

```
Switch (config-if) #exit
Switch (config) #
```

从子模式下直接返回特权模式的命令：

```
Switch (config-if) #end
Switch#
```

4．帮助命令

通过输入一个问号（？）可以执行帮助命令。当在命令提示符后执行帮助命令时，当前命令模式下的可用命令列表就会显示出来。

二　配置交换机支持远程登录协议

任务引入

“运筹帷幄之中，决胜千里之外”不但能够运用在战场上，也同样可以运用在网络管理中。

假设某学校的网络管理员第一次在设备机房对交换机进行了初次配置，他希望以后在办公室或出差时也可以对设备进行远程管理，现在在交换机上做适当配置，使他可以实现这一愿望。

任务分析

本实验以 Cisco 2950 交换机为例，交换机命名为 SwitchA。配置交换机的连线方法如图 5-13 所示。一台计算机通过串口连接到交换机的控制台端口，通过网卡连接到交换机的 F0/1 端口。假设计算机的 IP 地址和子网掩码分别为 192.168.1.2、255.255.255.0，配置交换机的管理 IP 地址和子网掩码分别为 192.168.1.1、255.255.255.0。

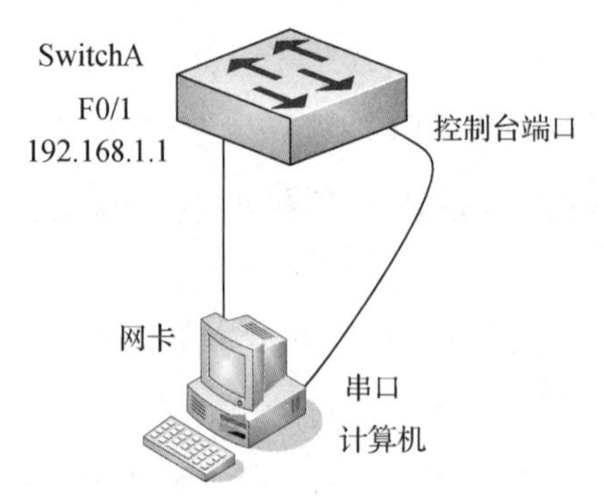

图 5-13　配置交换机的连线方法

操作步骤

（1）在计算机上进行设置。

设置计算机的 IP 地址和子网掩码分别为 192.168.1.2、255.255.255.0。

（2）在交换机上配置管理 IP 地址。

```
Switch>enable  ！进入特权模式
Switch#configure terminal                       ！进入全局配置模式
Switch(config)#hostname SwitchA                 ！配置交换机名称为"SwitchA"
SwitchA(config)#interface vlan 1                ！进入交换机管理接口配置模式
SwitchA(config-if)#ip address 192.168.1.1  255.255.255.0
                                                ！配置交换机管理 IP 地址
SwitchA(config-if)#no shutdown                  ！开启交换机管理接口
```

验证测试：验证交换机管理 IP 地址已经配置和开启。

```
SwitchA#show ip interface vlan 1 ！验证交换机管理 IP 地址已经配置，管理接口已开启
Vlan 1 is up, line protocol is up
  Internet address is 192.168.1.1/24
  Broadcast address is 255.255.255.0
      ...                                       ！省略掉没用的信息
```

（3）配置交换机远程登录密码。

```
Switch(config)#line vty 0 15            ！设置交换机远程登录密码为"cisco"
Switch(config-line)#password cisco
Switch(config-line)#login
```

验证测试：验证从计算机可以通过网线远程登录到交换机上。

```
C:\>telnet 192.168.1.1                  ！从计算机登录到交换机上
```

从计算机登录到交换机上如图 5-14 所示。

图 5-14　从计算机登录到交换机上

（4）配置交换机特权模式密码。

```
SwitchA(config)#enable secret cisco  ！设置交换机特权模式密码为"cisco"
```

验证测试：验证从计算机通过网线远程登录到交换机后可以进入特权模式。

```
C:\>telnet 192.168.1.1               ！从计算机登录到交换机上
```

进入特权模式如图 5-15 所示。

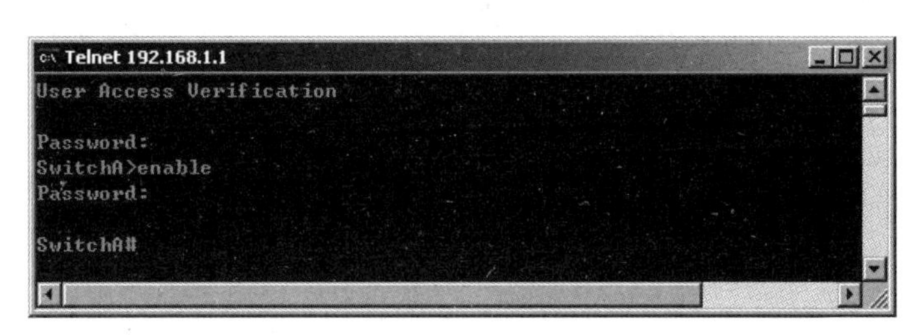

图 5-15　进入特权模式

（5）保存在交换机上所做的配置。

```
SwitchA#copy running-config  startup-config      ！保存交换机配置
```

注意事项

交换机的管理接口缺省一般是关闭的（Shutdown），因此在配置管理接口 interface vlan 1 的 IP 地址后须用命令“no shutdown”开启该接口。

执行命令 SwitchA#show running-config，可显示交换机 SwitchA 的全部配置。

任务三　交换机的 VLAN 划分

一　同一交换机上的 VLAN 内通信

任务引入

“没有网络安全就没有国家安全”，近年来网络安全受到国家的高度重视，并上升至战略高度。大到一个国家，小到一个企业，网络安全始终是不可忽视的环节。

假设某公司有两个主要部门：销售部和财务部，销售部连接在交换机的 F0/1 口，财务部连接在交换机的 F0/2 口，为了数据安全起见，销售部和财务部需要进行相互隔离。

任务分析

用 Cisco 2960 交换机构建实现环境。交换机端口隔离拓扑图如图 5-16 所示。先配置计算机 1、计算机 2 的 IP 地址和子网掩码，使计算机 1 和计算机 2 在同一子网内，两台计算机

可以互相 ping 通。然后创建划分 VLAN，实现交换机端口的隔离，在同一交换机上的同一个 VLAN 内的计算机才能相互通信。

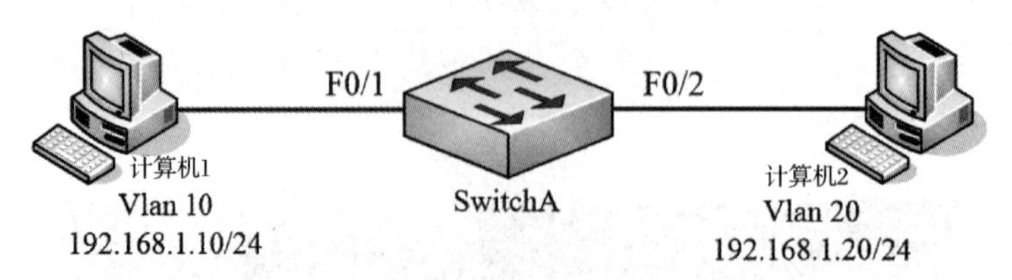

图 5-16　交换机端口隔离拓扑图

操作步骤

（1）配置计算机 1 和计算机 2。

设置计算机 1 的 IP 地址和子网掩码分别为 192.168.1.10、255.255.255.0。

设置计算机 2 的 IP 地址和子网掩码分别为 192.168.1.20、255.255.255.0。

交换机在未划分 VLAN 前两台计算机可以互相 ping 通。

（2）创建 vlan。

```
Switch>enable
Switch#configure terminal
SwitchA(config)#hostname SwitchA                    ！设置交换机名为 SwitchA
SwitchA(config)#vlan 2                              ！创建 vlan 2
SwitchA(config-vlan)#exit
SwitchA(config)#vlan 3                              ！创建 vlan 3
SwitchA(config-vlan)#exit
```

验证测试：

```
SwitchA#show vlan
VLAN   Name                  Status        Ports
---- -------------------- ------------  --------------------------
1      default              active         Fa0/1, Fa0/2, Fa0/3, Fa0/4, Fa0/5,
                                       Fa0/6, Fa0/7, Fa0/8, Fa0/9, Fa0/10
                                       Fa0/11, Fa0/12, Fa0/13, Fa0/14
                                       Fa0/15, Fa0/16, Fa0/17, Fa0/18
                                       Fa0/19, Fa0/20, Fa0/21, Fa0/22
                                       Fa0/23, Fa0/24, Gig0/1, Gig0/2
2      VLAN0002              active
3      VLAN0003              active
1002   fddi-default          active
1003   token-ring-default active
1004   fddinet-default       active
1005   trnet-default         active
......                                                      ！省略掉没用的信息
```

（3）将接口分配到 vlan。

```
SwitchA(config)#interface FastEthernet 0/1
```

```
SwitchA(config-if)#switchport access vlan 2        ! 将 F0/1 划分到 vlan 2
SwitchA(config-if)#exit
SwitchA(config)#interface FastEthernet 0/2
SwitchA(config-if)#switchport access vlan 3        ! 将 F0/2 划分到 vlan 3
SwitchA(config-if)#end
SwitchA#copy running-config startup-config         ! 保存配置
```

（4）两台计算机互相 ping 不通。

```
PC1>ping 192.168.1.20
Pinging 192.168.1.20 with 32 bytes of data:

Request timed out.
Request timed out.
Request timed out.
Request timed out.

Ping statistics for 192.168.1.20:
Packets: Sent = 4, Received = 0, Lost = 4 (100% loss),
```

注意事项

清空交换机原有 VLAN 配置的命令：delete flash:vlan.dat。

删除交换机配置的命令：erase startup-config。

重启交换机的命令：reload。

二　多个交换机上的 VLAN 内通信

任务引入

假设某企业有两个主要部门：销售部和技术部，其中销售部的个人计算机系统分散连接在两台交换机上。VLAN 网络拓扑图如图 5-17 所示。它们之间需要相互进行通信，但为了数据安全起见，销售部和技术部需要进行相互隔离。

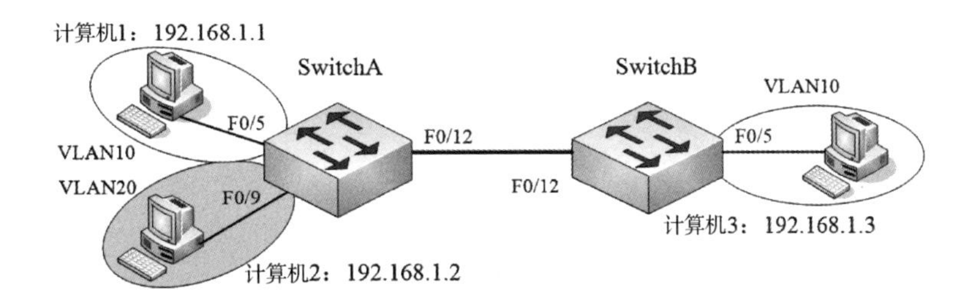

图 5-17　VLAN 网络拓扑图

任务分析

在 Cisco 2950 交换机上做适当配置来实现这一目标。先配置计算机 1 至计算机 3 的

IP 地址和子网掩码，使它们在同一子网内，三台计算机可以互相 ping 通。然后创建划分 VLAN，计算机 1 和计算机 3 在同一 VLAN 内，计算机 2 在另一 VLAN 内，从而实现多个交换机上的 VLAN 内通信。

操作步骤

（1）配置计算机 1 到计算机 3。

设置计算机 1 的 IP 地址和子网掩码分别为 192.168.1.1、255.255.255.0。

设置计算机 2 的 IP 地址和子网掩码分别为 192.168.1.2、255.255.255.0。

设置计算机 3 的 IP 地址和子网掩码分别为 192.168.1.3、255.255.255.0。

交换机在未划分 VLAN 前，三台计算机互相可以 ping 通。

（2）在交换机 SwitchA 上创建 vlan10，并将 0/5 端口划分到 vlan 10 中。

```
Switch>enable
Switch#configure terminal
SwitchA(config)#hostname SwitchA                    ！设置交换机名为 SwitchA
SwitchA(config)#vlan 10                             ！创建 vlan 10
SwitchA(config-vlan)#name sales                     ！将 vlan 10 命名为 sales
SwitchA(config-vlan)#exit
SwitchA(config)#interface FastEthernet 0/5          ！进入接口配置模式
SwitchA(config-if)#switchport access vlan 10        ！将 Fa0/5 划分到 vlan 10
SwitchA(config-if)#end
```

验证测试：验证已创建了 vlan 10，并已将 0/5 端口划分到 vlan 10 中。

```
SwitchA#show vlan id 10
VLAN Name                               Status    Ports
---- -------------------------------- --------- -----------------------
10   sales                              active    Fa0/5
...                                               ！省略掉没用的信息
```

（3）在交换机 SwitchA 上创建 vlan 20，并将 0/9 端口划分到 vlan 20 中。

```
SwitchA(config)#vlan 20                             ！划分 vlan 20
SwitchA(config-vlan)#name technical                 ！将 vlan 20 命名为 technical
SwitchA(config-vlan)#exit
SwitchA(config)#interface FastEthernet 0/9          ！进入接口配置模式
SwitchA(config-if)#switchport access vlan 20        ！将 Fa0/9 划分到 vlan 20
SwitchA(config-if)#end
```

验证测试：验证已创建了 vlan 20，并已将 0/9 端口划分到 vlan 20 中。

```
SwitchA#show vlan id 20
VLAN Name                               Status    Ports
---- -------------------------------- --------- -----------------------
20   technical                          active    Fa0/9
...                                               ！省略掉没用的信息
```

（4）在交换机 SwitchA 上设置 vtp 模式。

```
SwitchA#vlan database                          ！进入 vlan 配置子模式
SwitchA(vlan)#vtp ?                            ！查看和 vtp 配合使用的命令
SwitchA(vlan)#vtp server                       ！设置本交换机为 server 模式
SwitchA(vlan)#vtp domain vtpserver             ！设置域名
SwitchA(vlan)#end
```

（5）在交换机 SwitchA 上将与 SwitchB 相连的端口（假设为 0/12 端口）定义为干道链路（Trunk Link）模式。

```
SwitchA#conf t
SwitchA(config)#interface fastethernet 0/12          ！进入接口配置模式
SwitchA(config-if)#switchport mode trunk           ！将 fastethernet 0/12 端口设为
干道链路模式
SwitchA(config-if)#end
```

验证测试：验证 fastethernet 0/12 端口已被设置为干道链路模式。

```
SwitchA#show interface fastethernet 0/12 switchport
Name: Fa0/12
Switchport:     Enabled
Administrative mode: trunk
Operational mode: trunk
Administrative Trunking Encapsulation: dot1q
Negotiation of Trunking: On
Access Mode VLAN: 1 (default)
Trunking Native Mode VLAN: 1 (default)
Trunking VLANs Enabled: ALL
Pruning VLANs Enabled: 2-1001
Protected: false
Voice vlan: none (Inactive)
Appliance trust: none
```

（6）在交换机 SwitchB 上创建 vlan10，并将 0/5 端口划分到 vlan 10 中。

```
Switch>enable
Switch#configure terminal
SwitchB(config)#hostname SwitchB                     ！设置交换机名为 SwitchB
SwitchB(config)#vlan 10                              ！创建 vlan 10
SwitchB(config-vlan)#name sales                      ！将 vlan 10 命名为 sales
SwitchB(config-vlan)#exit
SwitchB(config)#interface FastEthernet 0/5
SwitchB(config-if)#switchport access vlan 10         ！将 Fa0/5 划分到 vlan 10
SwitchB(config-if)#end
```

验证测试：验证已创建了 vlan 10，并已将 0/5 端口划分到 vlan 10 中。

```
SwitchB#show vlan id 10
VLAN Name                             Status    Ports
---- -------------------------------- --------- -----------------------
10   sales                            active    Fa0/5
...                                          ！省略掉没用的信息
```

（7）在交换机 SwitchB 上设置 vtp 模式。

```
SwitchB#vlan database                          ！进入 vlan 配置子模式
SwitchB(vlan)#vtp client                       ！设置本交换机为 client 模式
SwitchB(vlan)#vtp domain vtpserver             ！设置域名
SwitchB(vlan)#end
```

（8）在交换机 SwitchB 上将与 SwitchA 相连的端口（假设为 0/12 端口）定义为干道链路模式。

```
SwitchB#conf t
SwitchB(config)#interface fastethernet 0/12          ！进入接口配置模式
SwitchB(config-if)#switchport mode trunk ！将 fastethernet 0/12 端口设为干道链路模式
SwitchB(config-if)#end
```

（9）验证计算机 1 和计算机 3 能互相通信，但计算机 2 和计算机 3 不能互相通信。

两台交换机之间相连的端口应该设置为干道链路模式。

知识链接

1. VLAN 产生的原因

随着企业规模的不断扩大，特别是多媒体及企业办公系统局域网的应用，使每个部门内部的数据传输量非常大。此外，公司发展中一些遗留下来的问题，使得一个部门的员工不能相对集中办公。更重要的是，公司的财务部门需要越来越高的安全性，不能和其他部门混用一个以太网，以防止数据窃听。这些新的问题需要更灵活地配置局域网，因此就产生了虚拟局域网（VLAN）技术。

VLAN 技术就是将一个交换网络逻辑地划分成若干子网，每一个子网就是一个广播域。逻辑上划分的子网在功能上与传统物理上划分的子网相同，划分可以根据交换机的端口、MAC 地址、IP 地址来进行。

VLAN 的应用如图 5-18 所示。不同物理网络的计算机可以处于同一个 VLAN，同一个物理网络的计算机也可以处于不同的 VLAN。

VLAN 的好处是可以限制广播范围，并能形成虚拟工作组，动态管理网络，从而为局域网解决冲突域、广播域、带宽的问题，提高网络性能。

2. VLAN 标准

在 1996 年 3 月，IEEE 802.1 互联网工程委员会结束了对 VLAN 新标准初期的修订工作。新标准进一步完善了 VLAN 的体系结构，统一了帧标记（Frame-Tagging）方式中不同厂商的标签（Tag）格式，并制定了 802.1QVLAN 的体系结构。802.1Q 帧格式如图 5-19 所示。802.1Q 使用 4 字节标签头定义标签。

这 4 个字节的 802.1Q 标签头包含了 2 个字节的标签协议标识（Tag Protocol Identifier,

TPID）和 2 个字节的标签控制信息（TCI）。

TPID：IEEE 定义的新的类型，表明这是一个加了 802.1Q 标签的帧。TPID 包含了一个固定的值 0x8100。

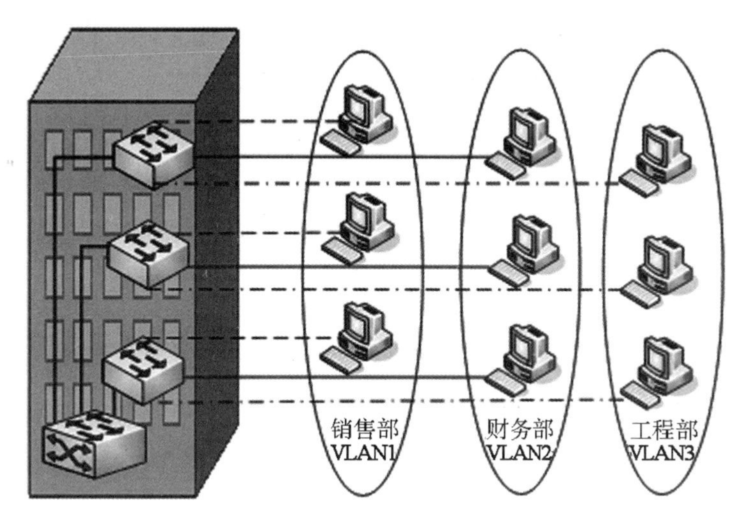

图 5-18　VLAN 的应用

TCI：包含的是帧的控制信息，它包含下面的一些元素。

（1）优先级：TCI 中用 3 位二进制位标识帧的优先级。一共有 8 种优先级，用 0 ～ 7 表示。IEEE 802.1Q 标准使用这 3 位信息。

（2）规范格式指示器（Canonical Format Indicator，CFI）：CFI 值为 0 说明是规范格式，CFI 值为 1 说明是非规范格式。它被用在令牌环 / 源路由 FDDI 介质访问方法中来指示封装帧中所带地址的比特次序信息。

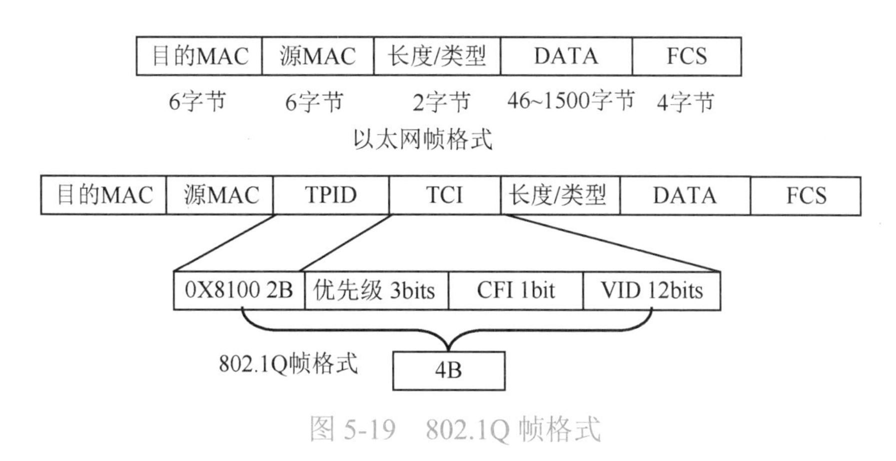

图 5-19　802.1Q 帧格式

（3）VLAN ID：这是一个 12 位的域，指明 VLAN 的 ID，一共 4096 个，每个支持 802.1Q 协议的交换机发送出来的数据报都会包含这个域，以指明自己属于哪一个 VLAN，其中 VLAN1 是不可删除的默认 VLAN。

3. VLAN 的类型

定义 VLAN 成员关系的方法不同，VLAN 的类型也不同，下面介绍 3 种主要的 VLAN。

1）基于端口的 VLAN

基于端口的 VLAN 是划分虚拟局域网最简单也是最有效的方法，它实际上是某些交换端口的集合，网络管理员只需要管理和配置交换端口，而不管交换端口连接什么设备。属于同一 VLAN 的端口可以不连续，即同一 VLAN 可以跨越数个以太网交换机。根据端口划分是目前定义最广泛的方法，它的优点是定义 VLAN 成员简单，它的缺点是如果某 VLAN 的用户离开了原来的端口，到了一个新的交换机的某个端口，就必须重新定义。

2）基于 MAC 地址的 VLAN

这种划分 VLAN 的方法根据的是每个主机的 MAC 地址，即所有主机都根据它的 MAC 地址配置主机属于哪个 VLAN；交换机维护一张 VLAN 映射表，这个 VLAN 映射表记录 MAC 地址和 VLAN 的对应关系。这种划分 VLAN 方法的最大优点就是当用户物理位置移动时，即从一个交换机换到其他交换机时，VLAN 不用重新配置，所以，可以认为这种根据 MAC 地址的划分方法是基于用户的 VLAN。

3）基于协议的 VLAN

这种情况是根据二层数据帧中的协议字段进行 VLAN 的划分。通过二层数据中的协议字段，可以判断出上层运行的网络协议，如 IP 协议或者 IPX 协议。如果一个物理网络中既有 IP 网络又有 IPX 等多种协议运行，可以采用这种 VLAN 的划分方法。

4. VLAN 的端口

VLAN 的端口可以分为接入（Access）端口和干道（Trunk）端口两种。

1）接入链路（Access Link）

接入链路是用于连接主机和交换机的链路。通常情况下主机并不需要知道自己属于哪些 VLAN，主机的硬件也不一定支持带有 VLAN 标签的帧。主机要求发送和接收的帧都是没有加上标签的帧。

接入链路属于某一个特定的端口，这个端口属于一个并且只能是一个 VLAN。这个端口不能直接接收其他 VLAN 的信息，也不能直接向其他 VLAN 发送信息。不同 VLAN 的信息通过三层路由处理才能转发到这个端口上。

2）干道链路

干道链路是可以承载多个不同 VLAN 数据的链路。干道链路通常用于交换机间的互连，或者用于交换机和路由器之间的连接。

数据帧在干道链路上传输时，交换机必须用一种方法来识别数据帧属于哪个 VLAN。IEEE 802.1Q 定义了 VLAN 帧格式，所有在干道链路上传输的帧都是加上标签的帧。通过这些标签，交换机就可以确定哪些帧分别属于哪个 VLAN。

和接入链路不同，干道链路是用来在不同的设备之间（如交换机和路由器之间、交换机和交换机之间）承载 VLAN 数据的，因此干道链路不属于任何一个具体的 VLAN。通过配置，干道链路可以承载所有的 VLAN 数据，也可以配置为只能传输指定的 VLAN 数据。

3）帧在网络通信中的变化

VLAN 帧在跨交换机传输中的变化如图 5-20 所示，表示一个拥有两台交换机的局域网环境，并且配置了两个 VLAN。主机和交换机之间的链路是接入链路，交换机之间通过干道链路互相连接。

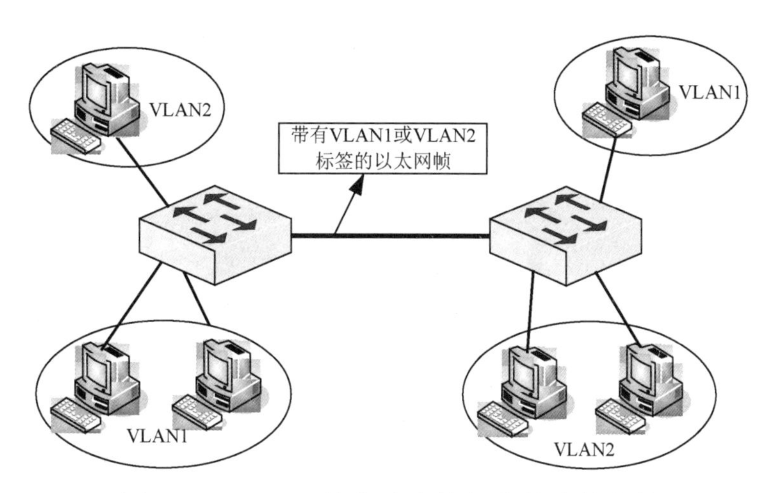

图 5-20　VLAN 帧在跨交换机传输中的变化

对主机来说，它是不需要知道 VLAN 存在的。主机发出的报文都是未加上标签的报文；交换机接收到这样的报文后，根据配置规则（如端口信息）判断出报文所属 VLAN 进行处理。如果报文需要通过另外一台交换机发送，则该报文必须通过干道链路传输到另外一台交换机上。为了保证其他交换机正确处理报文的 VLAN 信息，在干道链路上发送的报文都带上了 VLAN 标签。

交换机最终确定报文发送端口后，在将报文发送给主机之前，将 VLAN 的标签从以太网中删除，这样主机接收到的报文都是不带 VLAN 标签的以太网帧。

所以，一般情况下，干道链路上传送的都是带标签的报文，接入链路上传送的都是未加上标签的报文。这样做的最终结果：网络中配置的 VLAN 可以被所有的交换机正确处理，而主机不需要了解 VLAN 信息。

5. VLAN 的路由

前面我们学习了 VLAN 的基础知识，主要是基于二层的，但是 VLAN 之间的信息还需要互通，这样就需要通过 VLAN 的三层路由功能来实现。下面我们学习三层交换机是如何来实现 VLAN 的三层路由功能的。

路由器与 VLAN 互连如图 5-21 所示。一个网络在使用 VLAN 隔离多个广播域后，各个 VLAN 之间是不能互相访问的，因为各个 VLAN 的流量实际上已经在物理上隔离开来了。隔离网络不是建网的最终目的，选择 VLAN 隔离只是为了优化网络，最终还是要让整个网络能够畅通起来。

VLAN 之间通信的解决方法，一种方法是在 VLAN 之间配置路由器，这样 VLAN 内部的流量仍然通过原来 VLAN 内部的二层网络进行，从一个 VLAN 到另外一个 VLAN 的通信流量，通过路由在三层上进行转发，转发到目的网络后，再通过二层交换网络把报文最终发送给目的主机。由于路由器通常不会带有太多 LAN 接口，每新增一个 VLAN 就要占用一个 LAN 接口，所以这种方法不实用。

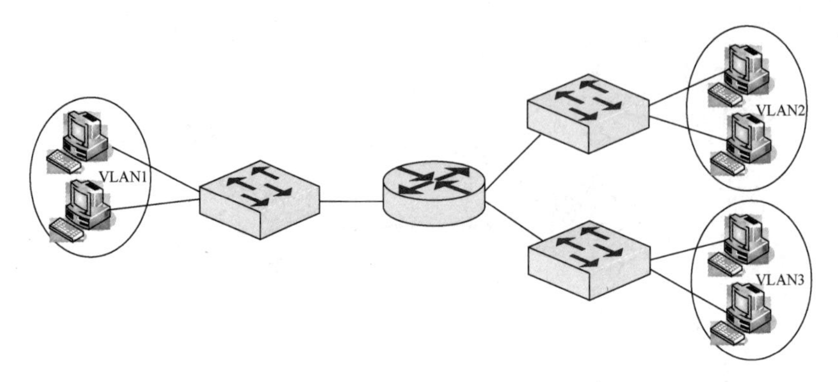

图 5-21　路由器与 VLAN 互连

另一种方法是利用三层交换机实现 VLAN 间通信。三层交换机使用硬件技术，采用巧妙的处理方式把二层交换机和路由器在网络上的功能集成到一个盒子里，提高了网络的集成度，增强了转发性能。二层交换机的功能和路由器的功能，在三层交换机中分别体现为二层 VLAN 转发引擎和三层转发引擎两个部分。其中，二层 VLAN 引擎与支持 VLAN 的二层交换机的二层转发引擎是相同的，用硬件支持多个 VLAN 的二层转发；三层转发引擎使用硬件 ASIC 技术实现高速的 IP 转发。对应到 IP 网络模型中，每个 VLAN 对应一个 IP 网段，三层交换机中的三层转发引擎在各个网段间转发报文，实现 VLAN 之间的互通，因此，三层交换机的路由功能通常叫作 VLAN 间路由。

基于三层交换机的 VLAN 间通信如图 5-22 所示。在交换机上分别划分 VLAN10 和 VLAN20，VLAN10 的工作站 IP 地址为 192.168.1.1；VLAN20 的工作站 IP 地址为 192.168.2.1。利用三层交换机的路由功能实现 VLAN 间互访。在三层交换机上创建各个 VLAN 的虚拟接口（SVI），并设置 IP 地址和子网掩码。然后将所有 VLAN 连接工作站的网关指向该 SVI 的 IP 地址，比如，VLAN10 里的工作站的网关都设为 192.168.1.254，VLAN20 里的工作站的网关都设为 192.168.2.254。

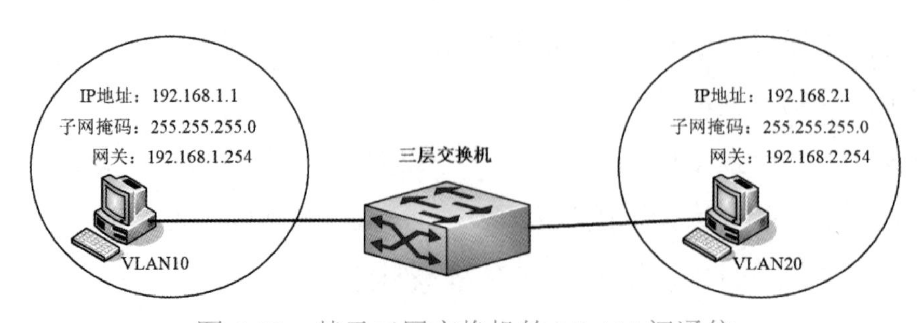

图 5-22　基于三层交换机的 VLAN 间通信

项目总结

本项目主要介绍交换机在网络中的配置方法。重点掌握交换机的基本使用和配置方法。对交换机的使用关键在于根据网络组建的实际需要，熟练应用不同情况下的配置方法。

实训与练习 5

一、选择题

1．在通过控制端口连接配置交换机时，使用哪种电缆线？________

A．同轴线　　B．直连线　　C．交叉线　　D．反转线

2．VLAN 的封装类型中属于 IEEE 标准的有 ________。

A．ISL　　B．802.1Q　　C．802.1D　　D．802.1X

二、填空题

1．在网络应用中把以太网交换机分为三个层次：________、________ 和 ________。

2．VLAN 的端口可以分为 ________ 和 ________ 两种。

三、简答题

1．简述以太网交换机的体系结构

2．简述 802.1Q 中标签头的结构。

四、实训题

1．在 Cisco Packet Tracer 中选择一台交换机，用 Show 命令查看交换机的初始化配置。

2．用模拟 Cisco Packet Tracer 练习本项目讲到的实例，如果有条件，可在实际环境中练习。

3．现在有一台 Cisco 2950 交换机，请创建两个 VLAN，并把端口 1 ～ 5 及 7 共 6 个端口划入 VLAN 10 中，把端口 8 ～ 10 及 15 共 4 个端口划入 VLAN 20 中。

提示：可用如下命令。

```
Switch(config)#interface range Fastethernet 0/1-5
Switch(config-if)#switchport access vlan 10
```

项目六

使用网络层互连设备

路由器是工作在网络层连接互联网中各局域网、广域网的设备，它会根据信道的情况自动选择和设定路由，以最佳路径把信息从源地点传输到目标地点。本项目就以 Cisco 路由器为例来讲解有关路由器配置的相关技能和知识。

知识目标

- 了解路由器的工作方式及相关知识
- 掌握静态路由协议（Routing Protocol）及配置方法
- 掌握动态路由协议及配置方法

能力目标

- 能连接路由器配置线对设备进行基本配置
- 能配置静态路由和动态路由实现网络连通
- 能利用访问控制列表（Access Control List，ACL）实现包过滤

任务一　认识路由器

任务引入

我国“复兴号”智能动车组之所以能以每小时 350 公里的速度在高铁网上穿梭运行并准确驶入正确的道岔、准时通过每一个站点，是因为其控制系统采用了智能调度系统，为每一列列车实时准确选路。路由器的主要功能是进行“路由选择”，即为数据包选择一条合适的路径传送到目的地。那么路由器是怎样进行路由的，能够选择一条最佳路径吗？在这里你将得到答案。

如图 6-1 所示，PC A 需要向 PC B 传送信息（并假定 PC B 的 IP 地址为 118.0.6.1），它们之间如何通过多个路由器的接力传递。

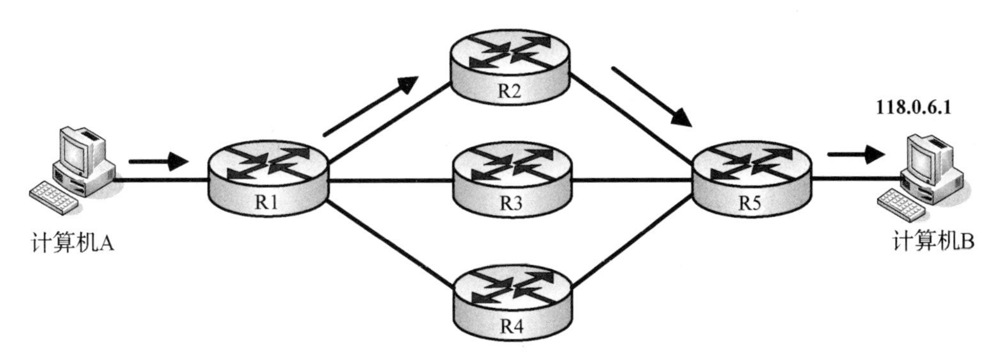

图 6-1　路由器的工作原理

任务分析

1. 路由器的功能

路由器的工作模式与二层交换机相似，但路由器工作在 OSI/RM 的第三层——网络层，这个区别决定了路由器和交换机在传递数据时使用不同的控制信息，因为控制信息不同，所以实现功能的方式不同。路由器的工作原理是，在路由器的内部也有一个表（叫作路由表），这个表所表述的是如果要去某一个地方，下一步应该向哪里走；如果能从路由表中找到数据报下一步往哪里走，那么就把数据链路层信息加上并转发出去；如果不能知道下一步走向哪里，则将此包丢弃，然后返回一个信息交给源地址。

路由器内部可以分为控制部分和数据通道部分。在控制部分，路由协议可以有不同的类型。路由器通过路由协议交换网络的拓扑结构信息，依照拓扑结构动态生成路由表。在数据通道上，转发机制从输入线路接收 IP 包后，分析与修改报头，使用转发表查找输出端口，把数据交换到输出线路上。

而路由表的维护，也有两种不同的方式。一种是路由信息的更新，将部分或者全部的路由信息公布出去，路由器通过互相学习路由信息，掌握全网的拓扑结构，这一类的路由协议称为距离矢量路由协议；另一种是路由器将自己的链路状态信息进行广播，通过互相学习掌握全网的路由信息，进而计算出最佳的转发路径，这类路由协议称为链路状态路由协议。

由于路由器需要做大量的路径计算工作，一般来讲，处理器的工作能力直接决定其性能的优劣。当然这一说法还是对中、低端路由器而言的，因为高端路由器往往采用分布式处理系统进行设计。

2. 路由器的工作原理

（1）在网络间截获发送到远地网段的报文，起转发的作用。

（2）选择最合理的路由，引导通信。为了实现这一功能，路由器要按照某种路由通信协议，查找路由表，路由表中列出整个互联网络中包含的各个节点，以及节点间的路径情况和它们相联系的传输费用。如果到特定的节点有一条以上的路径，则基于预先确定的准则选择最优（最经济）路径。由于各种网络段和其相互连接情况可能发生变化，因此路由情况的信息需要及时更新，这由所使用的路由信息协议（Routing Information Protocol，RIP）规定的定时更新或者按变化情况更新来完成。网络中的每个路由器按照这一规则动态地更新它所保持的路由表，以便保持有效的路由信息。

（3）路由器在转发报文的过程中，为了便于在网络间传送报文，按照预定的规则把大的数据报分解成适当大小的数据报，到达目的地后再把分解的数据报包装成原有形式。

（4）多协议的路由器可以连接使用不同通信协议的网络段，作为不同通信协议网络段通信连接的平台。

（5）路由器的主要任务是把通信引导到目的地网络，然后到达特定的节点站地址。后一个功能是通过网络地址分解完成的。例如，把网络地址部分的分配指定成网络、子网和区域的一组节点，其余的用来指明子网中的特别站。分层寻址允许路由器对有很多个节点站的网络存储寻址信息。

在广域网范围内的路由器按其转发报文的性能可以分为两种类型，即中间节点路由器和边界路由器。尽管在不断改进的各种路由协议中，这两种路由器所使用的名称可能有很大的差别，但所发挥的作用却是一样的。

中间节点路由器在网络中传输时，提供报文的存储和转发。同时根据当前的路由表所保持的路由信息情况，选择最好的路径传送报文。由多个互连的LAN组成的公司或企业网络一侧和外界广域网相连接的路由器，就是这个企业网络的边界路由器。它一方面从外部广域网收集向本企业网络寻址的信息，转发到企业网络中有关的网络段；另一方面集中企业网络中各个LAN段向外部广域网发送的报文，对相关的报文确定最好的传输路径。

3. 路由器的具体工作过程

（1）计算机A将计算机B的地址118.0.6.1连同数据信息以数据帧的形式发送给路由器R1。

（2）路由器R1接收到计算机A的数据帧后，先从报头中取出地址118.0.6.1，并根据路径表计算出发往计算机B的最佳路径：路由器R1→路由器R2→路由器R5→计算机B，并将数据帧发往路由器R2。

（3）路由器R2重复路由器R1的工作，并将数据帧转发给路由器R5。

（4）路由器R5同样取出目的地址，发现118.0.6.1就在该路由器所连接的网段上，于是将该数据帧直接交给计算机B。

（5）计算机B收到计算机A的数据帧，宣告一次通信过程结束。

事实上，路由器除了上述的路由选择这一主要功能，还具有网络流量控制功能。有的路由器仅支持单一协议的传输，但大部分路由器可以支持多种协议的传输，即多协议路由器。由于每一种协议都有自己的规则，要在一个路由器中完成多种协议的算法，势必会降低路由器的性能。因此，支持多协议的路由器性能相对较低。用户购买路由器时，需要根据自己的实际情况，选择自己需要的网络协议的路由器。

近年来出现了交换路由器产品，从本质上来说它不是什么新技术，而是为了提高通信能力，把交换机的原理组合到路由器中，使数据传输能力更快、更好。

4．路由器的优缺点

1）优点

（1）适用于大规模的网络。

（2）适用于复杂的网络拓扑结构，能实现负载共享和最优路径。

（3）能更好地处理多媒体。

（4）安全性高。

（5）隔离不需要的通信量。

（6）节省局域网的带宽。

（7）减少主机负担。

2）缺点

（1）它不支持非路由协议。

（2）安装复杂。

（3）价格高。

5．集线器、交换机与路由器的特点

1）集线器的特点

（1）所有端口同在一个广播域内。

（2）所有端口同在一个冲突域内。

（3）所有端口共享带宽。

（4）广播式转发数据。

2）交换机的特点

（1）交换机的所有端口都在一个广播域内。

（2）交换机每个端口带宽都是独立的。

（3）交换机每个端口都是独立的冲突域。

（4）交换机能够识别数据链路层的控制信息。

3）路由器的特点

（1）路由器每个端口都是独立的广播域。

（2）路由器每个端口都是独立的冲突域。

（3）路由器能够识别网络层的控制信息。

知识链接

1. 识别网络设备及其控制线

Cisco 网络设备包含硬件和软件两部分，其软件部分为网络操作系统 IOS。通过 IOS，Cisco 网络设备可以连接 IP、IPX、IBM、DEC、AppleTalk 的网络，并实现许多丰富的网络功能。下面介绍 Cisco 网络设备的硬件结构。

1）识别 Cisco 2621 路由器

Cisco 2621 路由器的前面板如图 6-2 所示。路由器前面板的左下角是 3 个指示灯，其中“POWER”指示灯为电源指示灯；“RPS”指示灯为冗余电源指示灯；“ACTIVITY”指示灯为负荷情况指示灯，如果该指示灯闪烁得很快，则说明路由器负荷较重。

图 6-2　Cisco 2621 路由器的前面板

Cisco 2621 路由器的背板如图 6-3 所示。Cisco 路由器主要通过背板上的端口与其他设备连接。Cisco 2621 路由器是一个模块化的路由器，将一些盖板拆下后，可插入一些网络模块，图 6-3 中的同步串口就是插上去的模块。购买 Cisco 路由器时，同步串口等模块不会作为标准配置，需要用户另外购买。

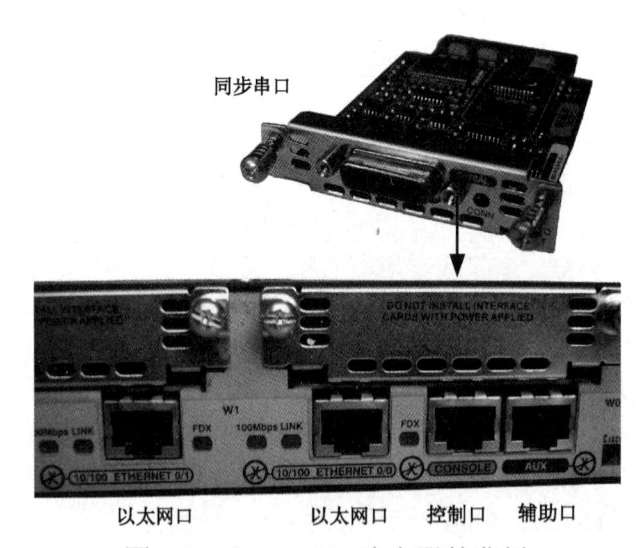

图 6-3　Cisco 2621 路由器的背板

路由器常用的端口有下面几种。

（1）高速同步串口。高速同步串口最大支持 2.048Mbit/s 的 E1 速率。通过软件配置，该种端口可以通过 DDN、帧中继、X.25、公用电话交换网（Public Switched Telephone Network，PSTN）连接广域网或互联网。

（2）以太网端口。以太网端口连接 10Base-T 或 100Base-TX 以太网，一般用于连接局域网。该端口为 RJ-45 标准接口。

（3）控制台端口。控制台端口主要连接终端或运行终端仿真程序的计算机，用于在本地配置路由器。该端口为 RJ-45 标准接口。

（4）AUX 端口（辅助口）。该端口为异步端口，最大支持 38 400bit/s 的速率，可接 MODEM，主要用于远程配置或拨号备份。该端口为 RJ-45 标准接口。

（5）ISDN 端口（BRI 端口）。该端口可以连接 ISDN 网络（2B+D）。

（6）高密度异步端口。该端口通过一转八线缆，可以连接八条异步（拨号）线路。

还有一些端口可以通过购买相应的网络模块而获得。

2）识别 V.35 路由器线缆

在实际工作环境中，路由器必须通过 CSU/DSU 设备（也称 DTU）接入广域网。广域网通信线路（如电话线）与 DTU 的相应端口相连，DTU 的另一个端口再与路由器的相应端口（如同步串口）相连。路由器与 DTU 之间的连接有几种标准，常见的就是使用 V.35 标准的接口和线缆。V.35 路由器线缆又分为 DTE 线缆和 DCE 线缆两种，V.35 DTE 线缆接口处为针状，V.35 DCE 线缆接口处为孔状，如图 6-4 所示。

图 6-4　V.35 线缆

如果路由器直接与 DTU 相连，那么路由器充当 DTE，DTU 充当 DCE，此时，路由器要用 V.35 DTE 线缆与 DTU 相连。

V.35 DTE 线缆和 V.35 DCE 线缆也是可以对接的，主要是在实验室环境中直接连接两台路由器。此时，接有 V.35 DTE 线缆的路由器充当 DTE，接有 V.35 DCE 线缆的路由器充当 DCE。本项目的实验环境将会采用这种连接。

3）控制线

一台新路由器，不能像集线器或一般的交换机那样插上线路就能用，而是需要根据连接的网络用户的需求进行一定的设置才能投入使用。

可以通过多种途径配置 Cisco 路由器，而通过控制台端口进行配置是用户对路由器进行配置的主要方式。

Cisco 路由器和交换机提供了一条控制线（两头均为 RJ-45 插头的反转线）及 RJ-45 转换头。连接路由器或交换机的控制线如图 6-5 所示。

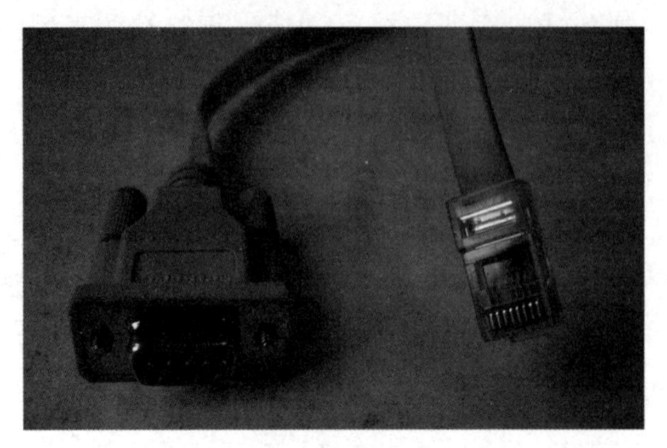

图 6-5　连接路由器或交换机的控制线

一般选用 RJ45-DB9 或 RJ45-DB25 的转换头与计算机的 COM1 或 COM2 口连接，再将控制线接入路由器的控制台端口中。

2．路由器内存体系结构介绍

Cisco 路由器的软件部分即网络操作系统 IOS。软件是需要内存的，Cisco 路由器的内存体系结构如图 6-6 所示。

图 6-6　Cisco 路由器的内存体系结构

1）ROM

ROM 相当于计算机的 BIOS，Cisco 路由器运行时首先运行 ROM 中的程序。该程序主要进行加电自检，对路由器的硬件进行检测。其次它还包含引导程序及 IOS 的一个最小子集。ROM 为一种只读存储器，即使系统掉电，程序也不会丢失。

2）FLASH

FLASH 是一种可擦写、可编程的 ROM。FLASH 包含 IOS 及微代码，可以把它想象成和计算机的硬盘功能一样，但其速度快得多。可以通过写入新版本的 IOS 对路由器进行软件升级。FLASH 中的程序，在系统掉电时不会丢失。

3）DRAM

DRAM 是动态内存。该内存中的内容在系统掉电时会完全丢失。DRAM 中主要包含路由表、ARP 缓存、数据报缓存等，还包含正在执行的路由器配置文件。

4）NVRAM

NVRAM 是一种非易失性的内存。NVRAM 中包含路由器配置文件，NVRAM 中的内容在系统掉电时不会丢失。

一般路由器启动时，首先运行 ROM 中的程序，进行系统自检及引导，然后运行 FLASH 中的 IOS，再在 NVRAM 中寻找路由器的配置，并将其装入 DRAM 中。

3. 配置方法

由于路由器没有自己的输入设备，所以在对路由器进行配置时，一般都是通过另一台计算机连接到路由器的各种接口上进行配置。又因为路由器所连接的网络情况可能是千变万化的，为了方便对路由器进行管理，必须为路由器提供比较灵活的配置方法。一般来说，对路由器进行配置可以通过以下几种方法来实现。

1）控制台方式

这种方式一般是在对路由器进行初始化配置时采用，它将计算机的串口直接通过专用的配置连线与路由器控制台端口“Console”相连，在计算机上运行终端仿真软件（如 Windows 系统下的超级终端）与路由器进行通信，完成路由器的配置。在物理连接上，也可以将计算机的串口通过专用配置连线与路由器辅助端口 AUX 直接相连，进行路由器的配置。

2）远程登录方式

这是通过操作系统自带的 TELNET 程序进行配置的（如 Windows\Unix\Linux 等系统都自带这样一个远程访问程序）。如果路由器已有一些基本配置，至少要有一个有效的普通端口，就可通过运行远程登录程序的计算机作为路由器的虚拟终端与路由器建立通信，完成路由器的配置。

3）网管工作站方式

路由器除了可以通过以上两种方式进行配置，一般还提供一个网管工作站方式，它是通过 SNMP 网管工作站来进行的。这种方式通过运行路由器厂家提供的网络管理软件来进行路由器配置，如 Cisco 的 CiscoWorks，也有一些是第三方的网管软件，如 HP 的 OpenView 等。这种方式一般是在路由器都已经在网络上，只不过想对路由器的配置进行修改时采用。

4）TFTP 服务器方式

这种方式通过网络服务器中的 TFTP 服务器来进行配置，TFTP 是一个 TCP/IP 简易文件传输协议，可将配置文件从路由器传送到 TFTP 服务器上，也可将配置文件从 TFTP 服务器传送到路由器上。TFTP 不需要用户名和口令，使用非常简单。

上面介绍了路由器的配置方式，但在这里要说明的是，路由器的第一次配置必须采用第一种方式，即通过连接在路由器上的控制端台口进行，此时终端的硬件设置为每秒位数：

9600，数据位：8，奇偶校验：无，停止位：1，数据流控制：无。

4．路由器的命令状态

与交换机的配置类似，路由器的配置操作有三种模式，即用户模式、特权模式和配置模式。在用户模式下，用户只能发出有限的命令，这些命令对路由器的正常工作没有影响；在特权模式下，用户可以发出丰富的命令，以便更好地控制和使用路由器；在配置模式下，用户可以创建和更改路由器的配置。对路由器的管理工作在配置模式下进行。

其中，配置模式又分为全局配置模式、setup 模式、RXBOOT 模式、其他配置模式等子模式。在不同的工作模式下路由器有不同的命令提示状态。

1）用户模式

从控制台端口或远程登录及 AUX 进入路由器时，首先要进入用户模式，在用户模式下，用户只能运行少数的命令，而且不能对路由器进行配置。在没有进行任何配置的情况下，缺省的路由器提示符为

```
Router>
```

如果设置了路由器的名字，则提示符为

```
路由器的名字 >
```

这时用户可以查看路由器的连接状态，访问其他网络和主机，但不能查看和更改路由器的设置内容。

2）特权模式

在 Router> 提示符下输入 enable，路由器进入特权模式，即

```
Router>enable
Router#
```

这时不但可以执行所有的用户命令，还可以查看和更改路由器的设置内容。

3）配置模式

（1）全局配置模式

在 Router# 提示符下输入 configure terminal，路由器进入全局配置模式，即

```
Router#configure terminal
Router(config)#
```

这时可以设置路由器的全局参数。

（2）setup 模式

这是一台新路由器开机时自动进入的状态，系统会自动进入 setup 模式，并询问是否用 setup 模式进行配置。在任何时候，要进入 setup 模式，可在特权模式下输入 setup。

（3）RXBOOT 模式

在路由器加电 60s 内，在 Windows 系统的超级终端下，同时按 Ctrl+Break 键 3 ～ 5s 就进入 RXBOOT 模式，这时路由器不能完成正常的功能，只能进行软件升级和手工引导；或

者在进行路由器口令恢复时进入该状态。

（4）其他配置模式

在全局配置模式下，输入相应命令，便可进入接口配置模式 Router(config-if)#、线路配置模式 Router(config-line)#、路由协议配置模式 Router(config-router)# 等子模式，这时可以设置路由器某个局部的参数。

任务二　路由器的初始配置

任务引入

“事半功倍”（出自《孟子》）往往用来形容做事得法，费力小而收获大。作为网络管理员是否也能够实现这一理想呢？答案是肯定的，做好路由器的初始配置就可以实现这一目标。

假设某企业的网络管理员第一次在设备机房中对路由器进行了初次配置，他希望以后在办公室中或出差时也可以对设备进行远程管理，现要在路由器上做适当配置，使他可以实现这一愿望。

任务分析

以一台 Cisco 2621 路由器为例，一台计算机通过串口连接到交换机的控制台端口，通过网卡连接到路由器的 fastethernet0/1 端口。配置路由器的连线方法如图 6-7 所示。假设计算机的 IP 地址和子网掩码分别为 192.168.0.138、255.255.255.0，配置路由器的 fastethernet0/1 端口的 IP 地址和网络掩码分别为 192.168.0.139、255.255.255.0。

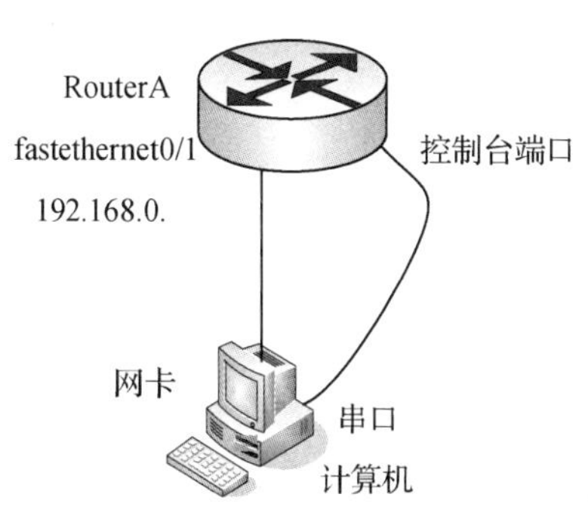

图 6-7　配置路由器的连线方法

操作步骤

（1）在计算机上进行设置。

设置计算机的 IP 地址和子网掩码分别为 192.168.0.138、255.255.255.0。

（2）在路由器上配置 fastethernet 0/1 端口的 IP 地址。

```
Router>enable                                   ！进入特权模式
Router#configure terminal
Router(config)#hostname RouterA                 ！配置路由器名称为“RouterA”
RouterA(config)#interface fastethernet 0/1      ！进入路由器接口配置模式
RouterA(config-if)#ip address 192.168.0.139      255.255.255.0
```

```
                                        ！配置路由器接口 IP 地址
RouterA(config-if)#no shutdown          ！开启路由器 fastethernet0/1 接口
```

验证测试：验证路由器接口 fastethernet0/1 的 IP 地址已经配置和开启。

```
RouterA#show ip interface fastethernet    0/1
          ！验证路由器接口 fastethernet0/1 的 IP 地址已经配置和开启
FastEthernet0/1 is up, line protocol is up
Internet address is 192.168.0.139/24
Broadcast address is 255.255.255.0
   ...                                  ！省略掉没用的信息
```

或

```
RouterA#show ip interface brief
Interface        IP-Address      OK? Method Status                Protocol
FastEthernet0/0  unassigned      YES unset  administratively down down
FastEthernet0/1  192.168.0.139   YES unset  up                    up
```

（3）配置路由器运程登录密码。

```
RouterA(config)#line vty 0 4            ！进入路由器线路配置模式
RouterA(config-line)#password cisco     ！设置路由器远程登录密码为“cisco”
RouterA(config-line)#login              ！配置远程登录
RouterA(config-line)#end
```

验证测试：验证从计算机可以通过网线远程登录到路由器上。

```
C:\>telnet 192.168.0.139                ！从计算机登录到路由器上
```

从计算机登录到路由器上如图 6-8 所示。

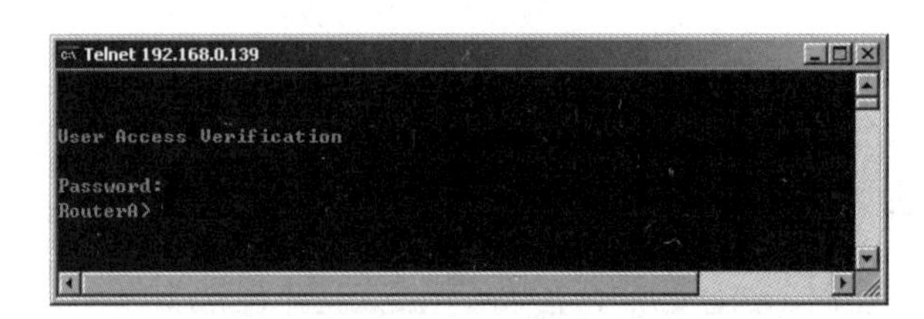

图 6-8　从计算机登录到路由器上

（4）配置路由器特权模式密码。

```
RouterA(config)#enable secret cisco  ！设置路由器特权模式密码为“cisco”
```

或

```
RouterA(config)#enalbe password cisco
```

验证测试：验证从计算机通过网线远程登录到路由器上后可以进入特权模式。

```
C:>telnet 192.168.0.139              ！从计算机登录到路由器上
```

进入特权模式如图 6-9 所示。

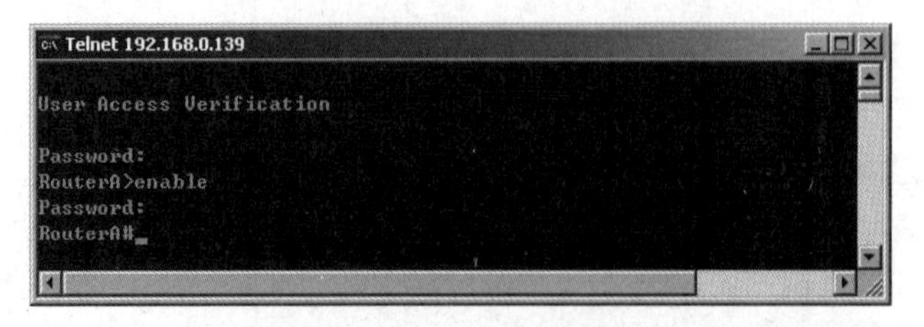

图 6-9　进入特权模式

（5）保存在路由器上所做的配置。

```
Router-A#copy running-config startup-config        ！保存路由器配置
```

或

```
Router-A#write memory
```

执行命令 RouterA#show running-config，可显示 RouterA 的全部配置。

任务三　路由器协议配置

一　静态路由的配置

任务引入

假设校园网通过一台路由器连接到另一台路由器上，现在要在路由器上做适当配置，实现校园网内部主机与校园网外部主机的相互通信。配置静态路由如图 6-10 所示。两台路由器用 1 根 V.35 DTE 线缆和 1 根 V.35 DCE 线缆直接连起来。

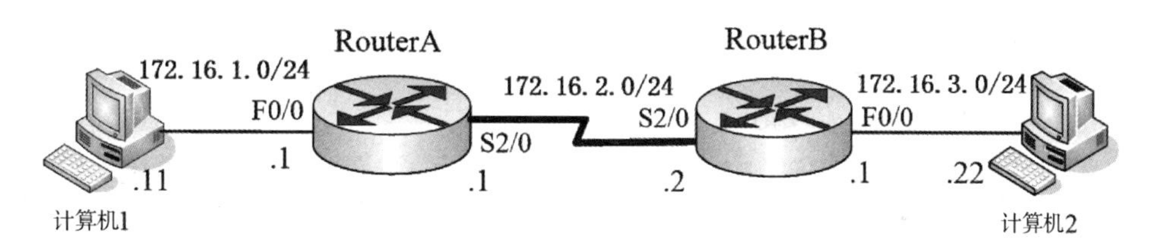

图 6-10　配置静态路由

任务分析

Cisco 路由器可配置的 3 种路由为静态路由、动态路由和缺省路由。

路由器查找路由的顺序为静态路由、动态路由，如果以上路由表中都没有合适的路由，则通过缺省路由将数据报传输出去。在一个路由器中，可以综合使用 3 种路由。

路由器路由协议配置的基本步骤：第一，选择路由协议；第二，指定网络或端口。

通过配置静态路由，用户可以人为地指定某一网络访问时所要经过的路径，在网络结构比较简单，且一般到达某一网络所经过的路径唯一的情况下，可采用静态路由。

静态路由器的相关命令如下。

（1）ip address < 本端口 IP 地址 > < 子网掩码 >：为端口设置一个 IP 地址。

在同一端口中可以设置两个以上的不同网段的 IP 地址，这样可以实现连接在同一局域网上不同的网段之间的通信。如果一个网段对于用户来说不够用，可以采用这种办法。

在端口配置模式下输入以下命令即可在同一端口中设置另一个不同网段的 IP 地址。

```
ip address <本端口 IP 地址> <子网掩码> secondary
```

（2）ip route <目的子网地址><子网掩码><相邻路由器相邻端口地址或者本地物理端口号>：设置静态路由。

```
ip route 0.0.0.0 0.0.0.0  <相邻路由器相邻端口地址或者本地物理端口号>：设置缺省路由。
```

（3）show ip route：显示 IP 路由表。

（4）ping: 测试网络连通性。

操作步骤

（1）配置计算机 1 和计算机 2。

设置计算机 1 的 IP 地址、子网掩码和网关分别为 172.16.1.11、255.255.255.0 和 172.16.1.1。

设置计算机 2 的 IP 地址、子网掩码和网关分别为 172.16.3.22、255.255.255.0 和 172.16.3.1。

（2）在路由器 RouterA 上配置接口的 IP 地址和串口上的时钟频率。

```
Router>enable
Router#configure terminal
Router(config)#hostname RouterA
RouterA(config)#interface FastEthernet 0/0        ! 进入接口 F0/0 的配置模式
RouterA(config-if)#ip address 172.16.1.1 255.255.255.0 ! 配置路由器接口 E0 的 IP 地址
RouterA(config-if)#no shutdown                  ! 开启路由器 F0/0 接口
RouterA(config-if)#exit
RouterA(config)#interface serial 2/0            ! 进入接口 s2/0 的配置模式
RouterA(config-if)#ip address 172.16.2.1 255.255.255.0 ! 配置路由器接口 s2/0 的 IP 地址
RouterA(config-if)#clock  rate  64000           ! 配置 RouterA 的时钟频率（DCE）
RouterA(config-if)#no shutdown             ! 开启路由器 s2/0 接口
```

验证测试：验证路由器接口配置。

```
RouterA#show ip interface brief
```

或

```
RouterA#show interface serial2/0
```

（3）在路由器 RouterA 上配置静态路由。

```
RouterA(config)#ip route 172.16.3.0 255.255.255.0 172.16.2.2
```

或

```
RouterA(config)#ip route 172.16.3.0 255.255.255.0 serial 2/0
```

验证测试：验证 RouterA 上的静态路由配置。

```
RouterA#show ip route
Codes: C - connected, S - static, I - IGRP, R - RIP, M - mobile, B - BGP
       D - EIGRP, EX - EIGRP external, O - OSPF, IA - OSPF inter area
       E1 - OSPF external type 1, E2 - OSPF external type 2, E - EGP
       i - IS-IS, L1 - IS-IS level-1, L2 - IS-IS level-2, * - candidate default
       U - per-user static route

Gateway of last resort is not set

     172.16.0.0/24 is subnetted, 3 subnets
S       172.16.3.0 [1/0] via 172.16.2.2
C       172.16.2.0 is directly connected, Serial2/0
C       172.16.1.0 is directly connected, FastEthernet 0/0
```

（4）在路由器 RouterB 上配置接口的 IP 地址和串口上的时钟频率。

```
Router>enable
Router#configure terminal
Router(config)#hostname RouterB
RouterB(config)#interface FastEthernet 0/0          ！进入接口 F0/0 的配置模式
RouterB(config-if)#ip address 172.16.3.1 255.255.255.0！配置路由器接口 F0/0 的 IP 地址
RouterB(config-if)#no shutdown                      ！开启路由器 F0/0 接口
RouterB(config-if)#exit
RouterB(config)#interface serial 2/0                ！进入接口 s2/0 配置模式
RouterB(config-if)#ip address 172.16.2.2 255.255.255.0 ！配置路由器接口 s2/0 的 IP 地址
RouterB(config-if)#no shutdown                      ！开启路由器 s2/0 接口
RouterB(config-if)#end
```

验证测试：验证路由器接口配置。

```
RouterB#show ip interface brief
```

或

```
RouterB#show interface serial 2/0
```

（5）在路由器 RouterB 上配置静态路由。

```
RouterB(config)#ip route 172.16.1.0 255.255.255.0 172.16.2.1
RouterB(config)#end
```

验证测试：验证 RouterB 上的静态路由配置。

```
RouterB#show ip route
```

（6）测试网络的互连互通性，计算机 1 与计算机 2 可以互相 ping 通。

注意事项

如果两台路由器通过串口直接互连，则必须在其中一端设置时钟频率（DCE）。

二　动态路由协议 RIP 的配置

任务引入

假设在校园网中通过三台路由器分别连接不同校区的局域网，现要在路由器上做适当配置，实现校园网中不同校区内的主机相互通信。配置 RIP 拓扑图如图 6-11 所示。

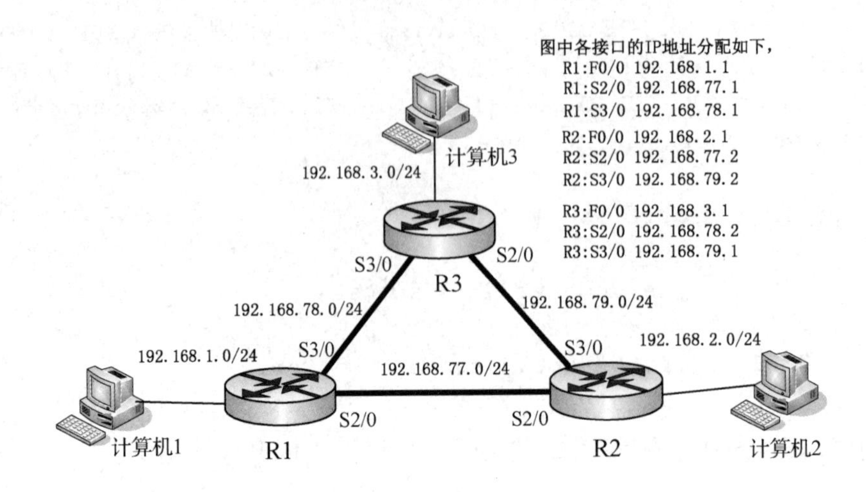

图 6-11　配置 RIP 拓扑图

任务分析

1. RIP 简介

RIP 是应用较早、使用较普遍的内部网关协议（Interior Gateway Protocol，IGP），适用于小型同类网络，是典型的距离矢量路由选择协议。路由协议是指导 IP 数据报发送过程中事先约定好的规则和标准，可以看成生活中的交通规则，只要路由器遵循同一路由协议，那么数据报就可以畅通无阻，反之则不可到达，可见遵守规则非常重要。

RIP 通过广播 UDP 报文来交换路由信息，每 30s 发送一次路由信息更新。RIP 提供跳数（Hop Count）作为尺度来衡量路由距离，跳数是指一个数据报到达目标所必须经过的路由器的数目。如果到相同目标有 2 个不等速或不同带宽的路由器，但跳数相同，则 RIP 认为两个路由是等距离的。RIP 最多支持的跳数为 15，即在源和目的网间所要经过的路由器的数目最多为 15，跳数 16 表示不可达。

RIP 版本 2 还支持 CIDR、可变长子网掩码和不连续子网，并且使用组播地址发送路由信息。

2. RIP 配置步骤

在全局配置模式下的步骤如下。

（1）启动 RIP 路由，输入命令：

```
router rip
```

（2）设置 RIP 的版本（可选）。RIP 有两个版本，在与其他厂商路由器相连时注意版本要一致。默认状态下，Cisco 路由器接收 RIP 版本 1 和版本 2 的路由信息，但只发送版本 1 的信息。

可用命令“version<1 或 2>”设置 RIP 的版本。

（3）设置本路由器参加动态路由的网络，其格式为

```
network <与本路由器直连的网络号>
```

注意： network 命令中的 <与本路由器直连的网络号> 不能包含子网号，而应是主类网络号。

（4）允许在非广播型网络中进行 RIP 路由广播（可选），其格式为

```
neighbor<相邻路由器相邻端口的 IP 地址>
```

3. 相关命令

（1）router rip：激活 RIP。

（2）network <网段地址>：指明直接相连的网段，以便 RIP 动态学习路由信息。

（3）show ip protocols：显示路由器的路由信息。

（4）show ip route：显示 IP 路由表。

操作步骤

（1）配置计算机 1 到计算机 3。

设置计算机 1 的 IP 地址、子网掩码和网关分别为 192.168.1.11、255.255.255.0 和 192.168.1.1。

设置计算机 2 的 IP 地址、子网掩码和网关分别为 192.168.2.22、255.255.255.0 和 192.168.2.1。

设置计算机 2 的 IP 地址、子网掩码和网关分别为 192.168.3.33、255.255.255.0 和 192.168.3.1

（2）在路由器上配置接口的 IP 地址和串口上的时钟频率（以 R1 为例）。

```
Router>enable
Router#configure terminal
Router(config)#hostname R1
R1(config)#interface fastEthernet 0/0              ！进入接口 f0/0 的配置模式
R1(config-if)#ip address 192.168.1.1 255.255.255.0 ！配置路由器接口 E0 的 IP 地址
R1(config-if)#no shutdown                          ！开启路由器 ethernet0 接口
R1(config)#interface interface serial 2/0          ！进入接口 s2/0 配置模式
R1(config-if)#ip address 192.168.77.1 255.255.255.0 ！配置路由器接口 s2/0 的 IP 地址
R1(config-if)#clock rate 64000                ！配置 R1 接口 s2/0 的时钟频率（DCE）
R1(config-if)#no shutdown                     ！开启路由器 s2/0 接口
R1(config)#interface serial 3/0                    ！进入接口 s3/0 配置模式
R1(config-if)#ip address 192.168.78.1 255.255.255.0 ！配置路由器接口 s3/0 的 IP 地址
R1(config-if)#clock rate 64000                ！配置 R1 接口 s3/0 的时钟频率（DCE）
R1(config-if)#no shutdown
```

验证测试：验证路由器接口的配置和状态。

```
R1#show ip interface brief
Interface              IP-Address       OK? Method Status              Protocol
Serial 2/0              192.168.77.1      YES unset   up                     up
Serial 3/0              192.168.78.1      YES unset   up                     up
FastEthernet 0/0        192.168.1.1       YES unset   up                     up
```

（3）在路由器 R1 上配置 RIP V2 路由协议。

```
R1 (config)#router rip                          ! 创建 RIP 路由进程
R1 (config-router) #version 2                   ! 定义 RIP 版本
R1 (config-router) #network 192.168.1.0   ! 定义关联网络（必须是直接的主类网络地址）
R1 (config-router) # network 192.168.77.0
R1 (config-router) #network 192.168.78.0
```

（4）在路由器 R2 上配置 RIP V2 路由协议。

```
R2 (config)#router rip                          ! 创建 RIP 路由进程
R2 (config-router) #version 2                   ! 定义 RIP 版本
R2 (config-router) #network 192.168.2.0   ! 定义关联网络（必须是直接的主类网络地址）
R2 (config-router) # network 192.168.77.0
R2 (config-router) #network 192.168.79.0
```

（5）在路由器 R3 上配置 RIP V2 路由协议。

```
R3 (config)#router rip                          ! 创建 RIP 路由进程
R3 (config-router) #version 2                   ! 定义 RIP 版本
R3 (config-router) #network 192.168.3.0   ! 定义关联网络（必须是直接的主类网络地址）
R3 (config-router) # network 192.168.78.0
R3 (config-router) #network 192.168.79.0
```

验证测试：验证 R3 上的 RIP V2 路由表。

```
R3#show ip route
Codes: C - connected, S - static, I - IGRP, R - RIP, M - mobile, B - BGP
       D - EIGRP, EX - EIGRP external, O - OSPF, IA - OSPF inter area
       E1 - OSPF external type 1, E2 - OSPF external type 2, E - EGP
       i - IS-IS, L1 - IS-IS level-1, L2 - IS-IS level-2, * - candidate default
       U - per-user static route
Gateway of last resort is not set
C     192.168.3.0 is directly connected, FastEthernet 0/0
C     192.168.79.0 is directly connected, Serial 3/0
R     192.168.2.0 [120/1] via 192.168.79.1, 00:01:41, Serial 3/0
C     192.168.78.0 is directly connected, Serial2/0
R     192.168.1.0 [120/1] via 192.168.78.1, 00:02:30, Serial 2/0
R     192.168.77.0 [120/1] via 192.168.78.1, 00:05:43, Serial 2/0
```

路由表中的项目 R　192.168.1.0 [120/1] via 192.168.78.1, 00:02:30, Serial 2/0 解释如下。

（1）R 表示此项路由是由 RIP 获取的。

（2）192.168.1.0 表示目标网段。

（3）[120/1] 中的 120 表示 RIP 的管理距离默认为 120，1 是该路由的度量值，即跳数。

（4）via 表示经由的意思。

（5）192.168.78.1 表示从当前路由器出发到达目标网的下一跳点的 IP 地址。

（6）00:02:30 表示该条路由产生的时间。

（7）Serial 2/0 表示该条路由使用的接口。

注意事项

（1）在串口上配置时钟频率时，一定要在电缆 DCE 端的路由器上配置，否则链路不通，为了查明串行接口所连的电缆类型，从而正确配置串行接口，可以使用 show controllers serial 命令来查看相应的控制器。

（2）定义关联网络时，命令 network 后面必须是与该路由器直连的主类网络地址。

三　动态路由协议 OSPF 的配置

任务引入

“因地制宜”（出自《吴越春秋》），是指要根据具体情况制定适宜的办法。路由协议的设计正是遵循了这一思想，RIP 和 OSPF 本身并没有优劣之分，选择使用 RIP 还是 OSPF，要依据具体网络环境而定。

假设你是某集成商的高级技术支持工程师，现在为某企业设计一个网络，你选择了使用 OSPF 来构建骨干区域网络。配置 OSPF 协议的拓扑图如图 6-12 所示。

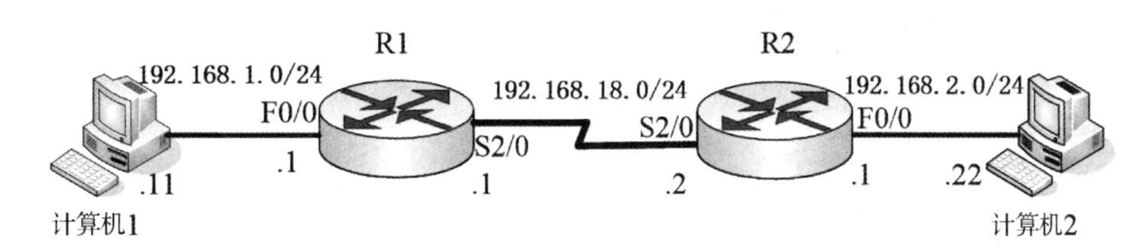

图 6-12　配置 OSPF 协议的拓扑图

任务分析

1. OSPF 简介

OSPF 是一个内部网关协议，用在单一自治系统内决策路由。与 RIP 相比，OSPF 是链路状态路由协议，而 RIP 是距离矢量路由协议。

链路是路由器接口的另一种说法，因此 OSPF 也称为接口状态路由协议。OSPF 通过路由器之间通告网络接口的状态来建立链路状态数据库，生成最短路径树，每个 OSPF 路由器使用这些最短路径构造路由表。

2. OSPF 配置步骤

（1）启用 OSPF 动态路由协议，其格式为

```
Router ospf <进程号>
```

进程号在 1～65535 范围内可以随意设置，只用于标识 OSPF 为本路由器内一个进程。

（2）定义参与 OSPF 的子网。该子网属于哪一个 OSPF 路由信息交换区域，其格式为

```
network <本路由器直连的 IP 子网号> <通配符> area <区域号>
```

路由器将限制只能在相同区域（即自治系统内）内交换子网信息，不同区域间不交换路由信息。区域号取值范围为 0～4294967295，区域 0 为主干 OSPF 区域。不同区域交换路由信息必须经过区域 0。某一区域要接入 OSPF 路由区域 0，该区域必须至少有一台路由器为区域边缘路由器，即它参与本区域路由又参与区域 0 路由。

说明：该命令中可以包括子网号，其中的 <通配符> 就是该子网的反掩码。反掩码是用广播地址（255.255.255.255）减去掩码地址所得到的地址。比如，掩码为 255.255.255.0，则反掩码为 0.0.0.255。

3. 相关命令

OSPF 路由协议配置的相关命令如下。

（1）router ospf <进程号>: 激活 OSPF 路由协议。

（2）network <与路由器直接的 IP 子网号> <通配符> area <区域号>: 定义参与 OSPF 的子网。

（3）show ip protocols：显示路由器的路由信息。

（4）show ip route: 显示 IP 路由表。

操作步骤

（1）配置计算机 1 和计算机 2。

设置计算机 1 的 IP 地址、子网掩码和网关分别为 192.168.1.11、255.255.255.0 和 192.168.1.1。

设置计算机 2 的 IP 地址、子网掩码和网关分别为 192.168.2.22、255.255.255.0 和 192.168.2.1。

（2）对两台路由器进行基本配置。

```
Router>en
Router#conf t
Router(config)#hostname R1                              ! 更改路由器的主机名
R1(config)#int fastEthernet 0/0
R1(config-if)#ip address 192.168.1.1 255.255.255.0      ! 为接口配置 IP 地址
R1(config-if)#no shutdown
R1(config-if)#exit
R1(config)#int s 2/0
R1(config-if)#ip add 192.168.18.1 255.255.255.0
R1(config-if)#clock rate 64000                          ! 在 DCE 端设置时钟速率
```

```
R1(config-if)#no sh

Router>
Router>en
Router#conf t
Router(config)#hostname R2
R2(config)#int fastEthernet 0/0
R2(config-if)#ip address 192.168.2.1 255.255.255.0
R2(config-if)#no sh
R2(config-if)#exit
R2(config)#int s 2/0
R2(config-if)#ip address 192.168.18.2 255.255.255.0
R2(config-if)#no sh
```

（3）启动 OSPF 路由协议。

```
R1(config)#router ospf 100                          ! 激活 OSPF 路由协议
R1(config-router)#network 192.168.18.0 255.255.255.0 area 0
R1(config-router)#network 192.168.1.0 255.255.255.0 area 0
R1(config-router)#end

R2(config)#router ospf 100
R2(config-router)#network 192.168.18.0 255.255.255.0 area 0
R2(config-router)#network 192.168.2.0 255.255.255.0 area 0
R2(config-router)#end
```

验证测试：显示 IP 路由协议信息。

```
R1#show ip protocols                    ! 以 R1 为例，显示 IP 路由协议信息
Routing Protocol is "ospf 100"
  Sending updates every 90 seconds, next due in 10 seconds
  Invalid after 30 seconds, hold down 0, flushed after 60
  Outgoing update filter list for all interfaces is
  Incoming update filter list for all interfaces is
  Redistributing: ospf 100
  Routing for Networks:
    192.168.18.0 0.0.0.255 area 0
    192.168.1.0 0.0.0.255 area 0
  Routing Information Sources:
    Gateway         Distance      Last Update
    192.168.18.1         110      00:00:03
  Distance: (default is 110)

R2#show ip route                        ! 以 R2 为例，显示路由器的路由信息
Codes: C - connected, S - static, I - IGRP, R - RIP, M - mobile, B - BGP
       D - EIGRP, EX - EIGRP external, O - OSPF, IA - OSPF inter area
       E1 - OSPF external type 1, E2 - OSPF external type 2, E - EGP
       i - IS-IS, L1 - IS-IS level-1, L2 - IS-IS level-2, * - candidate default
       U - per-user static route

Gateway of last resort is not set
```

```
C     192.168.2.0 is directly connected, FastEthernet 0/0
C     192.168.18.0 is directly connected, Serial 2/0
O     192.168.1.0 [110/64] via 192.168.18.1, 00:02:02, Serial 2/0  !OSPF路由表
```

注意事项

（1）在广域网口 DCE 端要配置时钟速率。

（2）OSPF 进程号要相同。

（3）声明网段后，掩码用反掩码。

知识链接

1. 路由协议

路由协议用于路由器动态寻找网络最佳路径，保证所有路由器拥有相同的路由表，一般路由协议决定数据报在网络上的行走路径。这类协议的例子有 OSPF、RIP 等。通过提供共享路由选择信息的机制来支持被动路由协议。路由协议消息在路由器之间传送。路由协议允许路由器与其他路由器通信来修改和维护路由选择表。

可被路由的协议（Routed Protocol）由路由协议传输，前者也称为网络协议。可被路由的协议和路由协议经常被混淆。可被路由的协议在网络中被路由，如 IP、DECnet、AppleTalk、Novell NetWare、OSI。而路由协议是实现路由算法的协议，简单地说，它给网络协议作导向。路由协议有 RIP、IGRP、EIGRP、OSPF、IS-IS、EGP、BGP（边界网关协议，Border Gateway Protocol）等。

典型的路由选择方式有两种：静态路由和动态路由。

2. 静态路由

静态路由是指由网络管理员手工配置的路由信息。当网络的拓扑结构或链路的状态发生变化时，网络管理员需要手工去修改路由表中相关的静态路由信息。静态路由信息在默认的情况下是私有的，不会传递给其他的路由器。当然，网络管理员也可以通过对路由器进行设置使之成为共享的。静态路由一般适用于比较简单的网络环境，在这样的环境中，网络管理员易于清楚地了解网络的拓扑结构，便于设置正确的路由信息。

静态路由除了具有简单、高效、可靠的优点，它的另一个好处是网络安全保密性高。动态路由需要在路由器之间频繁地交换各自的路由表，而对路由表的分析可以揭示网络的拓扑结构和网络地址等信息，因此存在一定的不安全性，而静态路由不存在这样的问题。

大型和复杂的网络环境通常不宜采用静态路由。一方面，网络管理员难以全面地了解整个网络的拓扑结构；另一方面，当网络的拓扑结构和链路状态发生变化时，路由器中的静态路由信息需要大范围地调整，这一工作的难度和复杂程序非常高。

通过配置静态路由，用户可以人为地指定某一网络访问时所要经过的路径，在网络结构比较简单，且一般到达某一网络所经过的路径唯一的情况下，可采用静态路由。图 6-13 所示的是一个适合使用静态路由的实例。

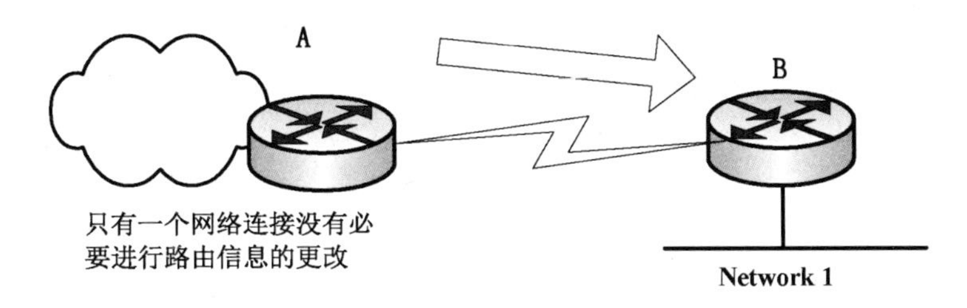

图 6-13　一个适合使用静态路由的实例

假设 Network 1 之外的其他网络访问 Network 1 时必须经过路由器 A 和路由器 B，网络管理员则可以在路由器 A 中设置一条指向路由器 B 的静态路由。这样做的好处是可以减少路由器 A 和路由器 B 之间广域网链路上的数据传输量，因为网络在使用静态路由后，路由器 A 和路由器 B 之间没有必要再进行路由信息交换。

当一个分组（数据报）在路由器中进行寻址时，路由器首先查找静态路由，如果查到，则根据相应的静态路由转发分组；否则再查找动态路由。

3．动态路由

动态路由是指路由器能够自动地建立自己的路由表，并且能够根据实际情况的变化适时地进行调整。动态路由机制的运作依赖路由器的两个基本功能：对路由表的维护、路由器之间适时的路由信息交换。路由器之间的路由信息交换是基于路由协议实现的。路由器信息交换过程如图 6-14 所示。从图中可以直观地看到路由信息交换的过程。交换路由信息的最终目的在于通过路由表找到一条数据交换的“最佳”路径。每一种路由算法都有其衡量“最佳”的一套原则。大多数算法使用一个量化的参数来衡量路径的优劣，一般来说，参数值越小，路径越好。该参数可以通过路径的某一特性进行计算，也可以在综合多个特性的基础上进行计算。几个比较常用的特征：路径所包含的路由器跳数、网络传输费用、带宽、延迟、负载、可靠性和最大传输单元（Maximum Transmission Unit，MTU）。

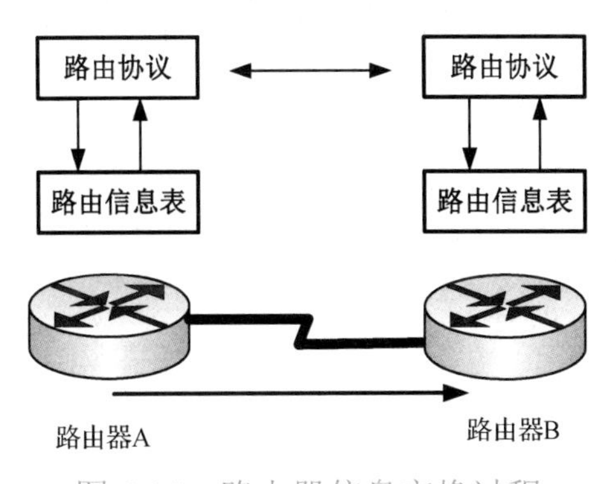

图 6-14　路由器信息交换过程

4．动态路由协议的分类

根据是否在一个自治系统内部使用，路由协议分为内部网关协议（IGP）和外部网关协议（EGP）。动态路由协议的分类如图 6-15 所示。这里的自治系统是指一个在同一公共路由选择策略和公共管理下的网络集合，具有统一管理机构、统一路由策略的网络，如大的公司或学校。小的站点常常是其互联网服务提供商自治系统的一部分。

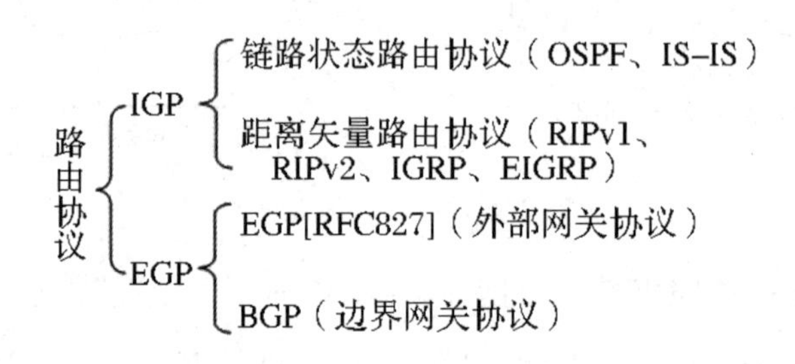

图 6-15　动态路由协议的分类

（1）外部网关协议：在自治系统之间交换路由选择信息的互联网络协议，如 BGP。

一般的企业或学校较少涉及外部网关协议。最常见的外部网关协议是 BGP。

（2）内部网关协议：在自治系统内交换路由选择信息的路由协议，常用的互联网内部网关协议有 RIP、OSPF。

距离矢量路由协议（也称距离向量路由协议）采用距离矢量路由选择算法，它确定到任一网络的方向（向量）与距离，如 RIP、IGRP 等。距离矢量路由协议不适用于有几百个路由器的大型网络或经常更新的网络。在大型网络中，路由表的更新过程可能很长，以至于最远的路由器的选择表不大可能与其他表同步更新。

链路状态路由协议为路由计算重新生成整个网络准备拓扑，如 OSPF 等。链路状态路由选择比距离向量路由选择需要更强的处理能力，但它可以为路由选择过程提供更多的控制，变化响应更快。路由选择可以基于避开拥塞区、线路的速率、线路的费用或各种优先级别。

任务四　实现访问列表控制 IP 通信

一　标准 ACL 的配置

任务引入

网络安全问题一直是社会关注的重点，给人们带来许多苦恼，然而在网络攻防的不断博弈中，其也促进了网络技术的迅速发展，可谓“魔高一尺，道高一丈”。关于网络安全，我们应清晰地明白什么事可为、什么事不可为，守住安全的底线，并通过提高自身的技术水平为网络安全贡献一份力量。

假设你是一个公司的网络管理员，公司的经理部、财务部门和销售部门分属不同的三个网段，三部门之间用路由器进行信息传递。为了安全起见，公司领导对你的工作提出了如下要求：销售部门不能对财务部门进行访问，但经理部可以对财务部门进行访问。标准 IP 访问列表实例如图 6-16 所示。

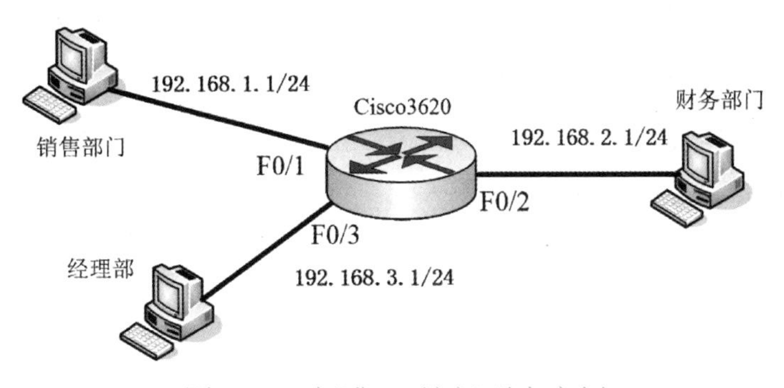

图 6-16　标准 IP 访问列表实例

任务分析

对于路由器需要转发的数据报，先获取其报头信息，然后和设定的规则进行比较，根据比较的结果对数据报进行转发或者丢弃。而实现包过滤的核心技术是 ACL。ACL 是一系列运用到网络地址或者上层协议上的允许或拒绝指令的集合。

1. ACL 的类型

ACL 的类型主要分为 IP 标准访问控制列表（Stand ard IP ACL）和 IP 扩展访问控制列表（Extended IP ACL）：主要的动作为允许和拒绝。ACL 应用的方法如图 6-17 所示。主要的应用方法是入栈应用和出栈应用。

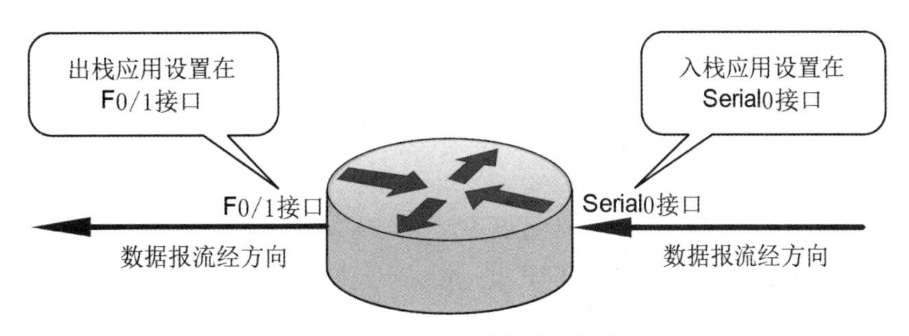

图 6-17　ACL 应用的方法

2. IP 标准访问控制列表

标准访问控制列表是基本 IP 数据报中的源 IP 地址进行控制的访问控制列表。标准访问控制列表如图 6-18 所示。

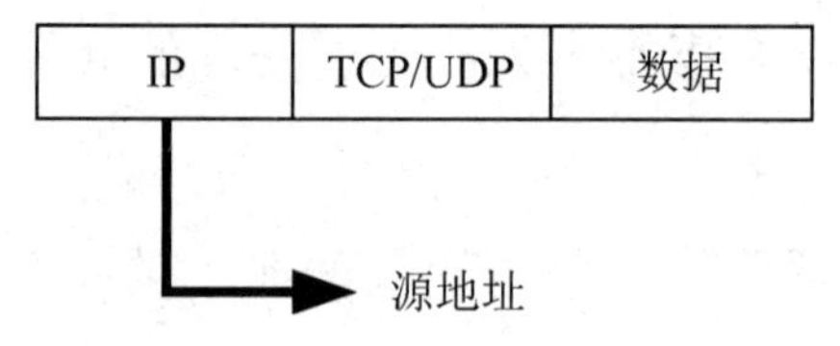

图 6-18 标准访问控制列表

所有的 ACL 都是在全局配置模式下生成的。IP 标准访问控制列表的格式如下：

```
Access-list listnumber {permit |deny } address {wildcard-mask}
```

其中，listnumber 是规则序号，IP 标准访问控制列表的规则序号范围是 1~99；permit 和 deny 表示允许或禁止满足该规则的数据报通过；address 是源地址 IP；wildcard-mask 是源地址 IP 的通配比较位，也称反掩码。例如，

```
(config)#access-list 1 permit 172.16.0.0  0.0.255.255
(config)#access-list 1 deny 0.0.0.0 255.255.255.255
```

（1）使用通配符 any

使用二进制通配掩码很不方便，某些通配掩码可以用缩写形式替代。这些缩写形式减少了在配置地址检查条件时的输入量。

假如任何目标地址都被允许，为了检查任何地址，需要输入 0.0.0.0。要使 ACL 忽略任意值，反掩码为 255.255.255.255。可以使用如下缩写形式，来指定相同的测试条件。

```
(config)# access-list 1 permit 0.0.0.0 255.255.255.255
```

等价于

```
(config)# access-list 1 permit any
```

（2）使用通配符 host

当想要与整个 IP 主机地址的所有位相匹配时，相应的反掩码位全为 0（也就是 0.0.0.0）。可以使用如下缩写形式，来指定相同的测试条件。

```
(config)# access-list 1 permit 172.16.9.36 0.0.0.0
```

等价于

```
(config)# access-list 1 permit host 172.16.9.36
```

操作步骤

（1）配置三个不同网段的主机。

设置网段 192.168.1.0 一主机的 IP 地址、子网掩码和网关分别为 192.168.1.11、255.255.255.0 和 192.168.1.1。

设置网段 192.168.2.0 一主机的 IP 地址、子网掩码和网关分别为 192.168.2.22、255.255.255.0 和 192.168.2.1。

设置网段 192.168.3.0 一主机的 IP 地址、子网掩码和网关分别为 192.168.3.33、255.255.255.0 和 192.168.3.1

（2）对路由器进行基本配置。

```
Router#configure terminal
Router(config)#hostname R1
R1(config)#interface fastEthernet 0/1
R1(config-if)#ip address 192.168.1.1 255.255.255.0
R1(config-if)#no shutdown
R1(config-if)#exit
R1(config)#interface fastEthernet 0/2
R1(config-if)#ip address 192.168.2.1 255.255.255.0
R1(config-if)#no shutdown
R1(config-if)#exit
R1(config)#interface fastEthernet 0/3
R1(config-if)#ip address 192.168.3.1 255.255.255.0
R1(config-if)#no shutdown
R1(config-if)#end
测试命令：show ip interface brief        ！观察接口状态
R1#show ip interface brief
Interface          IP-Address      OK? Method Status                Protocol
fastEthernet0/0      unassigned      YES unset  administratively down down
fastEthernet0/1      192.168.1.1     YES unset  up                    up
fastEthernet0/2      192.168.2.1     YES unset  up                    up
fastEthernet0/3      192.168.3.1     YES unset  up                    up
```

（3）配置 IP 标准访问控制列表。

```
R1(config)#access-list 1 deny 192.168.1.0 0.0.0.255    ！拒绝来自 192.168.1.0 网段的流量通过
R1(config)#access-list 1 permit 192.168.3.0 0.0.0.255 ！允许来自 192.168.3.0 网段的流量通过
```

验证测试：

```
R1#show access-lists 1
Standard IP access list 1
    1 deny   192.168.1.0 0.0.0.255 (5 matches)
1 permit 192.168.3.0 0.0.0.255 (5 matches)
```

（4）把 ACL 在接口下应用。

```
R1#conf t
R1(config)#interface fastEthernet 0/2
R1(config-if)#ip access-group 1 out  ！在接口下 ACL 出栈流量调用
```

验证测试：

```
R1#show ip access-lists 1
```

用 ping 测试，192.168.1.0 网段的主机不能 ping 通 192.168.2.0 网段的主机；192.168.3.0 网段的主机能 ping 通 192.168.2.0 网段的主机和 192.168.1.0 网段的主机。

注意事项

（1）注意 ACL 的网络掩码是反掩码。

（2）标准 ACL 要应用在尽量靠近目的地址的接口。

（3）注意标准 ACL 的编号是 1 ～ 99。

（4）执行 R1#show running-config 命令，可查看路由器的配置。

二 扩展 ACL 的配置

任务引入

某学校规定教师（在教工宿舍）可以访问教工之家的 WWW 服务器，（在学生宿舍）学生不能访问教工之家的 WWW 服务器，学校规定学生所在网段是 172.16.10.0/24，学校服务器所在网段是 172.16.20.0/24，教师所在的网段是 172.16.30.0/24。IP 扩展访问控制列表实例如图 6-19 所示。

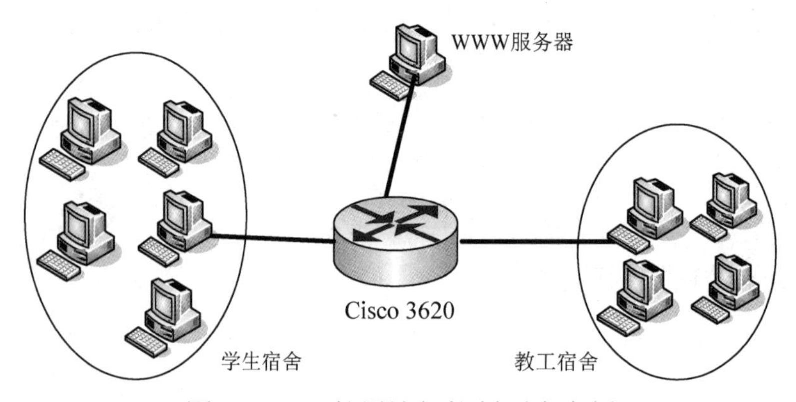

图 6-19　IP 扩展访问控制列表实例

任务分析

扩展 ACL 既可检查分组的源地址和目的地址，也可检查协议类型和 TCP 或 UDP 的端口号。扩展 ACL 如图 6-20 所示。

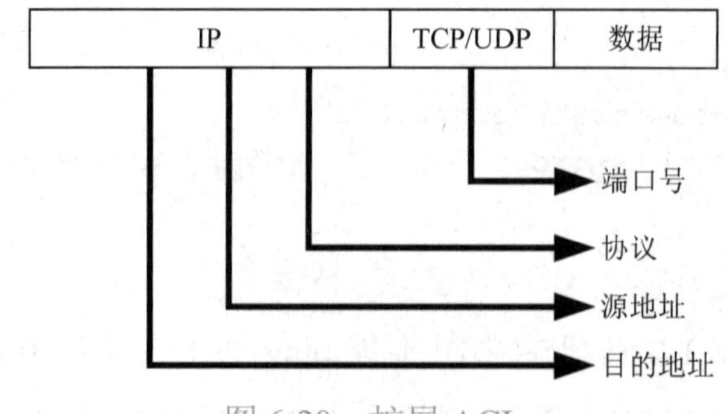

图 6-20　扩展 ACL

IP 扩展访问控制列表也都是在全局配置模式下生成的。IP 扩展访问控制列表的格式如下。

```
    Access-list listnumber {permit |deny } protocol source source-wildcard-mask destination destination-wildcard-mask [operator operand]
```

其中，IP 扩展访问控制列表的规则序号范围是 100~199；protocol 是指定的协议，如

IP、TCP 、UDP 等；destination 是目的地址；destination-wildcard-mask 是目的地址的反掩码；operator operand 用于指定端口的范围，默认为全部端口号 0~65535，只有 TCP 和 UDP 需要指定端口范围。

扩展 ACL 支持的操作符及语法如表 6-1 所示。

表 6-1　扩展 ACL 支持的操作符及语法

操作符及语法	意义
eq portnumber	等于端口号 portnumber
gt portnumber	大于端口号 portnumber
lt portnumber	小于端口号 portnumber
neq portnumber	不等于端口号 portnumber
range portnumber1 portnumber2	介于端口号 portnumber1 和 portnumber2 之间

操作步骤

（1）配置三个不同网段的主机。

设置网段 172.16.10.0 一主机的 IP 地址、子网掩码和网关分别为 172.16.10.11、255.255.255.0 和 172.16.10.1。

设置 WWW 服务器的 IP 地址、子网掩码和网关分别为 172.16.20.22、255.255.255.0 和 192.168.20.1。

设置网段 172.16.30.0 一主机的 IP 地址、子网掩码和网关分别为 172.16.30.33、255.255.255.0 和 172.16.30.1

（2）对路由器进行基本设置。

```
Router>en
Router#conf t
Router(config)#hostname R1
R1(config)#interface fastEthernet 0/1
R1(config-if)#ip address 172.16.10.1 255.255.255.0
R1(config-if)#no shutdown
R1(config-if)#exit
R1(config)#interface fastEthernet 0/2
R1(config-if)#ip address 172.16.20.1 255.255.255.0
R1(config-if)#no shutdown
R1(config-if)#exit
R1(config)#interface fastEthernet 0/3
R1(config-if)#ip address 172.16.30.1 255.255.255.0
R1(config-if)#no shutdown
R1(config-if)#end
```

验证测试：

```
R1#show ip interface brief
Interface           IP-Address      OK? Method Status                   Protocol
fastEthernet0/0         unassigned      YES unset  administratively down down
fastEthernet0/1         172.16.10.1     YES unset  up                       up
fastEthernet0/2         172.16.20.1     YES unset  up                       up
fastEthernet0/3         172.16.30.1     YES unset  up                       up
```

（3）配置 IP 扩展访问控制列表。

```
R1(config)#access-list 101 deny tcp 172.16.10.0 0.0.0.255 172.16.20.0
0.0.0.255 eq www                              ！禁止规定网段对服务器进行 WWW 访问
R1(config)#access-list 101 permit ip any any          ！允许其他流量通过
```

验证测试：

```
R1#show access-lists 101
Extended IP access list 101
   101 deny tcp  172.16.10.0 0.0.0.255 172.16.20.0 0.0.0.255 eq www (1 matches)
   101 permit ip any any (1 matches)
```

（4）把 ACL 在接口下应用。

```
R1(config)#interface fastEthernet 0/1
R1(config-if)#ip access-group 101 in !ACL 在接口下 in 方向应用
R1(config-if)#end
```

注意事项

（1）ACL 要在接口下应用。

（2）扩展访问控制列表尽量放在靠近源地址的端口上。

（3）在所有的 ACL 最后，有一条隐含规则——拒绝所有，所以要注意 deny 某个网段后 permit 其他网段。

（4）在编号 ACL 里要特别注意，删除其中的一个条目，其他的条目也一并删除。

知识链接

1. 命名 ACL

Cisco IOS 软件 11.2 版本中引入了命名 ACL，命名 ACL 允许在标准和扩展中，使用名字代替数字来表示 ACL 编号。使用命名 ACL 有以下好处：第一，通过一个字母数字串组成的名字直观地表示特定的 ACL；第二，不受 99 条标准 ACL 和 100 条扩展 ACL 的限制；第三，使得网络管理员可以方便地对 ACL 进行修改而无须删除 ACL 之后再对其进行重新配置。

使用 ip access-list 命令可创建命名 ACL，语法格式如下。

```
ip access-list{extend|standard} name
```

在配置模式下执行上述命令可进入 ACL 配置模式：Router(config-std-nacl)# 或 Router（config-ext-nacl）#。

在 ACL 配置模式下，通过指定一个或多个允许及拒绝条件，来决定一个分组是允许通过还是被丢弃。语法格式如下。

```
Router(config-ext-acl)# {permit |deny } protocol source source-wildcard-mask
[operator [port]] destination destination-wildcard-mask [operator [port]]
```

ACL 配置命令中，permit 或 deny 操作符用于通知路由器当一个分组满足某一 ACL 语句时应执行转发操作还是丢弃操作。

2．实例：演示应用一个命名 ACL

```
Rt(config)#ip access-list extended server-access !创建命名ACL
Rt(config-ext-nacl)#permit tcp any host 172.16.8.66 eq smtp  !smtp也可写为25
Rt(config-ext-nacl)#permit tcp any host 172.16.8.66 eq domain !domain也可写为53
Rt(config-ext-nacl)#permit ip any any
Rt(config-ext-nacl)#^z
```

命令 ACL 的应用如下。

```
Rt(config)#interface fastethernet 0/0
Rt(config-if)#ip access-group server-access out
Rt(config-if)#end
```

在本实例中，一个被命名为 server-access 的 ACL 被应用到接口 f 0/0，该 ACL 只允许用户访问 E-mail 和 DNS 服务器，而其他请示将被拒绝。

3．实例：删除或新增命名 ACL 语句

```
Router#configure terminal
Router(config)# ip access-list extended network-test
Router(config-ext-nacl)#permit ip host 2.2.2.2 host 3.3.3.3
Router(config-ext-nacl)#permit tcp host 1.1.1.1 host 5.5.5.5 eq www
Router(config-ext-nacl)#permit icmp any any
Router(config-ext-nacl)#permit udp host 6.6.6.6 10.10.10.0 0.0.0.255 eq domain
Router(config-ext-nacl)#end
Router#show access-list
Extended ip access list network-test
   permit ip host 2.2.2.2 host 3.3.3.3
   permit tcp host 1.1.1.1 host 5.5.5.5 eq www
       permit icmp any any
       permit udp host 6.6.6.6 10.10.10.0 0.0.0.255 eq domain

Router#configure terminal
Router(config)# ip access-list extended network-test
Router(config-ext-nacl)#no permit icmp any any
Router(config-ext-nacl)#permit ip host 4.4.4.4 host 8.8.8.8
Router(config-ext-nacl)#end
Router#show access-list
Extended ip access list network-test
   permit ip host 2.2.2.2 host 3.3.3.3
   permit tcp host 1.1.1.1 host 5.5.5.5 eq www
       permit udp host 6.6.6.6 10.10.10.0 0.0.0.255 eq domain
   permit ip host 4.4.4.4 host 8.8.8.8
```

在删除或新增命名 ACL 语句实例中，命名 ACL 允许删除任意指定的语句，但新增的语

句只能被放到 ACL 的结尾处。

在实现命名 ACL 之前，需要考虑如下方面。

（1）11.2 版本之前的 Cisco IOS 软件不支持命名 ACL。

（2）不能以同一个名字命名多个 ACL。例如，同时将一个标准 ACL 和扩展 ACL 都命名为 networkbase 是不允许的。

项目总结

本项目主要介绍路由器在网络中的配置方法。路由器的静态路由和缺省路由的配置方法比较简单，但也要重视它们的应用。动态路由协议有不同的分类方法，重点掌握 RIP 基本配置和 OSPF 路由协议基本配置，掌握标准、扩展 ACL 的应用，应注意它们不同的命令格式及不同点。

对路由器的使用关键在于根据网络组建的实际需要，熟练应用不同情况下的配置方法。

实训与练习 6

一、选择题

1．在通过控制端口连接配置路由器时，使用哪种电缆线？________。

A．同轴线　　B．直连线　　C．交叉线　　D．反转线

2．将数据传输到 DCE 的客户设备是________。

A．CPE　　B．DCE　　C．DTE　　D．以上都不是

3．在提示符为 Router（config-if）# 的配置模式下，exit 命令的作用是________。

A．退出当前的接口配置模式

B．到达特权配置模式提示符

C．退出路由器

D．切换到用户 EXEC 提示符

4．以下配置默认路由的命令正确的是________。

A．ip route 0.0.0.0 0.0.0.0 172.16.2.1

B．ip route 0.0.0.0 255.255.255.255 172.16.2.1

C．ip router 0.0.0.0 0.0.0.0 172.16.2.1

D．ip router 0.0.0.0 0.0.0.0 172.16.2.1

5．如果一个内部网络对外的出口只有一个，那么最好配置 ________。

A．主机路由　　B．缺省路由

C．动态路由　　D．以上都不是

6．距离矢量路由协议包括 ________。

A．RIP　　B．BGP　　C．IS-IS　　D．OSPF

7．RIP 的路由项在多长时间内没有更新会变为不可达？________

A．90s　　B．120s　　C．180s　　D．240s

8．对下面所示的路由条目中的各部分叙述正确的是 ________。

```
R    172.16.8.0   [120/4]  via 172.16.7.9,  00:00:23,  Serial0
```

A．R 表示该路由条目的来源是 RIP

B．172.16.8.0 表示目标网段或子网

C．172.16.7.9 表示该路由条目的下一跳地址

D．00:00:23 表示该路由条目的老化时间

9．在 rip 中跳数等于 ________ 为不可达。

A．8　　B．10　　C．15　　D．16

10．支持可变长子网掩码的路由协议有 ________。

A．RIP v1　　B．RIP v2　　C．OSPF　　D．IS-IS

11．OSPF 协议的管理距离是 ________。

A．90　　B．100　　C．110　　D．120

12．如果想知道路由器配置了哪种路由协议，应该使用哪条命令？ ________。

A．Router>show router protocol

B．Router（config）>show ip protocol

C．router（config）#show router protocol

D．router#show ip protocol

13．命令 access-list 1 permit 204.211.19.162 0.0.0.0 可以实现以下哪种功能？ ________。

A．只拒绝本网段地址　　B．允许一个指定的主机

C．只允许本网络通过　　D．以上都不是

14．在访问列表中，有一条规则如下 :access-list 121 permit ip any 192.168.10.0 0.0.0.255 eq ftp，在该规则中，any 的意思是 ________。

A．检查源地址的所有 bit 位

B．检查目的地址的所有 bit 位

C．允许所有的源地址

D．允许 255.255.255.255 0.0.0.0

二、填空题

1．________ 是一种非易失性的内存，其中包含路由器配置文件，其中的内容在系统掉电时不会丢失。

2．Cisco 路由器可配置的 3 种路由为 ________、________ 和 ________。

3．RIP 使用 ________ 度量标准来确定消息传输的最佳路径。

4．子网掩码为 255.255.255.0，则反掩码为 ________。

三、实训题

1．在 Cisco Packet Tracer 中选择一台路由器，用 Show 命令查看路由器的初始化配置。

2．用模拟 Cisco Packet Tracer 练习本项目讲到的实例，如果有条件，可在实际环境中练习。

3．假设校园网通过一台路由器连接到校园外的另一台路由器上，中间穿过的是另一个主网络 10.1.1.0/24，而校园内网和外部网则是主网络 172.16.0.0/16 的两个子网，现要在路由器上做适当配置，全网运行 RIPv2，实现校园网内部主机与校园网外部主机的相互通信。如下图所示，两台路由器用 1 根 V.35 DTE 线缆和 1 根 V.35 DCE 线缆直接连起来。

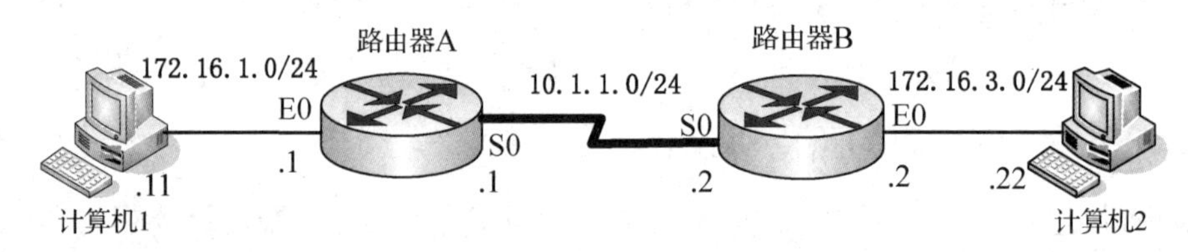

图　RIP V2 配置实训

项目七

网络操作系统 Windows Server 2008 R2 的安装和配置

Windows Server 2008 R2 是专为强化下一代网络、应用程序和 Web 服务的功能而设计的，是迄今最优秀的 Windows Server 操作系统之一。它提供了高度安全的网络基础架构、全新的虚拟化技术及更多的高级功能，在改善 IT 效率的同时提高了灵活性。本项目将介绍 Windows Server 2008 R2 的安装、域构建、网络打印共享与管理、DHCP、Web、DNS、FTP 等方面的应用。

知识目标

- 掌握 Windows Server 2008 R2 的安装
- 掌握 Windows Server 2008 R2 域的构建
- 了解网络打印共享与管理
- 掌握 DHCP、Web、DNS、FTP 服务器的架设

能力目标

- 能利用系统盘安装 Windows Server 2008 R2
- 能构建 Windows Server 2008 R2 域
- 能架设 DHCP、Web、DNS、FTP 服务器

任务一　Windows Server 2008 R2 的安装

任务引入

使用 Windows Server 2008 R2 安装光盘启动计算机，全新安装 Windows Server 2008 R2

网络操作系统。

任务分析

安装 Windows Server 2008 R2，需要一台高性能的基于 X64 架构的计算机、Windows Server 2008 R2 安装光盘及主机自带的驱动光盘。

操作步骤

（1）设置从光盘启动主机。

开机自检时按 Del 键，进入系统 BIOS。把计算机启动方式设置成光驱启动。把 Windows Server 2008 R2 安装光盘放入光驱，重启计算机。

> **提示**
>
> 不同主板的 BIOS 不同，但设置原则都是一样的，都是让系统从光盘启动。

（2）重启计算机后，系统自动从光驱启动，出现“安装 Windows”窗口，选择需要安装的语言，单击“下一步”按钮，如图 7-1 所示。

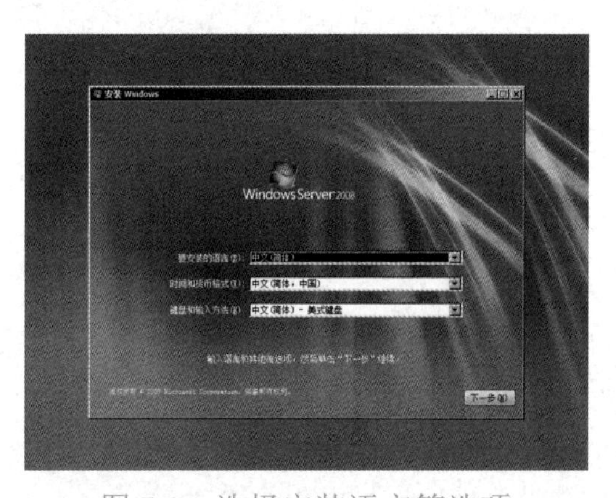

图 7-1　选择安装语言等选项

（3）单击“现在安装”按钮，如图 7-2 所示。

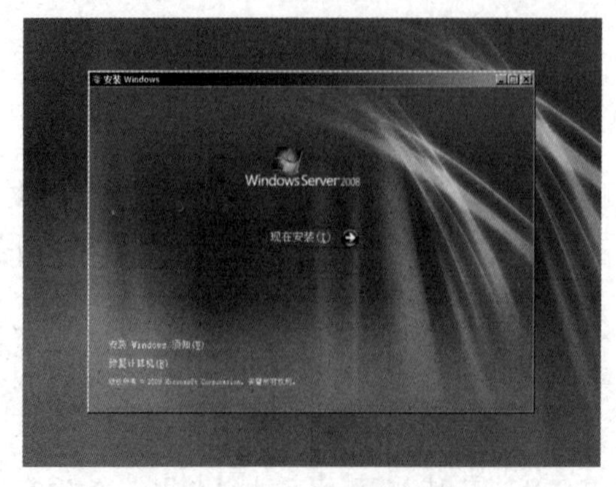

图 7-2　选择现在安装

（4）接下来选择要安装的操作系统版本，选择“Windows Server 2008 R2 Enterprise（完全安装）”选项，单击“下一步”按钮，如图 7-3 所示。

（5）阅读图 7-4 中的许可条款后，选中“我接受许可条款”复选框，单击“下一步”按钮。

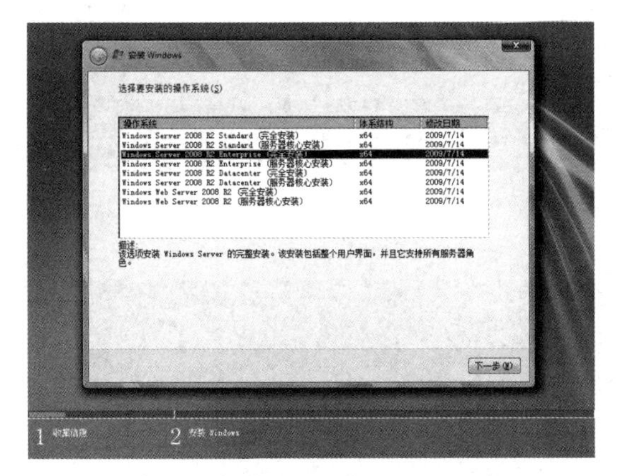

图 7-3　选择要安装的操作系统版本

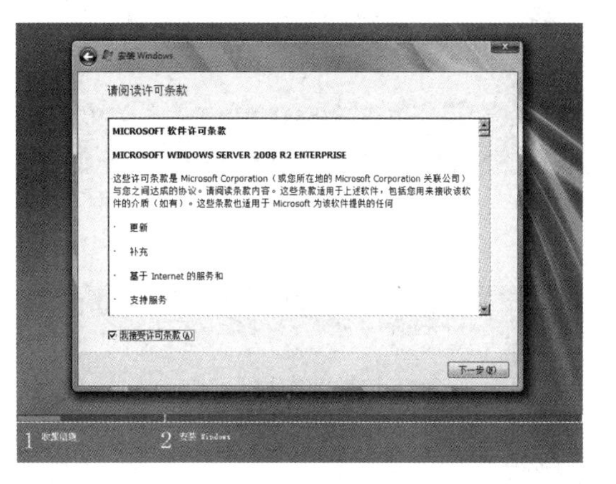

图 7-4　选择接受许可条款

（6）单击“自定义（高级）”选项，如图 7-5 所示，因为是全新安装操作系统，所以此窗口不让运行升级安装。

（7）选择将要安装 Windows Server 2008 R2 的磁盘分区，单击“驱动器选项（高级）”按钮，如图 7-6 所示。

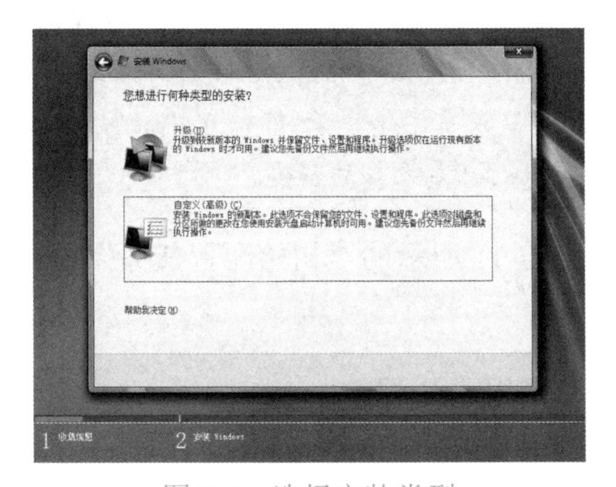

图 7-5　选择安装类型

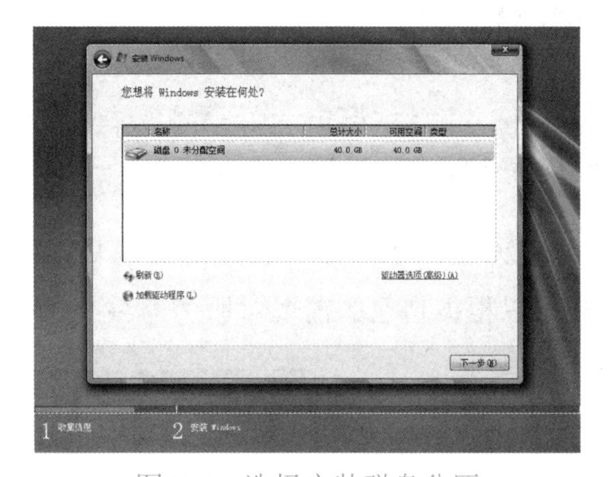

图 7-6　选择安装磁盘分区

（8）单击“新建”按钮，创建磁盘分区，如图 7-7 所示。

（9）单击“格式化”按钮，格式化选中的系统磁盘分区，如图 7-8 所示。

（10）安装程序开始安装 Windows Server 2008 R2，如图 7-9 所示。

（11）安装完成后，计算机将自动重启进入 Windows Server 2008 R2 操作系统。第一次启动 Windows Server 2008 R2 时，以系统管理员账户 Administrator 登录系统，并要求更改 Administrator 的密码。单击“确定”按钮后输入新密码，确认新密码，如图 7-10 所示。

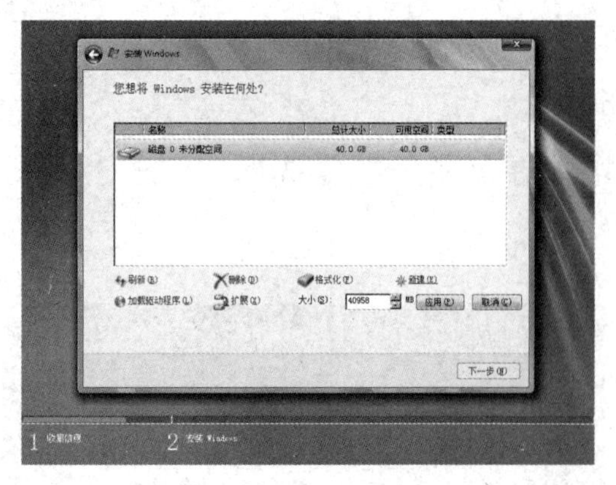

图 7-7　新建磁盘分区

图 7-8　格式化系统磁盘分区

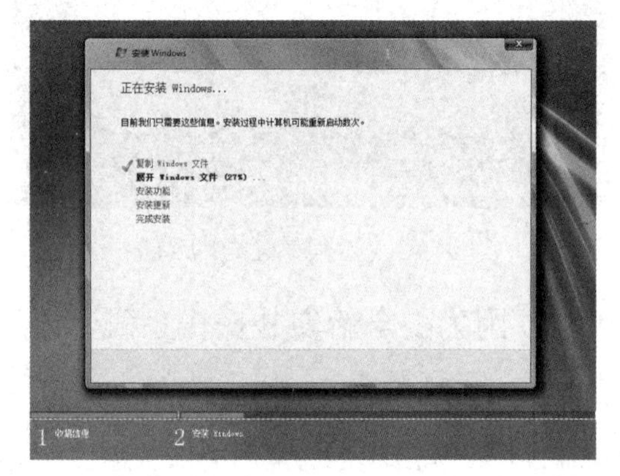

图 7-9　安装 Windows Server 2008 R2

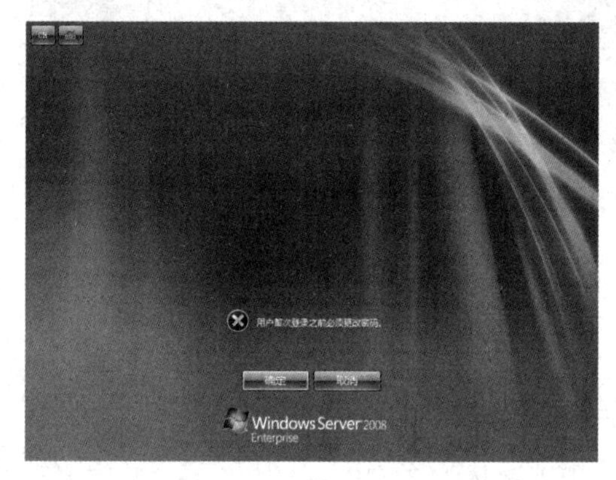

图 7-10　更改登录密码

提示

Windows Server 2008 R2 系统默认的用户密码最少为 6 个字符，且不能包含用户账户名称中超过两个以上的连续字符，还要至少包含大写字母、小写字母、数字、符号（如！、#、$、% 等）4 组字符中的 3 组。例如，Abab12 就是一个有效的密码，而 abcdef 是无效的密码。

（12）输入用户名和新密码登录后，将自动弹出图 7-11 所示的“初始配置任务”窗口，用户可以根据自己的需要对服务器系统进行进一步配置。

图 7-11　初始配置任务

知识链接

1. 国产操作系统

操作系统最重要的部分是操作系统内核，主流的操作系统内核有 Windows NT、Linux、UNIX、类 UNIX 内核等。国产操作系统多为以 Linux 为基础二次开发的操作系统，如深度 Linux、优麒麟、中标麒麟、红旗 Linux、UOS 等。

计算机上的应用程序都是在操作系统的支持之下工作的。操作系统就好像树的根和主干，应用程序就好像树的枝叶，信息就像树木需要的营养成分，营养成分通过树的根和主干传递到树枝和树叶。也就是说，只要计算机联网，谁掌控了操作系统，谁就掌握了这台计算机上所有的操作信息。因此，操作系统关系到国家的信息安全，俄罗斯、德国等国家已经推行在政府部门的计算机中采用本国的操作系统软件。

2. Windows Server 2008 R2 简介

Windows Server 2008 R2 是微软服务器操作系统的新一代版本，功能和特性都基于现有的 Windows Server 2008，并进一步得到了增强和完善，由 Windows Server 2008 R2 基础版、标准版、企业版、数据中心版、Web 版及安腾版等组成。Windows Server 2008 R2 有许多新特性，如提供了新的虚拟化工具，其中有包含动态迁移及动态内存功能的升级版 Hyper-V、远程桌面服务中的 Remote FX、改进的电源管理机制，同时还增加了与 Windows 7 的集成功能等。

3. Windows Server 2008 R2 安装需求

1）CPU 最小速率

Windows Server 2008 R2 只提供 X64 版本，目前主流的处理器都能够支持 64 位。处理器的最小速率为 1.4GHz，基于安腾的版本需要 Intel Itanium 2 处理器。

2）最小内存

最小内存：512 MB；推荐内存：2 GB。

3）安装所需空间

最小空间：10 GB；推荐空间：40 GB。

4. Windows Server 2008 R2 的安装类型

Windows Server 2008 R2 的安装类型有全新安装和升级安装两种。

5. 硬盘的分区方式

执行全新安装时，需要决定硬盘的分区方式。一块硬盘通常分成多个分区，一个主分区和多个扩展分区，每个分区以一个盘符形式表示。安装 Windows Server 2008 R2 操作系统的分区叫引导分区，运行 Windows Server 2008 R2 所需要的文件，通常安装到主分区。

6. 文件系统

Windows Server 2008 R2所支持的文件系统包括NTFS、FAT、FAT32。NTFS安全级别最高，是最佳的配置方式。

任务二　构建 Windows Server 2008 R2 域

一　活动目录的安装

任务引入

通过活动目录（Active Directory，AD）的安装、域用户的创建，学习如何使用Windows Server 2008 R2 的域操作。

任务分析

需要有一台已经安装好 Windows Server 2008 R2 网络操作系统的主机和 Windows 7 客户机，Windows Server 2008 R2 安装光盘及相应的域用户规划方案。

操作步骤

（1）首先进入 Windows Server 2008 R2 主机，设置 IP 地址为 192.168.0.1，子网掩码为 255.255.255.0，DNS 地址为 192.168.0.1。

（2）单击“开始”菜单，在“运行”文本框里输入 dcpromo，单击“确定”按钮，如图 7-12 所示。

（3）随后进入域控制器安装准备阶段，如图 7-13 所示。

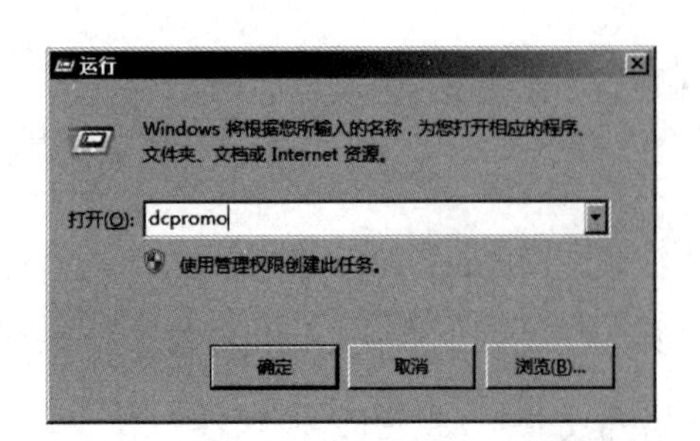

图 7-12　运行 dcpromo

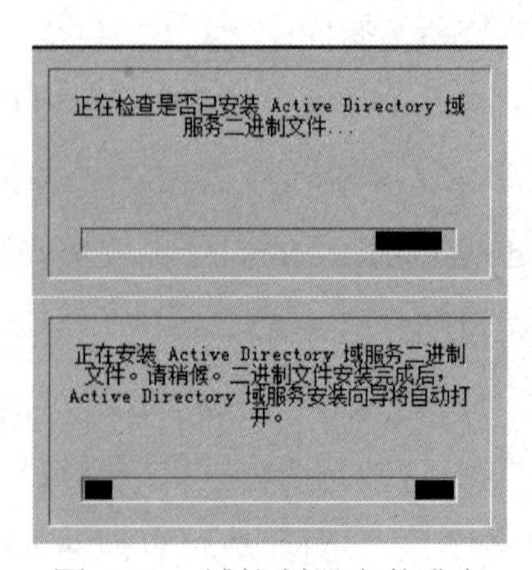

图 7-13　域控制器安装准备

（4）安装准备完成后，进入域服务安装向导，单击“下一步”按钮，如图7-14所示。

（5）在“操作系统兼容性”选区中，单击“下一步”按钮，如图7-15所示。

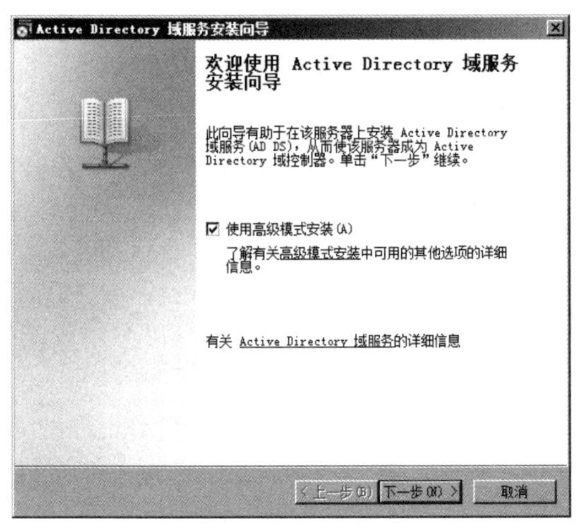
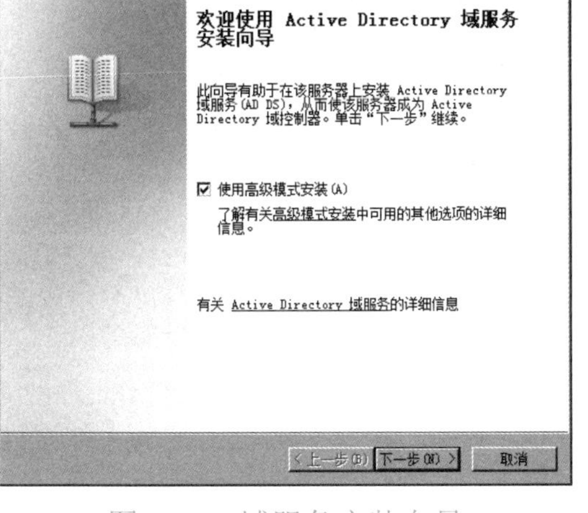

图7-14 域服务安装向导

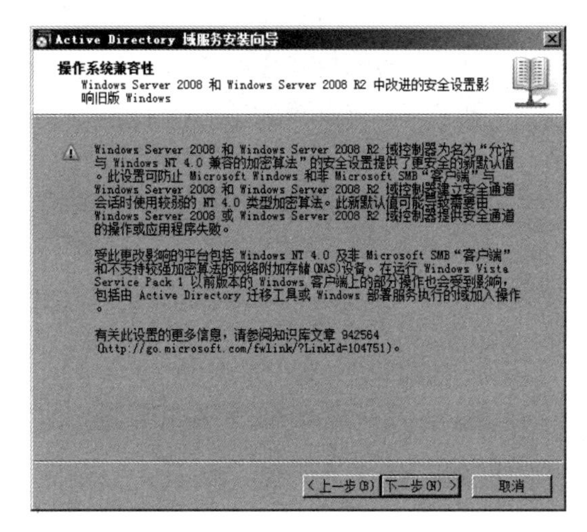

图7-15 操作系统兼容性

（6）在“选择某一部署配置”选区中，选择“在新林中新建域”单选按钮，单击“下一步”按钮，如图7-16所示。

（7）在“命名林根域”选区中，在“目录林根级域的FQDN：”文本框中输入“hazj.net”，单击“下一步”按钮，如图7-17所示。

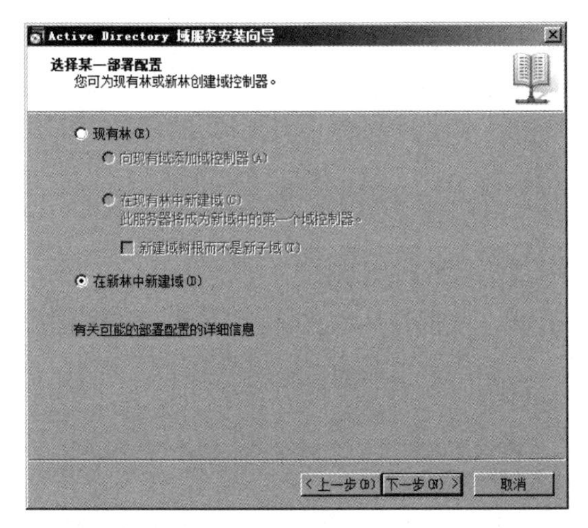

图7-16 在新林中新建域

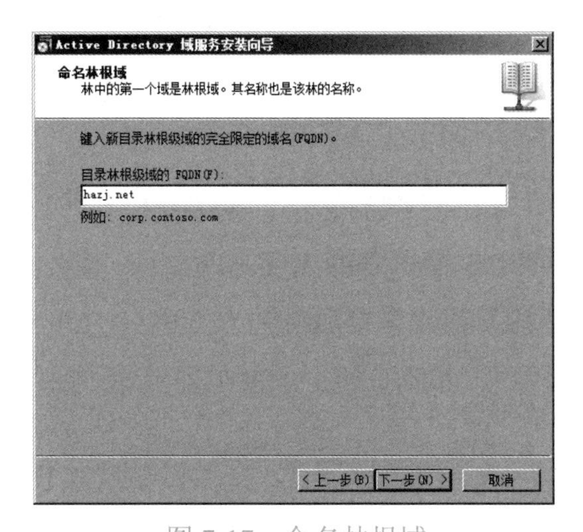

图7-17 命名林根域

（8）在“域NetBIOS名称”选区中，输入域的NetBIOS名称“HAZJ”，然后单击“下一步”按钮，如图7-18所示。

（9）在“设置林功能级别”选区中，选择“Windows Server 2008 R2”选项，然后单击“下一步”按钮，如图7-19所示。

（10）在“其他域控制器选项”选区中，选中“DNS服务器”复选框，然后单击“下一步”按钮，如图7-20所示。

（11）单击“是”按钮，继续安装，如图 7-21 所示。

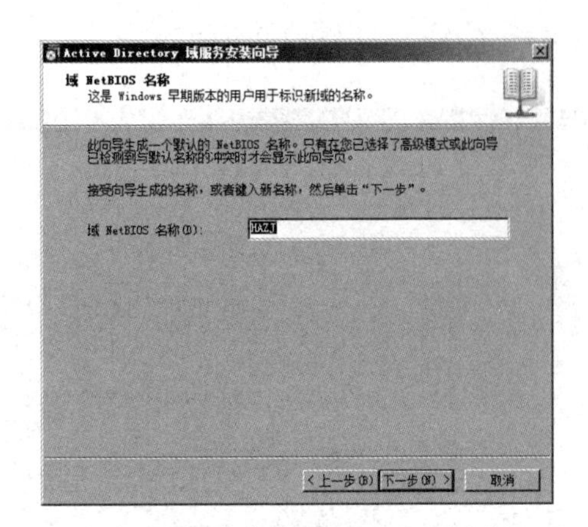

图 7-18　域的 NetBIOS 名称

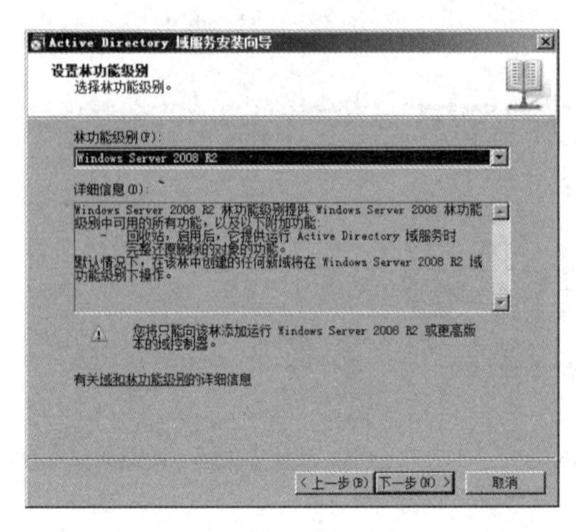

图 7-19　设置林功能级别

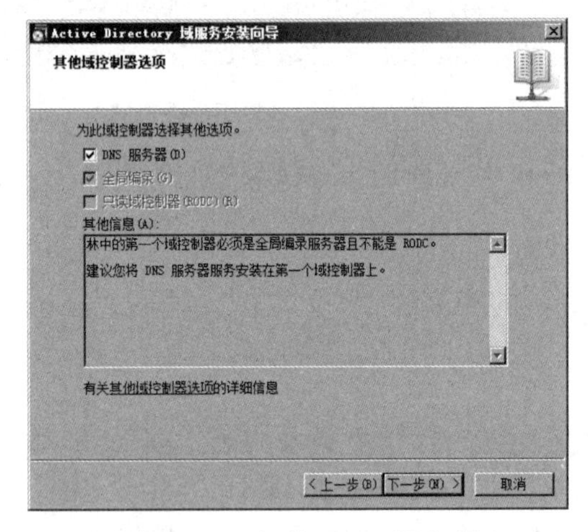

图 7-20　安装 DNS 服务器

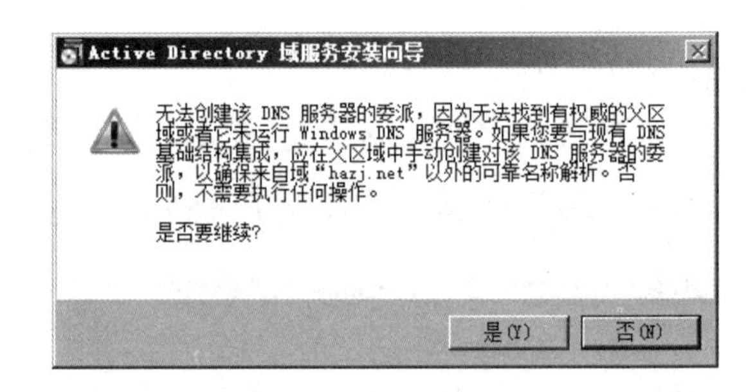

图 7-21　继续安装

（12）在“数据库、日志文件和 SYSVOL 的位置”选区中，指定数据库文件夹、日志文件文件夹和 SYSVOL 文件夹的路径，然后单击“下一步”按钮，如图 7-22 所示。

（13）在“目录服务还原模式的 Administrator 密码”选区中，输入目录服务还原密码，单击“下一步”按钮，如图 7-23 所示。

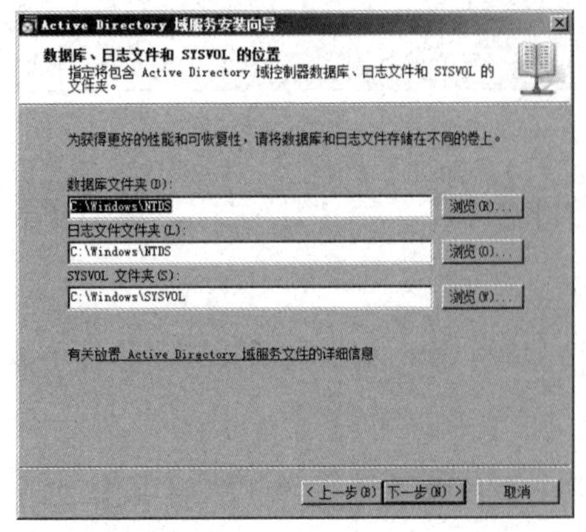

图 7-22　指定文件保存位置

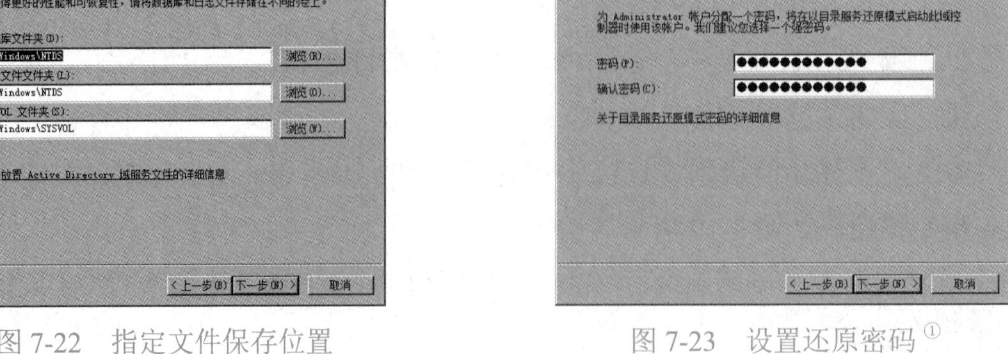

图 7-23　设置还原密码[①]

① 软件截图中的“帐户”的正确写法为“账户”。

（14）在“摘要”窗口中，可以查看以上设置，确定不需要更改后，单击“下一步”按钮。接下来，开始安装 Active Directory，如图 7-24 所示。

（15）安装完成后，在“完成 Active Directory 域服务安装向导”选区中，单击“完成”按钮，如图 7-25 所示。

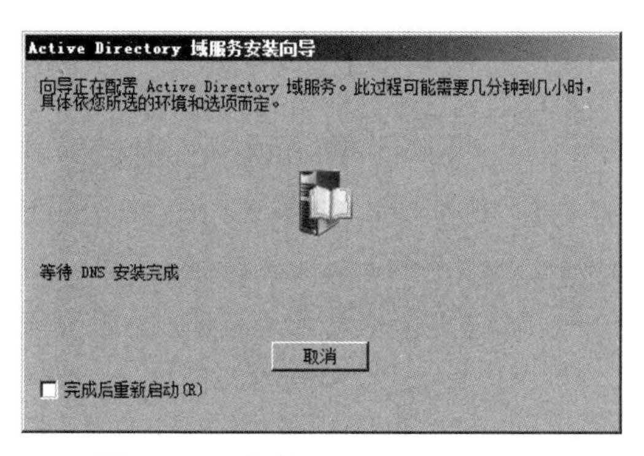

图 7-24　安装 Active Directory

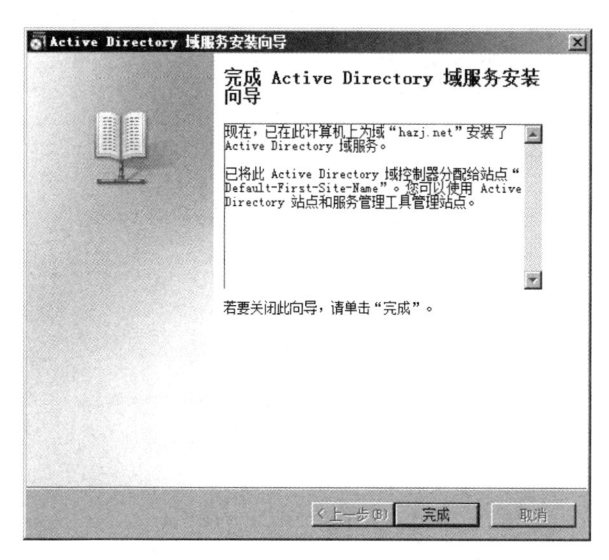

图 7-25　安装完成

（16）升级到域后，系统需要重新启动，在弹出的对话框中，单击“立即重新启动”按钮，重新启动计算机，如图 7-26 所示。

（17）从“开始”→“管理工具”选项进入“Active Directory 用户和计算机”窗口，右击“Users”选项，在弹出的菜单中选择“新建”→“用户”，创建用户，如图 7-27 所示。

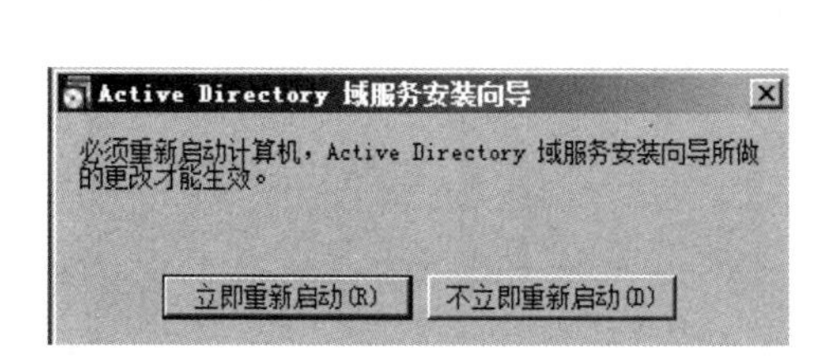

图 7-26　重新启动计算机

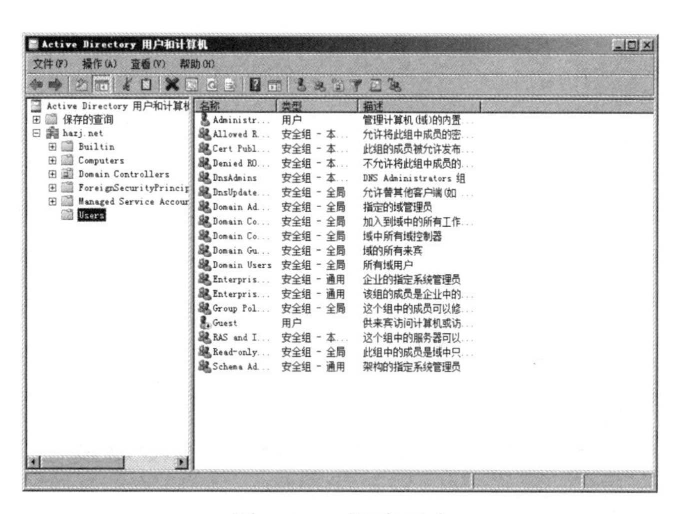

图 7-27　新建用户

（18）创建姓名为“wx”的用户，单击“下一步”按钮，如图 7-28 所示。

（19）随后，设置 wx 用户的密码为“Admin123”（A 用大写），并且选中“用户下次登录时须更改密码”复选框，然后单击“下一步”按钮，如图 7-29 所示。

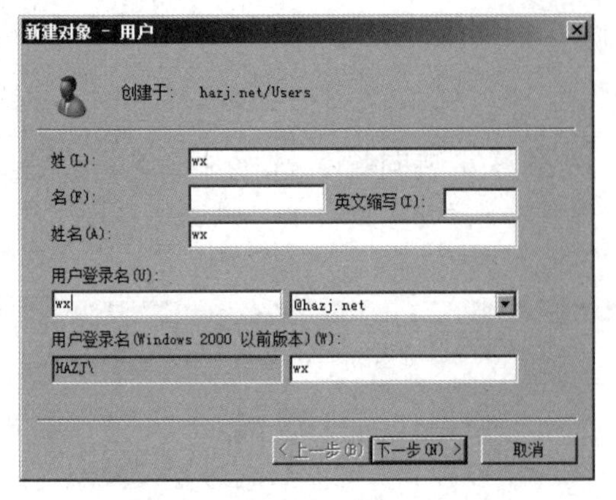

图 7-28　创建用户 wx

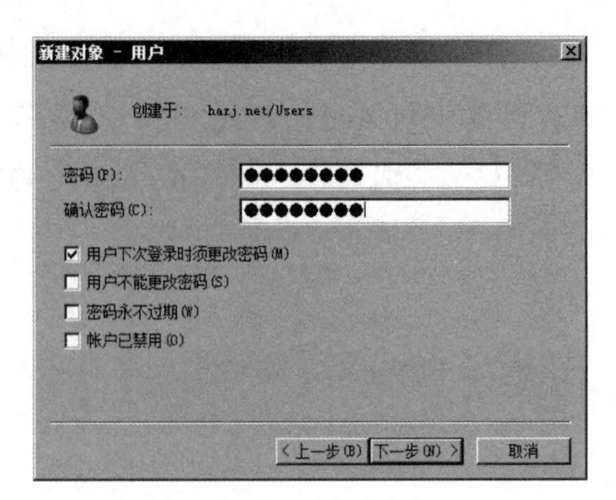

图 7-29　设置用户密码

（20）创建完成后，单击“完成”按钮，如图 7-30 所示。

（21）最后可以看到新创建的 wx 用户，如图 7-31 所示。

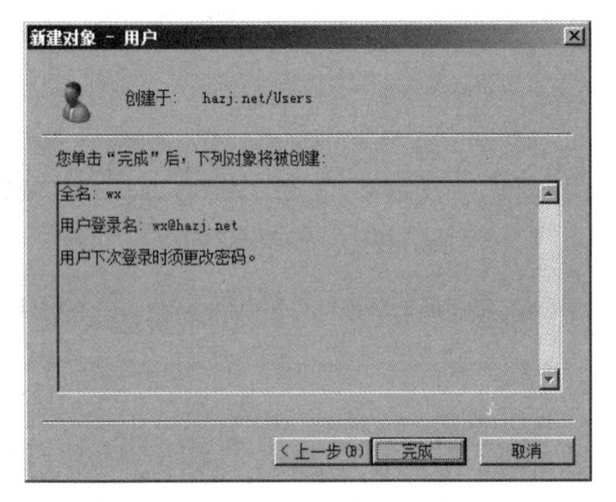

图 7-30　创建用户完成

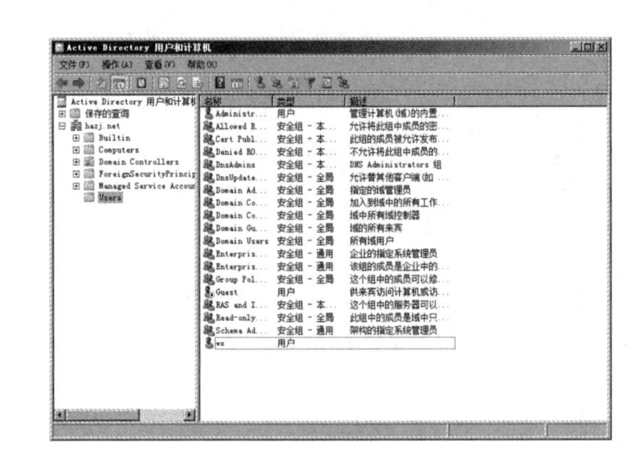

图 7-31　已创建的 wx 用户

二　Windows 7 客户机登录到活动目录域

任务引入

活动目录安装后，Windows 7 客户机登录到活动目录域，构建基于域的局域网。

任务分析

需要一台已经安装好 Windows Server 2008 R2 活动目录域的主机、Windows 7 客户机及相应的域用户设置。

操作步骤

（1）首先以本地管理员账号（Administrator）进入 Windows 7 客户机，设置 IP 地址为 192.168.0.2，子网掩码为 255.255.255.0，DNS 地址为 192.168.0.1。

（2）右击“计算机”选项，进入“系统属性”对话框，在“计算机名”选项卡内，单击“更改”按钮，如图 7-32 所示。

（3）在“计算机名 / 域更改”对话框中，选择“域”单选按钮，并在文本框中输入“hazj.net”，然后单击“确定”按钮，如图 7-33 所示。

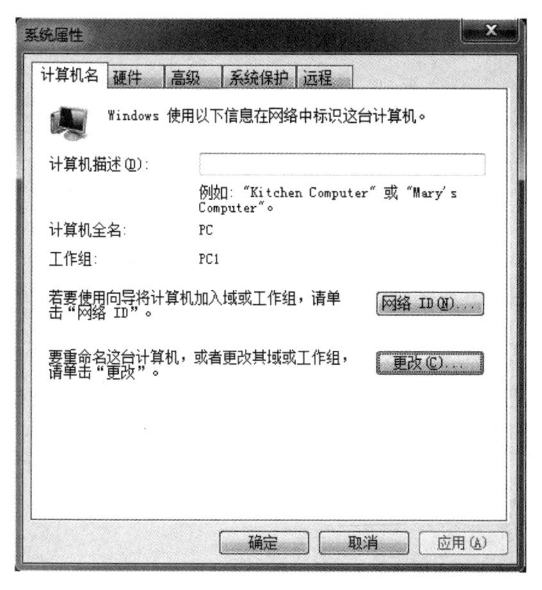

图 7-32　“计算机名”选项卡

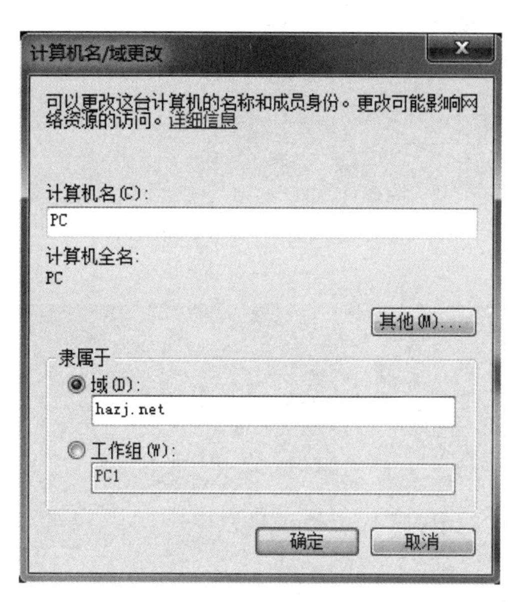

图 7-33　输入域名

（4）在弹出的对话框中，输入服务器管理员用户名和密码，单击“确定”按钮，如图 7-34 所示。加入域成功后，会弹出提示对话框，单击“确定”按钮，如图 7-35 所示。要想使更改生效，还要重新启动计算机，在图 7-36 所示的对话框中单击“确定”按钮。

图 7-34　加入域

图 7-35　加入域成功

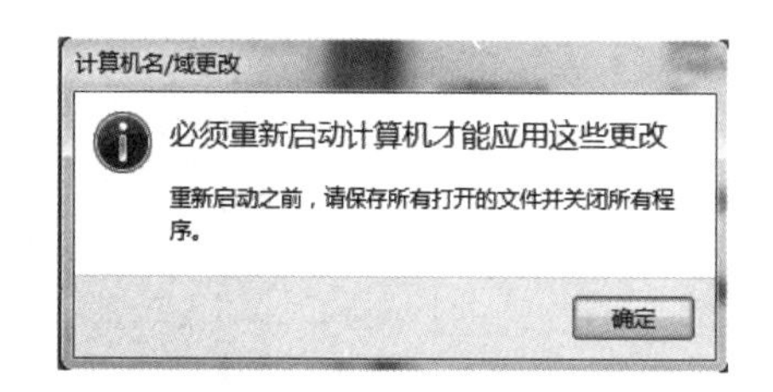

图 7-36　重启使设置生效

（5）重新启动计算机后进入用户界面，如图 7-37 所示。单击“其他用户”按钮，以域用户“wx”身份登录到域，如图 7-38 所示。

（6）由于前面选择了“用户下次登录时须更改密码”，所以会提示“用户首次登录之前必须更改密码。”，单击“确定”按钮，如图 7-39 所示。

（7）修改密码后，单击右侧箭头按钮，如图 7-40 所示。然后会提示“您的密码已更改。”，如图 7-41 所示。

图 7-37　用户界面

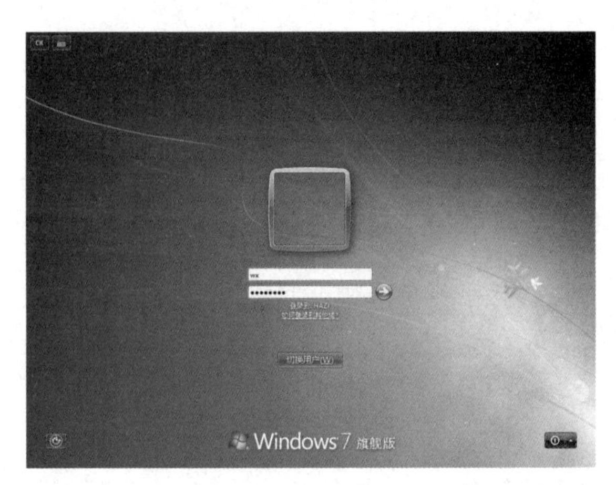

图 7-38　以域用户 wx 登录

图 7-39　更改密码提示

图 7-40　更改密码

图 7-41　密码更改成功

提示

在计算机加入 Active Directory 后，一般不要给网络用户（如“wx”）本地管理员权限，这是为了安全和方便管理。

知识链接

1. 域

域是一种管理边界，用于一组计算机共享公用的安全数据库，域实际上就是一组服务器和工作站的集合。理解 Windows Server 2008 R2 域与活动目录服务之间的交互及依赖关系是极其重要的。域的特点如下。

（1）用户的验证和资源管理是由每一台计算机完成的。

（2）在域中只用一个目录数据库存放所有用户账号，这个数据库就是活动目录数据库。

（3）域是可扩展的，可以支持少量的计算机，也可以支持大量的计算机。

2. 域控制器

域中的计算机分为三种，即域控制器、成员服务器和工作站。安装 Windows Server 2008 R2 且启用了活动目录服务的计算机称为域控制器。安装 Windows Server 2008 R2 但不启用活动目录服务的计算机称为成员服务器，它可以提供文件服务等服务，并接受域控制器管理。安装 Windows XP Professional、Windows Vista 或安装 Windows 7 的计算机加入域后称为工作站，接受域控制器管理，当然也可以用本地账号登录工作站，但不能访问域内资源。

3. 活动目录

活动目录是一种动态的服务，可将与某用户名相关的电子邮件账号、出生日期、电话等信息存储在不同的计算机上。Microsoft 的活动目录用于实现 Windows Server 的目录服务，涉及可以将哪些信息存储在数据库中，存储的方式是什么，如何查询特定的信息及如何对结果进行处理等内容。

任务三　服务器应用环境设置

一　网络打印共享与管理

任务引入

设置打印机的共享服务，并在客户机上添加网络打印机。

任务分析

将本地打印机共享给其他网络用户使用。当本地打印机不再需要共享时，可以将该打印机取消共享。通过设置，可以共享网络中已进行共享设置的打印机。

操作步骤

1．设置打印机共享

（1）在 Windows Server 2008 R2 中，选择“开始”→“控制面板”→“硬件”→“设备和打印机”菜单命令，打开“设备和打印机”窗口，如图 7-42 所示。

（2）右击需要共享的打印机，打开快捷菜单，选择“打印机属性”选项，如图 7-43 所示。

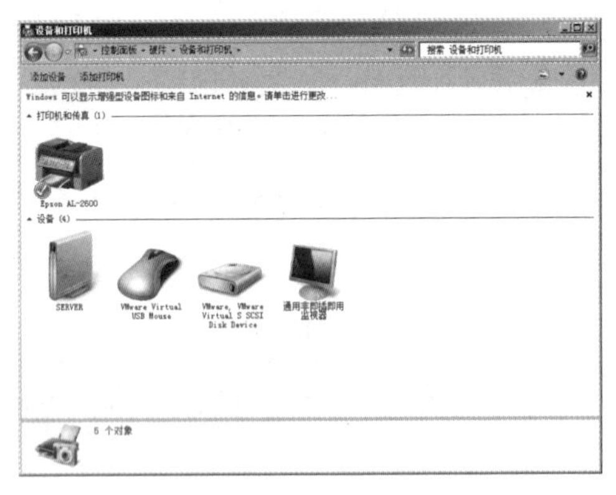

图 7-42 “设备和打印机”窗口

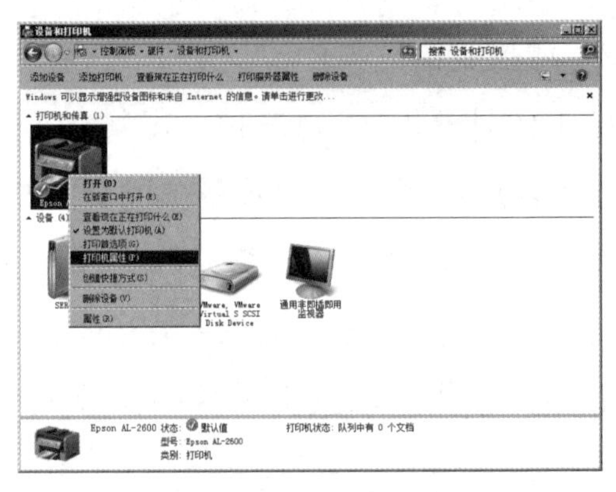

图 7-43 打印机属性

（3）在打开的打印机属性对话框的“共享”选项卡中，选中“共享这台打印机”复选框，并输入共享时该打印机的名称。建议选中“列入目录”复选框，以便将该打印机发布到 Active Directory，让域用户可以通过 Active Directory 来找到这台打印机，如图 7-44 所示。

（4）单击图 7-44 中的“其他驱动程序”按钮，在弹出的对话框中，根据用户计算机情况进行选择，以便用户计算机可以直接从打印机服务器下载打印机驱动程序，如图 7-45 所示。

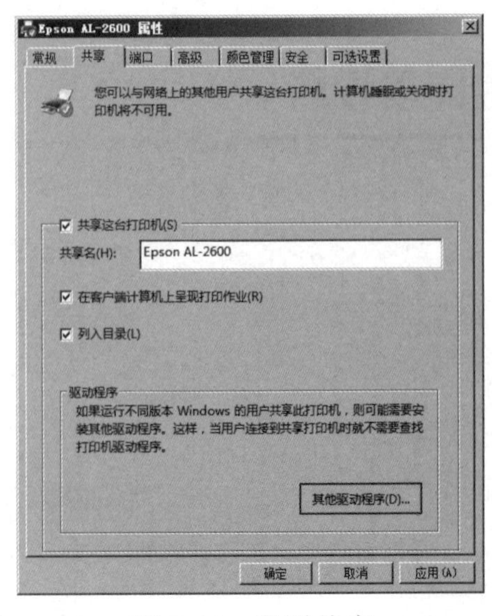

图 7-44 设置共享

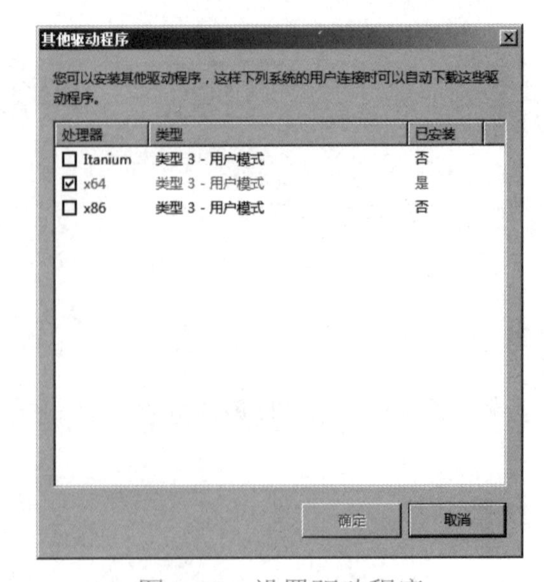

图 7-45 设置驱动程序

（5）在“安全”选项卡中可以看出，每一个用户都可以通过网络使用此打印机打印，如图 7-46 所示。当然，也可以添加其他用户，并设置相应的权限，实现指定用户的共享打印。

（6）单击“确定”按钮，则该打印机就可以作为网络打印机共享给其他网络用户使用了，此时在“设备和打印机”窗口可见打印机状态为共享状态，如图 7-47 所示。

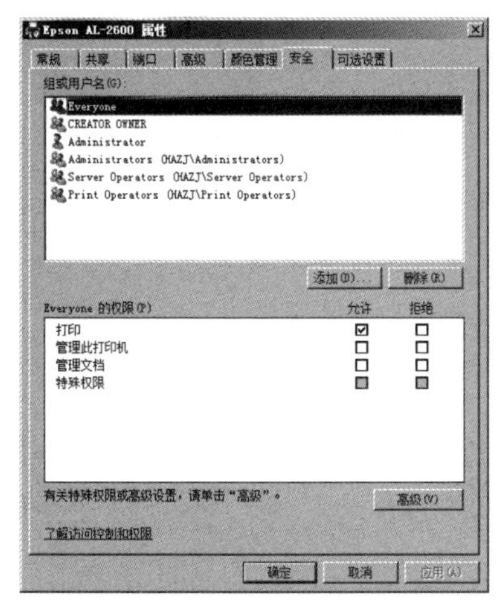

图 7-46　设置打印权限

图 7-47　打印机状态

2. 取消打印机共享

右击共享打印机，在弹出的快捷菜单中选择“共享”选项。出现该打印机的属性对话框时，选择“不共享这台打印机”选项，则取消了打印机共享。

3. 添加网络打印机

（1）在 Windows 7 中，选择“开始”→“控制面板”→“硬件和声音”→“设备和打印机”菜单命令，打开“设备和打印机”窗口，如图 7-48 所示。

（2）在图 7-48 中单击“添加打印机”按钮，出现“要安装什么类型的打印机？”对话框，选择“添加网络、无线或 Bluetooth 打印机”选项，单击“下一步”按钮，如图 7-49 所示。

图 7-48　“设备和打印机”窗口

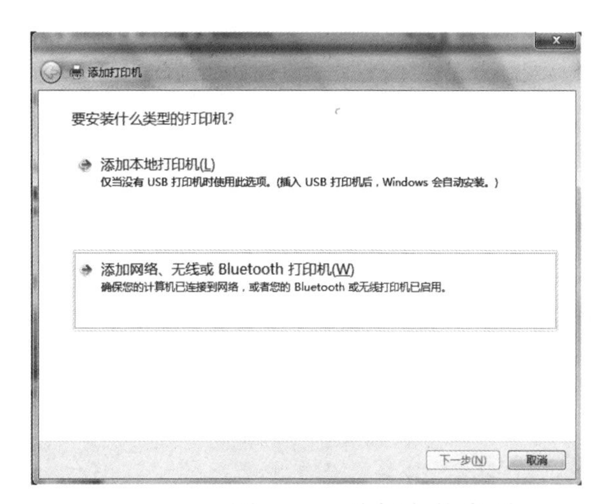

图 7-49　选择安装类型

（3）计算机会自动搜索网络中可用的打印机，选择搜索到的打印机，再单击“下一步”按钮，如图7-50所示。

（4）计算机连接到打印机服务器，并下载驱动程序，安装打印机，然后显示成功添加打印机，单击“下一步”按钮，如图7-51所示。

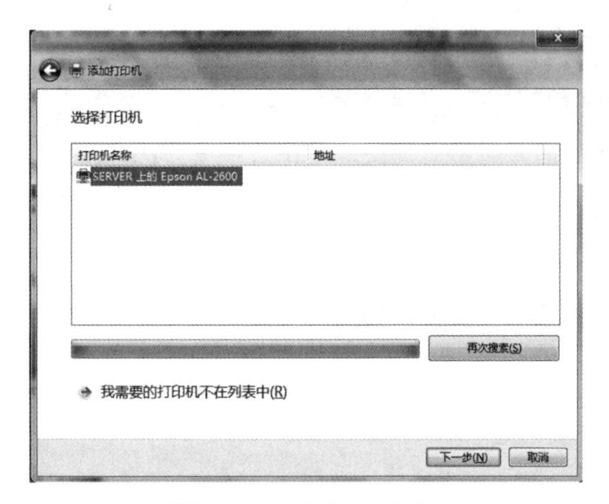

图7-50　选择打印机

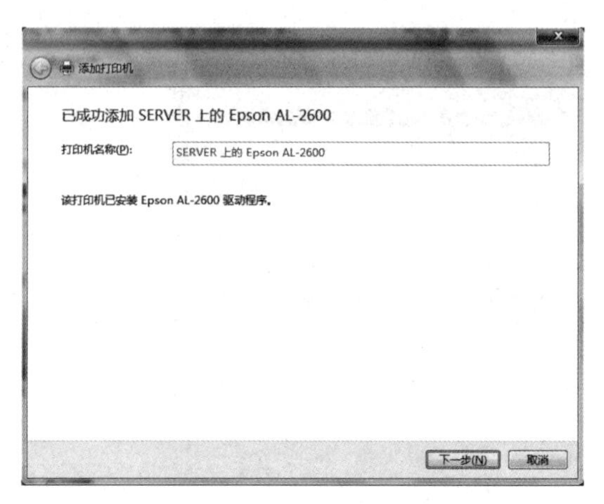

图7-51　成功添加打印机

（5）设置添加的打印机为默认打印机，单击“完成”按钮，如图7-52所示。最后在“设备和打印机”窗口里显示成功添加了打印机，如图7-53所示。

图7-52　设置默认打印机

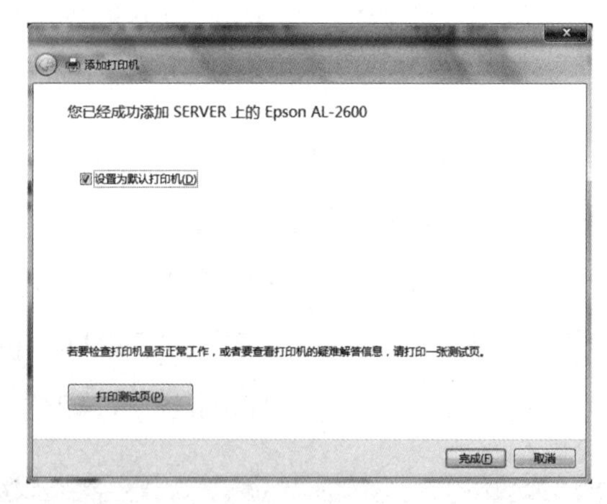

图7-53　显示成功添加了打印机

二　架设DHCP服务器

任务引入

架设并使用DHCP服务器。

任务分析

在服务器上安装和配置DHCP服务，实现在网络中管理IP地址的动态分配及启用

DHCP 客户机的其他相关配置信息。

操作步骤

（1）选择“开始”→“服务器管理器”菜单命令，打开“服务器管理器”窗口，单击“角色”选项下的“添加角色”选项，如图 7-54 所示。

（2）在出现的“添加角色向导”对话框里选择“服务器角色”选项，选中“DHCP 服务器”复选框，单击“下一步”按钮，安装 DHCP 服务器，如图 7-55 所示。

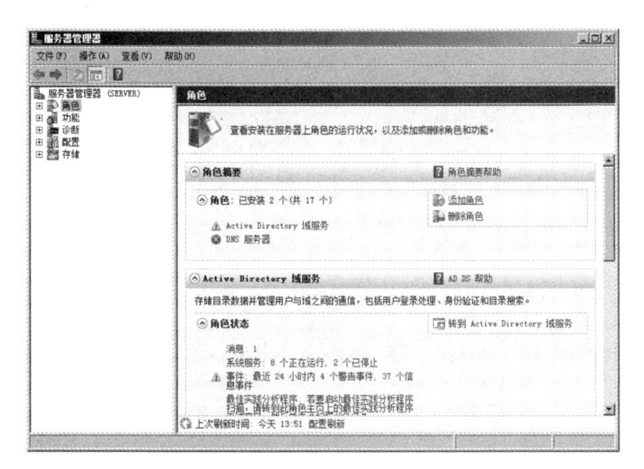

图 7-54　添加角色

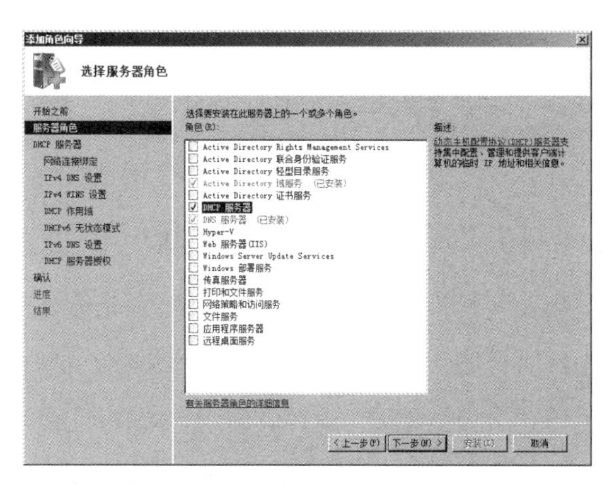

图 7-55　安装 DHCP 服务器

（3）安装程序会自动检测与显示这台计算机中采用静态 IP 地址设置的网络连接，在“网络连接绑定”选项中选择要提供 DHCP 服务的网络连接，单击“下一步”按钮，如图 7-56 所示。

（4）在“IPv4 DNS 设置”选项中将“父域：”设置为“hazj.net”，“首选 DNS 服务器 IPv4 地址：”设置为“192.168.0.1”，可通过单击“验证”按钮来确认该 DNS 服务器确实存在。最后单击“下一步”按钮，如图 7-57 所示。

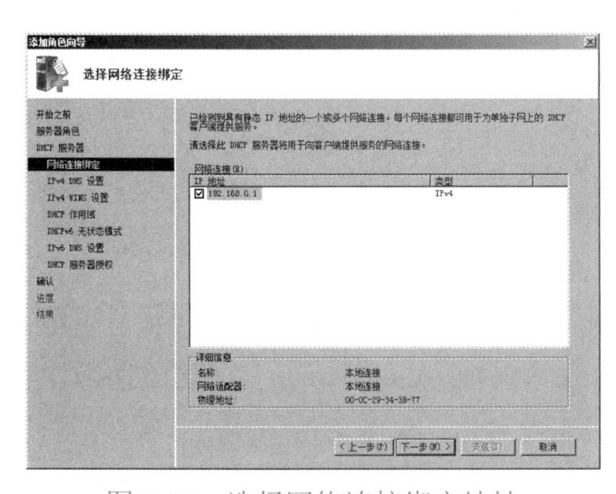

图 7-56　选择网络连接绑定地址

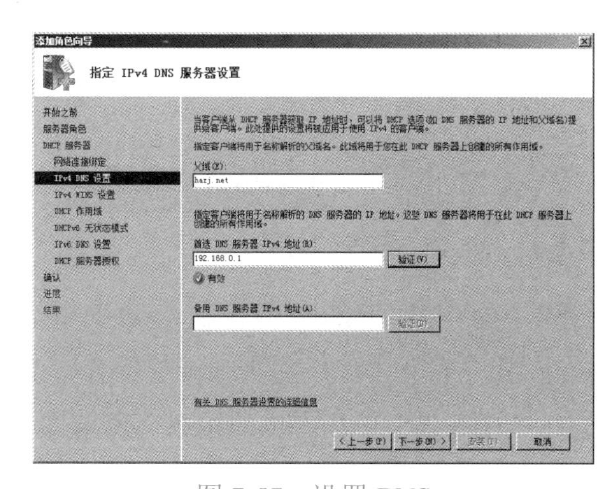

图 7-57　设置 DNS

（5）在“IPv4 WINS 设置”选项中选择“此网络上的应用程序需要 WINS”单选按钮，设置“首选 WINS 服务器 IP 地址：”为“192.168.0.1”，单击“下一步”按钮，如图 7-58 所示。

（6）在“DHCP 作用域”选项中设置可以出租给客户端的 IP 地址范围，单击“添加 ...”按钮，如图 7-59 所示。

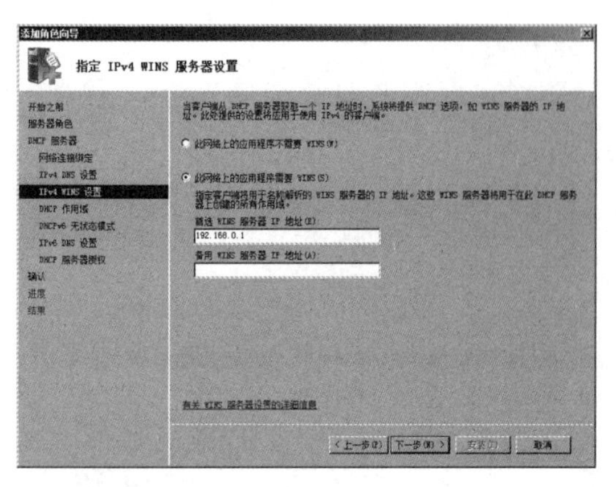

图 7-58　设置首选 WINS 服务器 IP 地址

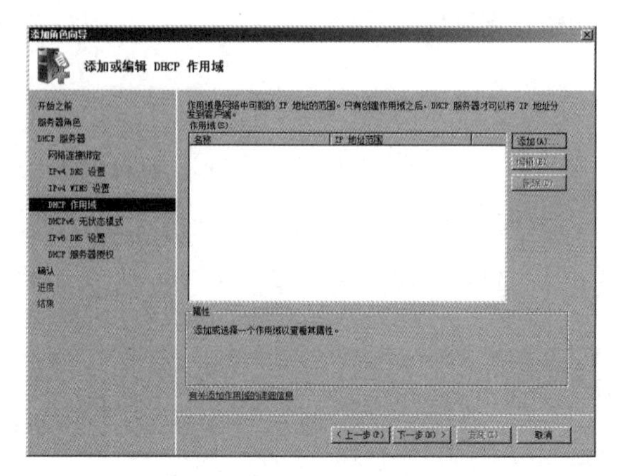

图 7-59　添加作用域

（7）在“添加作用域”对话框中，设置作用域的名称、欲出租给客户端的起始 IP 地址和结束 IP 地址、子网类型（可根据需要选择有限网络的 6 天或无线网络的 8 小时）、传播到 DHCP 客户端的子网掩码与默认网关。选中“激活此作用域”复选框，单击“确定”按钮，然后单击“下一步”按钮，如图 7-60 所示。

（8）在“DHCPv6 无状态模式”选项中选择“对此服务器禁用 DHCPv6 无状态模式”单选按钮，单击“下一步”按钮，如图 7-61 所示。

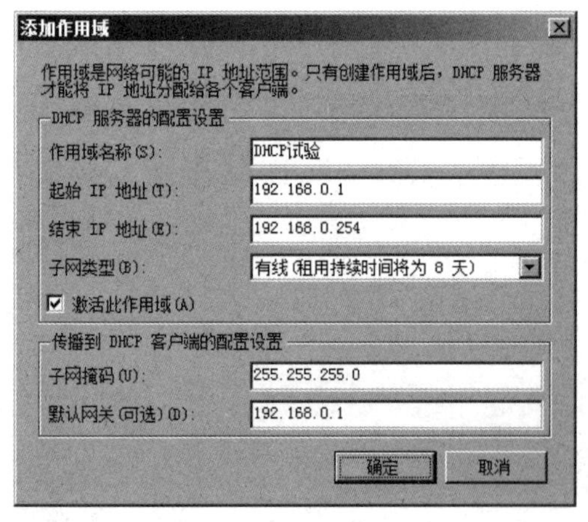

图 7-60　设置作用域

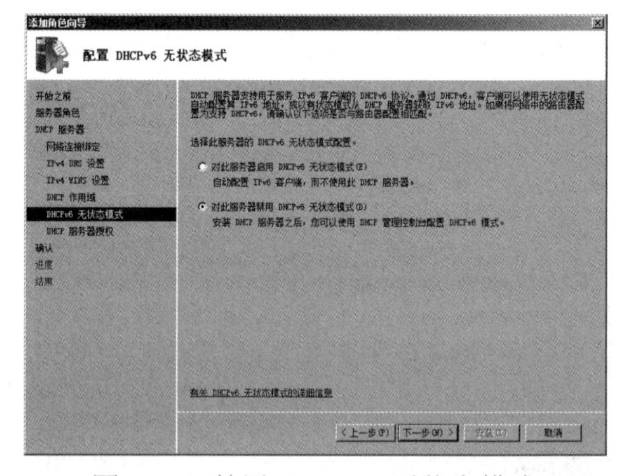

图 7-61　禁用 DHCPv6 无状态模式

（9）在“DHCP 服务器授权”选项中选择对这台服务器进行授权，必须是 Enterprise Admins 组的成员才有权利执行授权操作，登录时使用的域 Administrator 是此组的成员，因此选择“使用当前凭据”单选按钮，再单击“下一步”按钮，如图 7-62 所示。

（10）在“确认”选项中，若确认设置无误，则单击“安装”按钮，在“结果”选项中，显示安装成功后单击“关闭”按钮。

（11）安装完成后，选择“开始”→“管理工具”→“DHCP”菜单命令，打开“DHCP”

窗口，选择“server.hazj.net”→“IPv4”→“作用域”→“地址池”选项，在“地址池”选项上右击，在弹出的菜单里选择“新建排除范围 ...”选项，如图 7-63 所示。

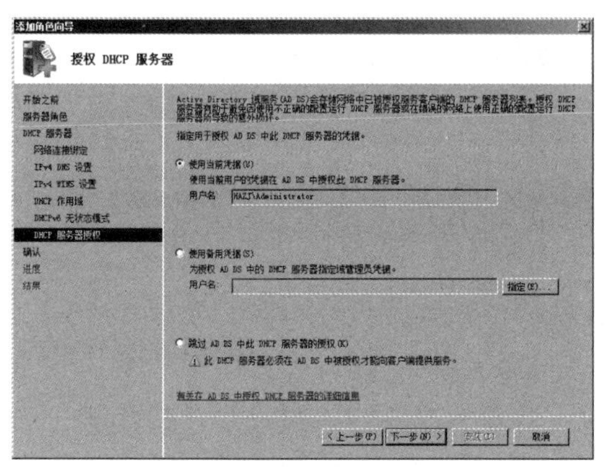

图 7-62　DHCP 服务器授权

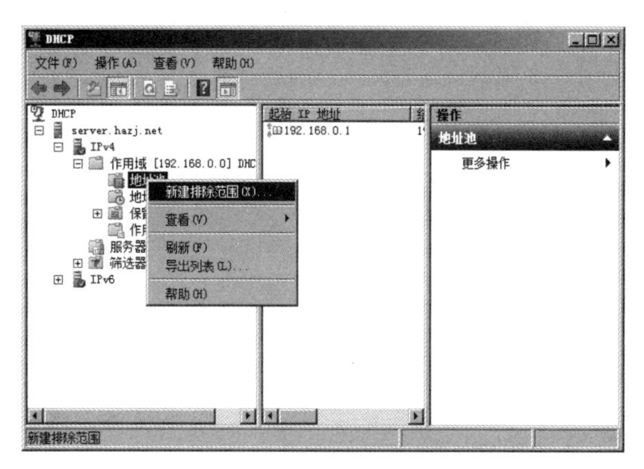

图 7-63　新建排除范围

（12）在“添加排除”对话框中，设置需要排除的 IP 地址范围，这些 IP 地址将不会分配给客户端，单击“添加”按钮，如图 7-64 所示。

（13）添加成功后，在“地址池”选项的显示区里可以看到“地址分发范围”和“分发中不包括的 IP 地址”，如图 7-65 所示。

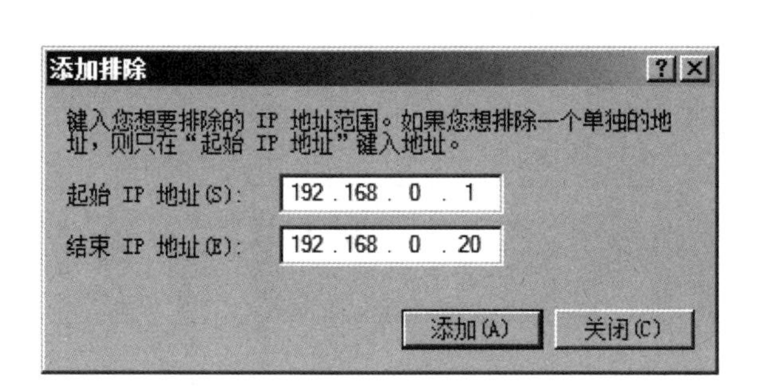

图 7-64　添加排除地址

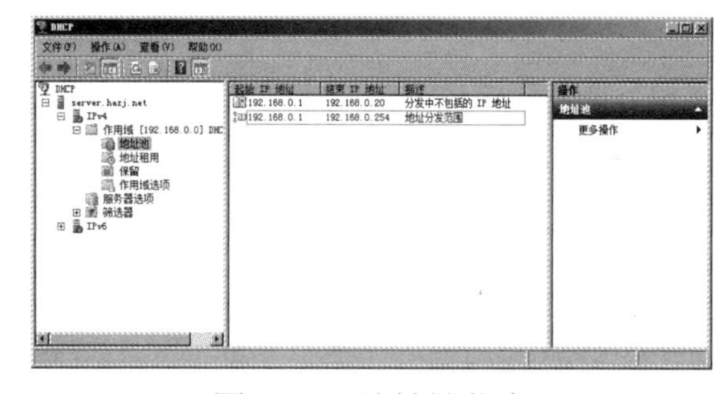

图 7-65　地址池状态

提示

若在安装 DHCP 服务器时未对 DHCP 服务器授权，可以在安装完成后进行授权。只有当网络上的 DHCP 服务器配置正确且已授权使用，DHCP 服务器才能提供正确有效的服务。

（14）打开“DHCP”窗口，右击左侧选区中的“DHCP”，在弹出的菜单中选择“管理授权的服务器 ...”选项，如图 7-66 所示。

（15）出现“管理授权的服务器”对话框，选择所需服务器，单击“授权 ...”按钮，如图 7-67 所示。

（16）出现“授权 DHCP 服务器”对话框，输入需要授权的 DHCP 服务器的名称或 IP 地址，然后单击“确定”按钮，如图 7-68 所示。

（17）出现“确认授权”对话框，单击“确定”按钮，如图 7-69 所示。

（18）选中授权的 DHCP 服务器，然后单击“确定”按钮，如图 7-70 所示。在出现

的“DHCP”对话框中，单击“确定”按钮，如图 7-71 所示，完成授权。

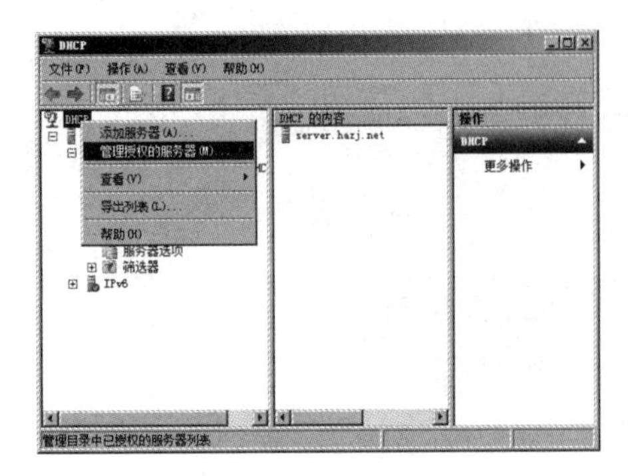

图 7-66 “DHCP”窗口

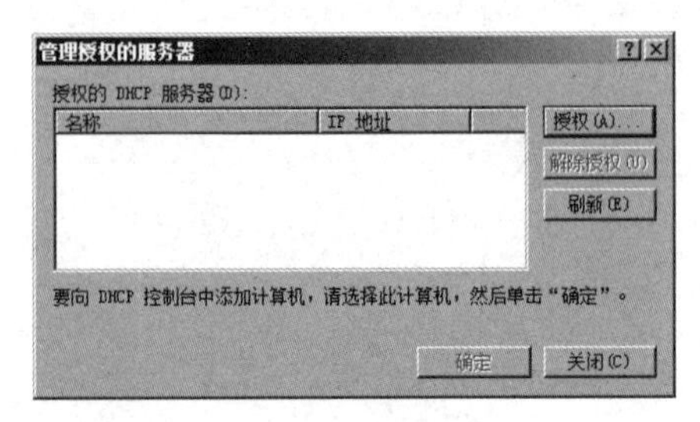

图 7-67 管理授权的服务器

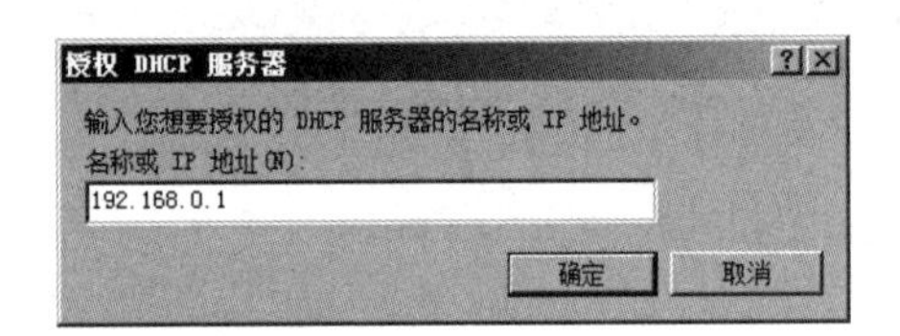

图 7-68 授权 DHCP 服务器

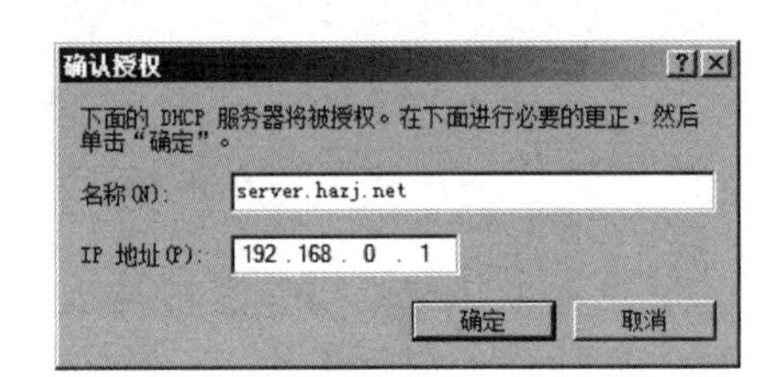

图 7-69 确认授权

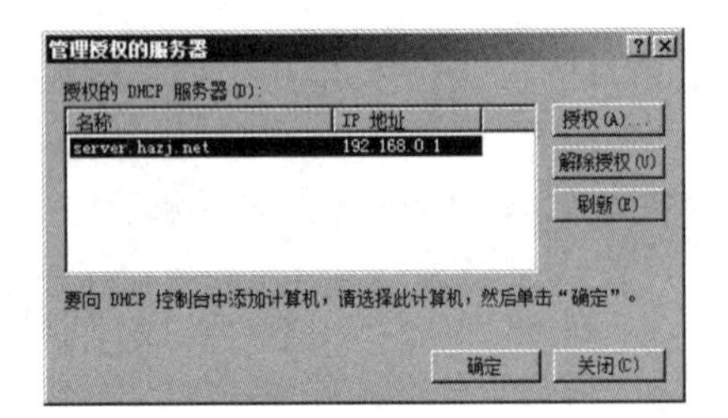

图 7-70 选择授权的 DHCP 服务器

图 7-71 完成授权

（19）进入 Windows 7 客户机，进入命令提示符，运行 ipconfig/all 命令，检查是否从 DHCP 服务器获得地址。检查获得地址情况如图 7-72 所示。

图 7-72 检查获得地址情况

知识链接

1. 什么是 DHCP

DHCP 是一个简化主机 IP 分配管理的 TCP/IP 标准协议。用户可利用 DHCP 服务器动态分配 IP 地址及其他相关的环境配置工作（如 DNS、网关的设置）。

2. DHCP 的常用术语

（1）作用域：一个网络中所有可分配的 IP 地址的连续范围，主要用来定义网络单一的物理子网的 IP 地址范围，是服务器用于管理分配给网络客户的 IP 地址的主要手段。

（2）排除地址：不用于分配的 IP 地址序列，确保被排除的 IP 地址不会被 DHCP 服务器分配给客户机。

（3）地址池：在用户自定义了 DHCP 范围及排除范围后，剩余的地址就构成了一个地址池。地址池中的地址可以动态地分配给网络中的客户机使用。

（4）租约：客户机向 DHCP 服务器租用 IP 地址的时间长度。

（5）保留地址：用户可利用其创建一个永久的地址租约，以保证子网中的指定硬件设备始终使用同一个 IP 地址。

三　架设 Web 服务器

任务引入

搭建如图 7-73 所示的网站拓扑环境。

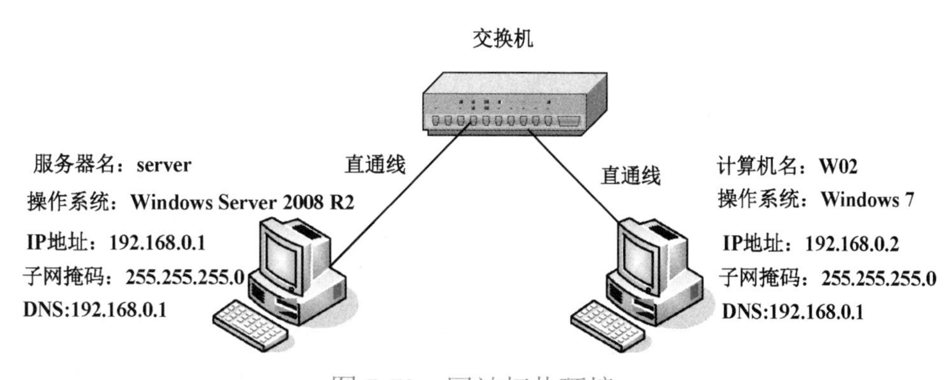

图 7-73　网站拓扑环境

在服务器 server 上用互联网信息服务（IIS）及域名服务器搭建 WWW 服务器和 FTP 服务器。

（1）域名为 hnbook.com。

（2）域名服务器的 IP 定为 192.168.0.1，主机名为 server.hnbook.com。

（3）要解析的内部服务器如下。

WWW 服务器：www.hnbook.com，IP 地址为 192.168.0.1，根目录为 D:\www。

FTP 服务器：ftp. hnbook.com，IP 地址为 192.168.0.1，根目录为 D:\www，并利用建立的用户登录 FTP 服务器，其他主机仅能使用建立的账号登录 FTP 服务器。

任务分析

本实训案例主要通过 IIS 完成 Web 服务器的安装和配置。

本实训案例需要的环境如下。

软件环境：Windows Server 2008 R2/Windows 7 操作系统及网卡驱动程序。

硬件环境：计算机、交换机、双绞线、网卡。

操作步骤

（1）每组两台计算机，分别安装 Windows 7 操作系统和 Windows Server 2008 R2 及网卡驱动程序。制作两根双绞线，利用交换机组建局域网。

（2）选择“开始”→“服务器管理器”菜单命令，打开“服务器管理器”窗口，单击“角色”选项下的“添加角色”选项，在出现的“添加角色向导”对话框里选择“服务器角色”选项，选中“Web 服务器”复选框，单击“下一步”按钮，安装 Web 服务器，如图 7-74 所示。

（3）在出现的“选择角色服务”对话框中，单击“下一步”按钮，如图 7-75 所示。确认在“确认安装选择”对话框中的选择无误后单击“安装”按钮，出现“安装结果”对话框时单击“关闭”按钮，完成安装。

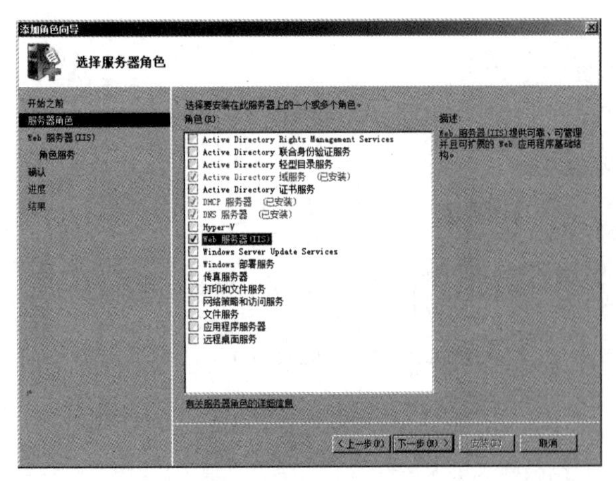

图 7-74　选择安装 Web 服务器（IIS）

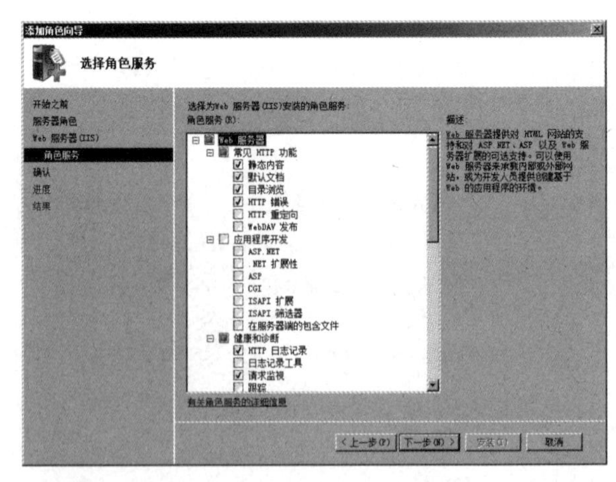

图 7-75　选择角色服务

（4）IIS 成功安装后，选择“开始”→“管理工具”→“Internet 信息服务（IIS）管理器”菜单命令，打开“Internet 信息服务（IIS）管理器”窗口，其中已经有一个名为“Default Web Site”的默认网站，如图 7-76 所示。

（5）单击图 7-76 中“操作”选区的“绑定 ...”选项，在弹出来的“网站绑定”对话框中单击“编辑 ...”按钮，如图 7-77 所示。在弹出来的“编辑网站绑定”对话框中为 Web 站点指定 IP 地址为“192.168.0.1”，端口为“80”，然后单击“确定”按钮，如图 7-78 所示。

图 7-76　Internet 信息服务（IIS）管理器

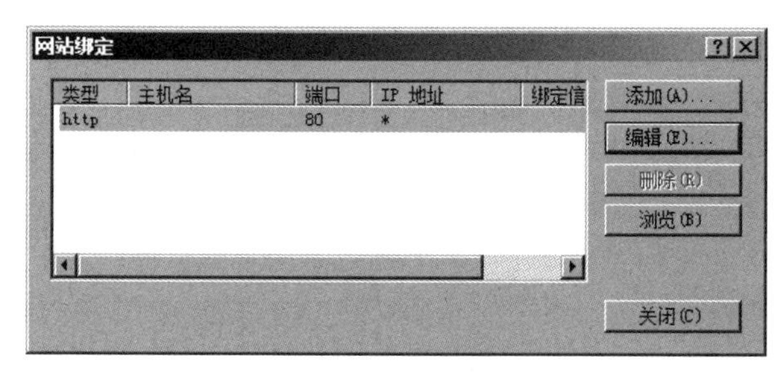

图 7-77　网站绑定

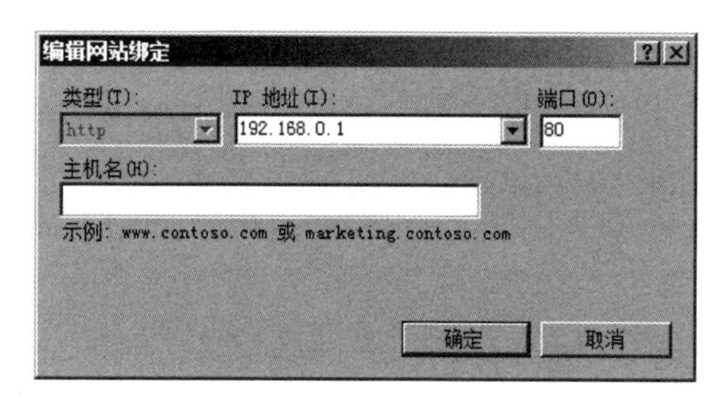

图 7-78　编辑网站绑定

（6）单击图 7-76 中“操作”选区的“基本设置 ...”选项，在弹出来的“编辑网站”对话框中为 Web 站点指定主目录的物理路径为“D:\www”，然后单击“确定”按钮，如图 7-79 所示。

（7）在新建 Web 站点的主目录 D:\www 下新建名为“Default.htm”的文件，并用记事本编辑该文件，编辑好此网页文件之后存盘退出，如图 7-80 所示。

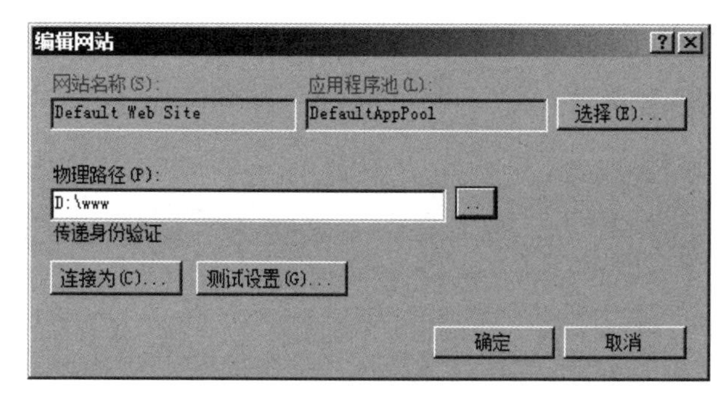

图 7-79　指定主目录的物理路径

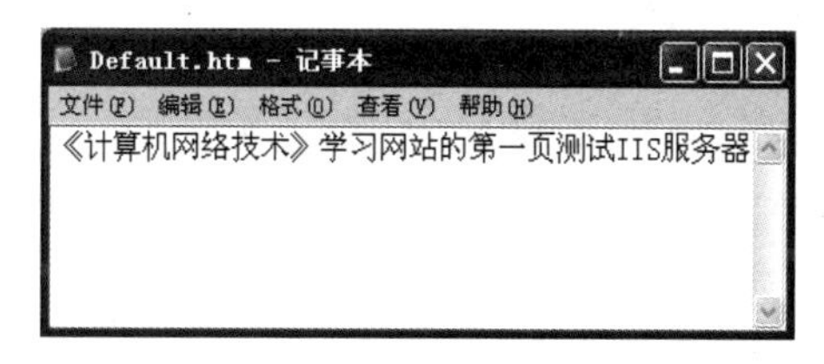

图 7-80　编辑网页文件

（8）在两台计算机上打开 IE 浏览器，分别输入服务器的 IP 地址，就可以看到创建的网站了，如图 7-81 所示。

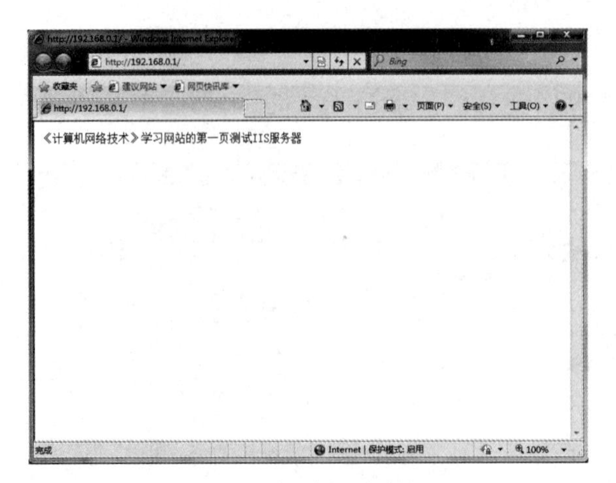

图 7-81　查看创建的网站

知识链接

Windows 自带的 Internet 信息服务（IIS）支持 Web 站点创建、配置和管理，并附带网络 FTP 和简单的邮件传输协议（SMTP）。中小企业完全可以使用 IIS 创建和管理网站。

四　架设域名服务器

任务引入

DNS 服务器的安装和配置方法。

任务分析

在实训案例架设 Web 服务器的基础上，配置好 IIS 服务器。

操作步骤

（1）选择“开始”→“服务器管理器”菜单命令，打开“服务器管理器”窗口，单击“角色”选项下的“添加角色”选项，在出现的“添加角色向导”对话框里选择“服务器角色”选项，选中“DNS 服务器”复选框，按提示安装 DNS 服务器。

（2）DNS 服务器成功安装后，选择“开始”→“管理工具”→“DNS”菜单命令，打开 DNS 管理器。

（3）出现“DNS 管理器”窗口，右击服务器名称“SERVER”，在弹出的菜单中选择“配置 DNS 服务器 ...”选项，如图 7-82 所示。

（4）弹出“DNS 服务器配置向导”对话框，该向导将引导完成 DNS 服务器的配置。单击“下一步”按钮继续，如图 7-83 所示。

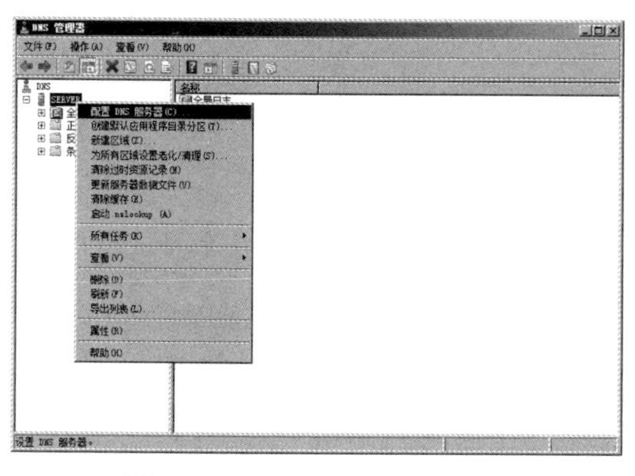

图 7-82　配置 DNS 服务器

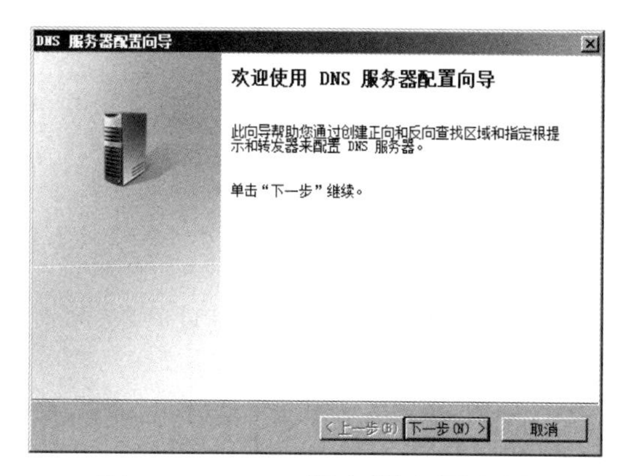

图 7-83　DNS 服务器配置向导

（5）在出现的“选择配置操作”选区中选择第二项“创建正向和反向查找区域（适合大型网络使用）”单选按钮，然后单击“下一步”按钮继续，如图 7-84 所示。

（6）出现的“正向查找区域”选区是一个将名称转换成 IP 地址的数据库，选择“是，创建正向查找区域（推荐）”单选按钮，然后单击“下一步”按钮，如图 7-85 所示。

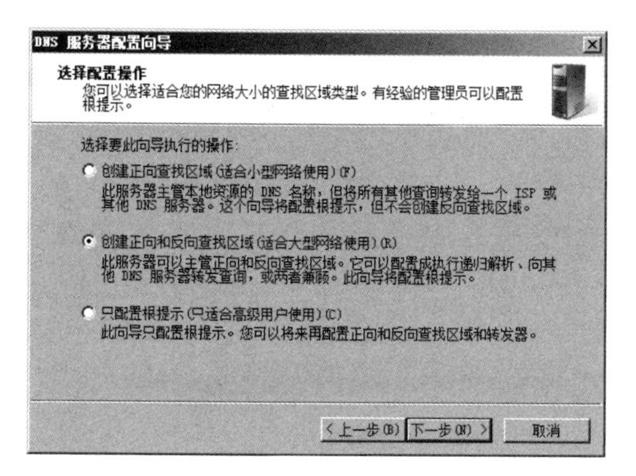

图 7-84　选择查找区域类型

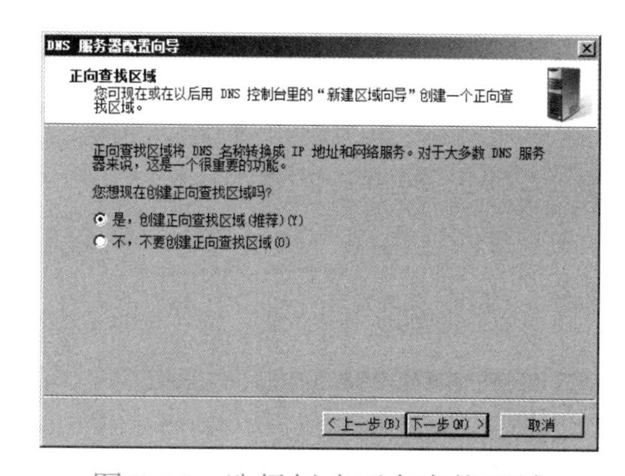

图 7-85　选择创建正向查找区域

（7）在出现的“区域类型”选区中选择要创建的区域类型，选择“主要区域”单选按钮后，单击“下一步”按钮继续，如图 7-86 所示。

（8）在“Active Directory 区域传送作用域”选区，直接单击“下一步”按钮继续，如图 7-87 所示。

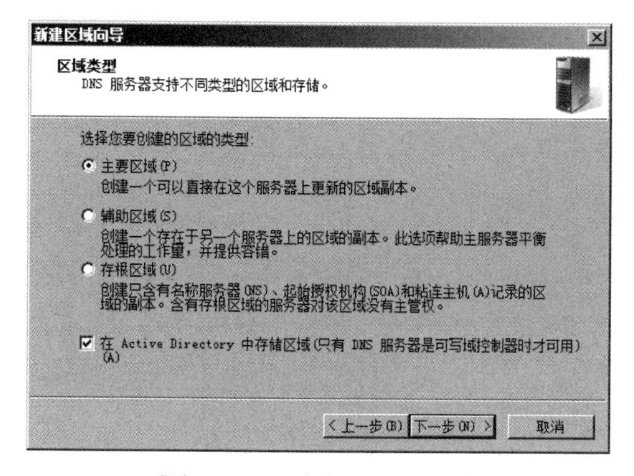

图 7-86　选择主要区域

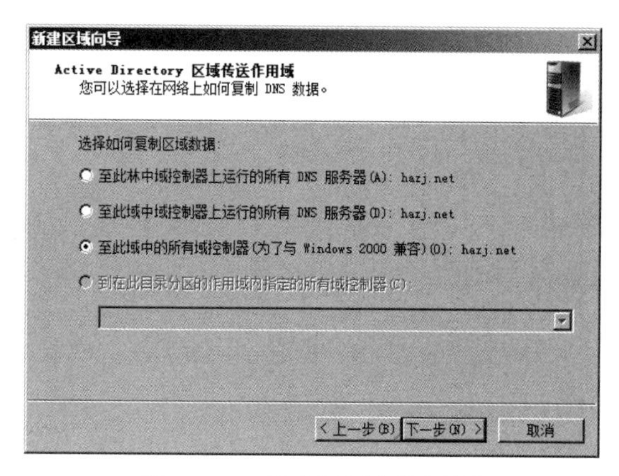

图 7-87　选择传送作用域

（9）此时要求输入新区域的名称，假设需要将名称“www.hnbook.com”转换成 Web 服务器的 IP 地址，如图 7-88 所示，此时可输入“hnbook.com”，然后单击“下一步”按钮继续。

（10）在“动态更新”选区，直接单击“下一步”按钮继续，如图 7-89 所示。

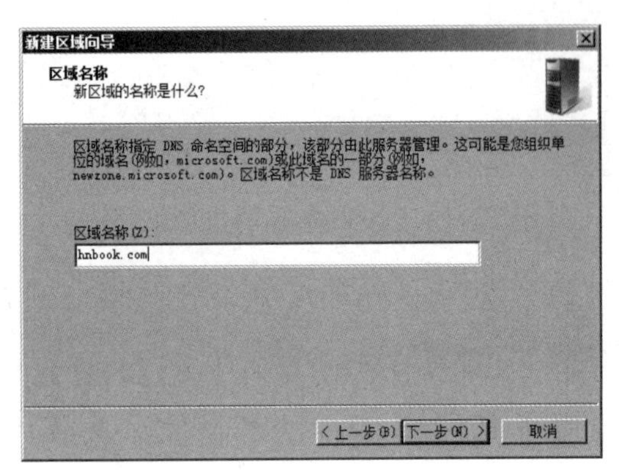

图 7-88　输入区域名称

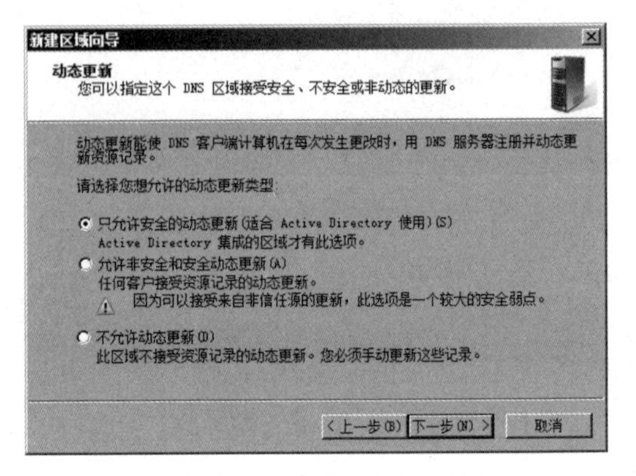

图 7-89　选择动态更新

（11）出现“反向查找区域”选区，反向查找区域是将 IP 地址转换成 DNS 名称的数据库，如果想创建反向查找区域，选择“是，现在创建反向查找区域”单选按钮，单击“下一步”按钮继续，如图 7-90 所示。

（12）与创建正向查找区域一样，此时选择“主要区域”单选按钮，然后单击“下一步”按钮继续，如图 7-91 所示。

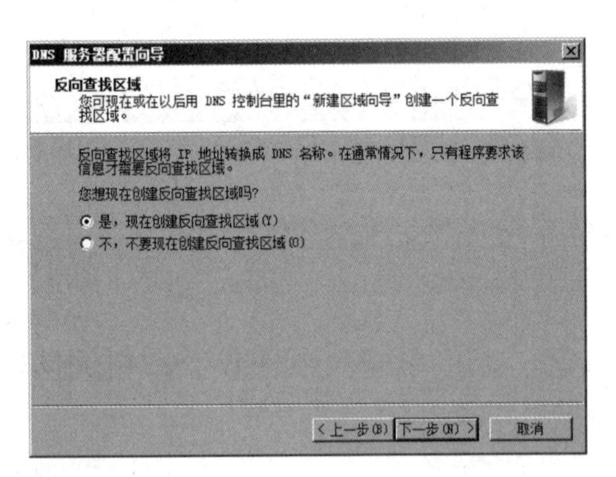

图 7-90　反向查找区域

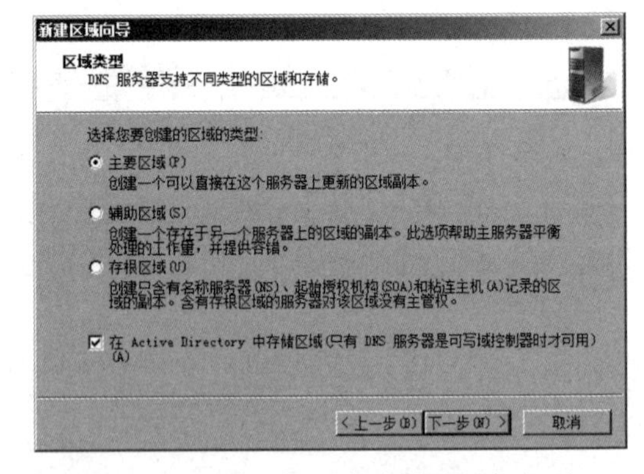

图 7-91　设置反向查找区域类型

（13）在“Active Directory 区域传送作用域”选区，直接单击“下一步”按钮继续，如图 7-92 所示。

（14）在“选择是否要为 IPv4 地址或 IPv6 地址创建反向查找区域。”选区中，选择“IPv4 反向查找区域（4）”单选按钮，单击“下一步”按钮继续，如图 7-93 所示。

（15）要标识反向查找区域，必须输入网络 ID 或区域名称，输入本地网络的 ID“192.168.0”后，单击“下一步”按钮继续，如图 7-94 所示。

（16）在“动态更新”选区，直接单击“下一步”按钮继续，如图 7-95 所示。

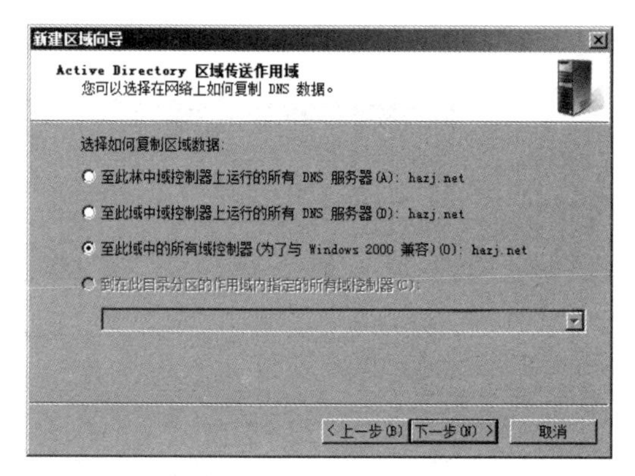

图 7-92　Active Directory 区域传送作用域

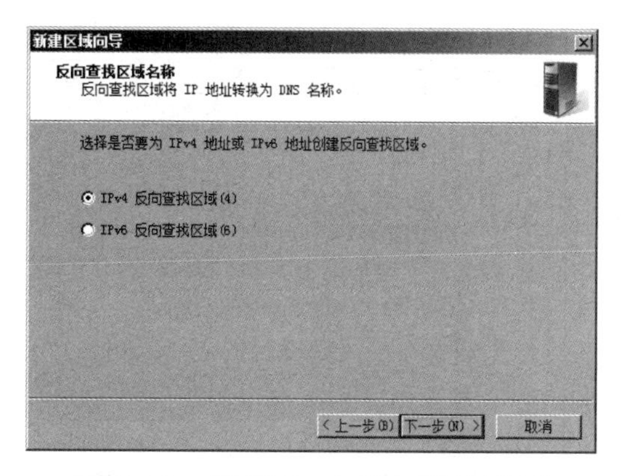

图 7-93　选择 IPv4 反向查找区域

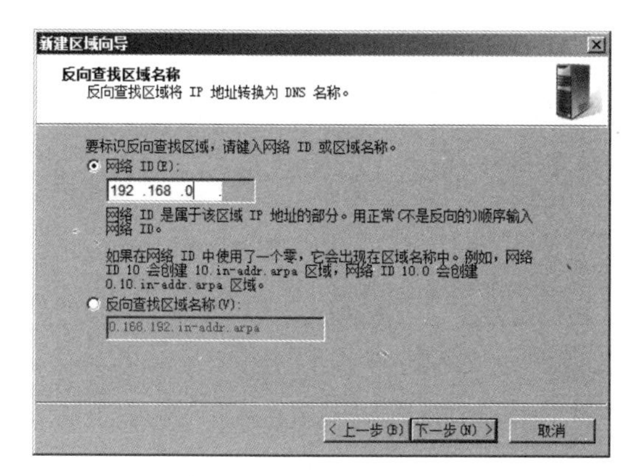

图 7-94　输入网络 ID

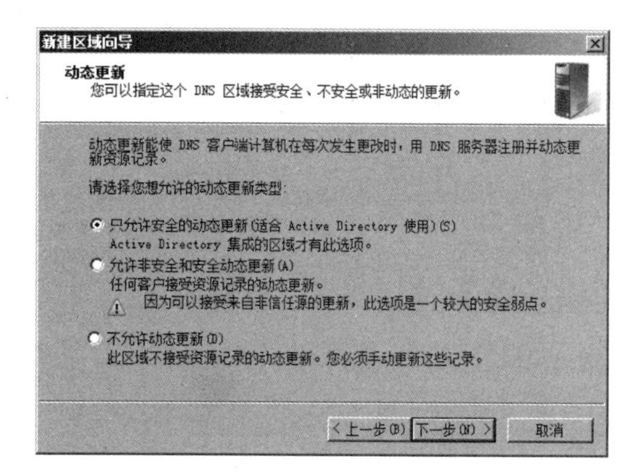

图 7-95　选择动态更新

（17）在“转发器”选区，直接单击“下一步”按钮继续，如图 7-96 所示。

（18）完成 DNS 服务器配置后单击“完成”按钮，关闭“DNS 服务器配置向导”对话框，如图 7-97 所示。

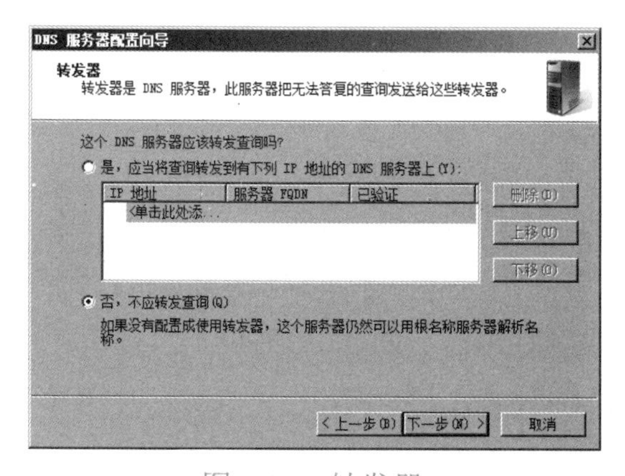

图 7-96　转发器

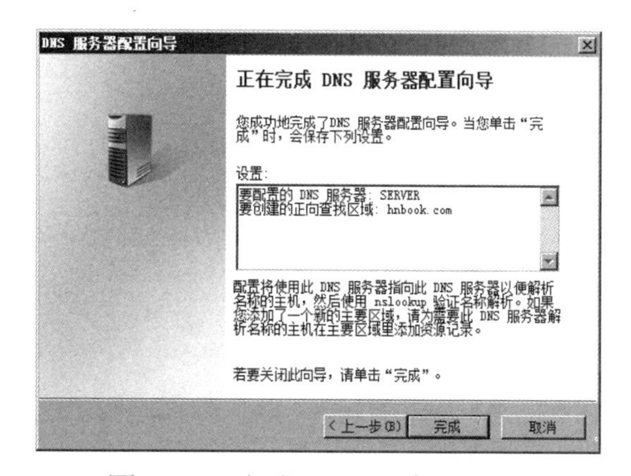

图 7-97　完成 DNS 服务器配置

（19）此时回到了“DNS 管理器”窗口，右击刚创建完毕的“正向查找区域”选项中的“hnbook.com”，在右键菜单中选择“新建主机（A 或 AAAA）...”选项，如图 7-98 所示。

（20）出现“新建主机”对话框，分别输入主机的名称和 IP 地址后，单击“添加主机”按钮，新的主机就添加到了 DNS 服务器，如图 7-99 所示。到此为止，DNS 服务器的安装和配置结束。

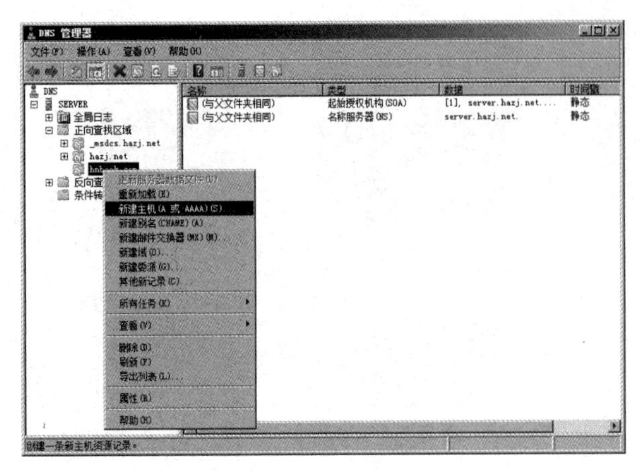

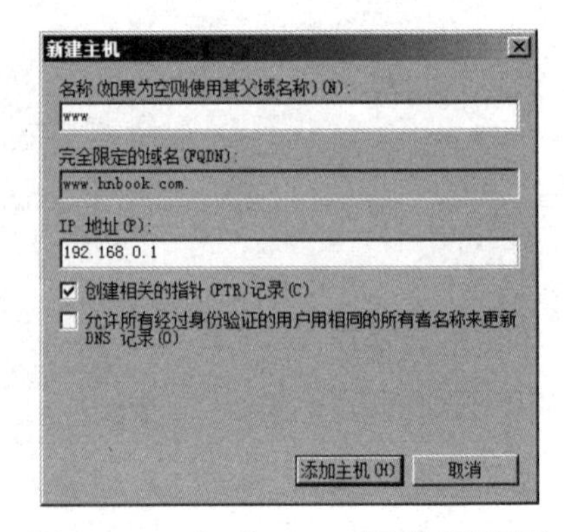

图 7-98　新建主机　　　图 7-99　完成 DNS 服务器配置

（21）接下来在本地网络的其他计算机上测试刚创建的 DNS 服务器，设置本地网络其他计算机的 TCP/IP 属性，在“首选 DNS 服务器”的文本框中输入 DNS 服务器的 IP 地址，如图 7-100 所示。

（22）设置完 TCP/IP 属性后，打开 IE 浏览器，在地址栏输入刚创建的网址“www.hnbook.com”，hnbook.com 是本例创建的正向查找区域，www 是本例创建的主机名称，此时打开的网页和实训案例架设 Web 服务器中打开的网页一样，如图 7-101 所示。

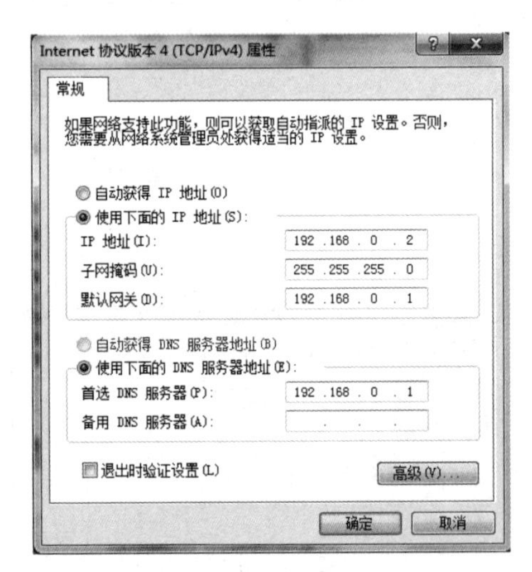

图 7-100　设置首选 DNS 服务器 IP 地址　　　图 7-101　验证 DNS 服务器是否有效

提示

DNS 配置中正向查找区域是一个将名称转换成 IP 地址的数据，在 Windows 命令行下可用命令 nslookup www.hnbook.com 进行验证；反向查找区域是将 IP 地址转换成 DNS 名称的数据库，可用命令 nslookup 192.168.0.1 进行验证。

知识链接

DNS 是域名系统的缩写，用于 TCP/IP 网络中，通过以简单的域名（如 www.hnbook.com）代替难记的 IP 地址（如 192.168.0.1）来定位计算机和服务。DNS 是一个分布式的主机信息数据库，它管理着整个互联网主机名与 IP 地址。DNS 采用的是分层管理，因此，这个分布式主机信息数据库也是分层结构的，它类似于计算机中文件系统的结构。

五 架设 FTP 服务器

任务引入

FTP 服务器的安装和配置方法。

任务分析

在配置好 IIS 和 DNS 服务器的基础上，配置 FTP 服务器，实现文件的传输。

操作步骤

（1）选择“开始”→“服务器管理器”菜单命令，打开“服务器管理器”窗口，单击“角色”选项下的“添加角色”选项，在出现的“添加角色向导”对话框里选择“角色服务”选项，选中“FTP 服务器”复选框，单击“下一步”按钮，安装 FTP 服务器，如图 7-102 所示。

（2）FTP 服务器成功安装后，选择“开始”→“管理工具”→“Internet 信息服务（IIS）管理器”菜单命令，打开“Internet 信息服务（IIS）管理器”窗口，选择“网站”选项，如图 7-103 所示。

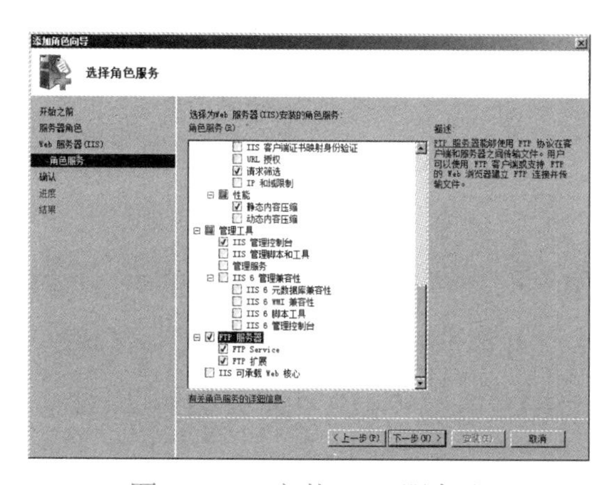

图 7-102 安装 FTP 服务器

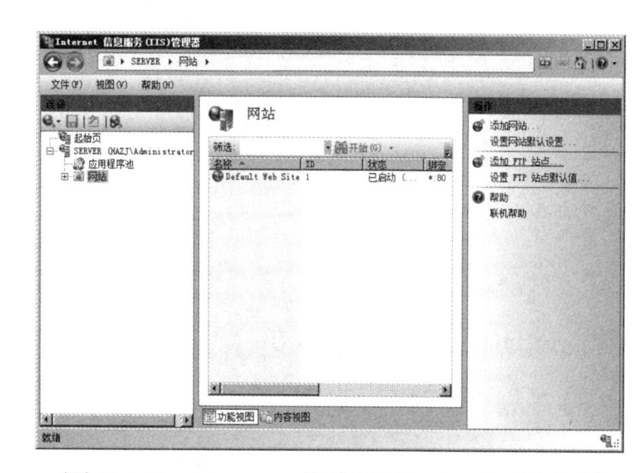

图 7-103 Internet 信息服务（IIS）管理器

（3）在图 7-103 中单击“操作”选区的“添加 FTP 站点 ...”选项，出现“添加 FTP 站点”对话框，设置 FTP 站点名称为“测试 FTP”，内容目录物理路径为“D:\www”，然后单击“下一步”按钮，如图 7-104 所示。

（4）在“绑定和 SSL 设置”选区中设置绑定 IP 地址为“192.168.0.1”，端口默认为“21”，让 FTP 站点自动启动，设置 SSL 为“无”，然后单击“下一步”按钮，如图 7-105 所示。

（5）出现“身份验证和授权信息”选区，同时选中“匿名”和“基本”复选框，并授权

“匿名用户”拥有“读取”权限，然后单击“完成”按钮，如图 7-106 所示。

（6）接下来验证创建的站点是否有效，打开本地网络内的任意一台计算机，在 IE 地址栏输入“ftp://192.168.0.1”并按回车键，打开 FTP 站点后出现图 7-107 所示的窗口，说明成功打开 FTP 站点。

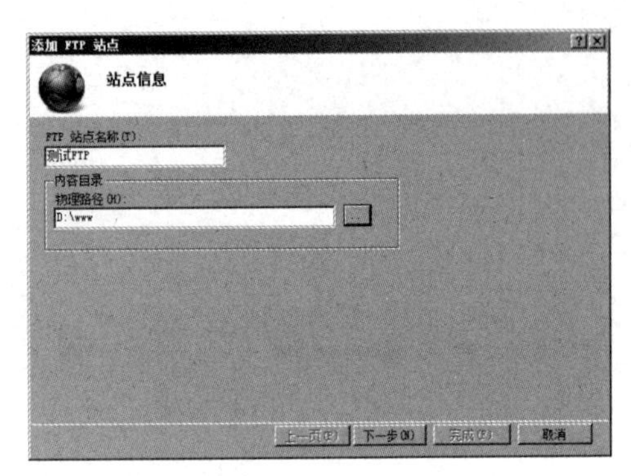

图 7-104　设置 FTP 站点信息

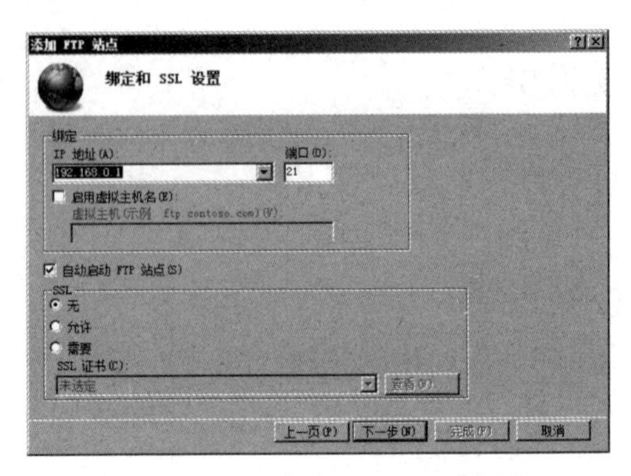

图 7-105　绑定和 SSL 设置

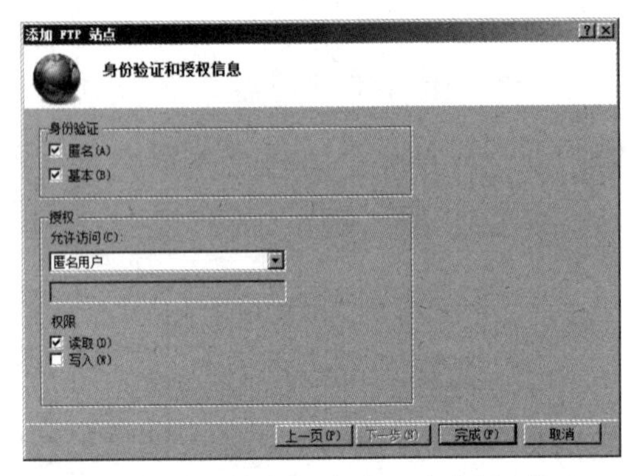

图 7-106　设置身份验证和授权信息

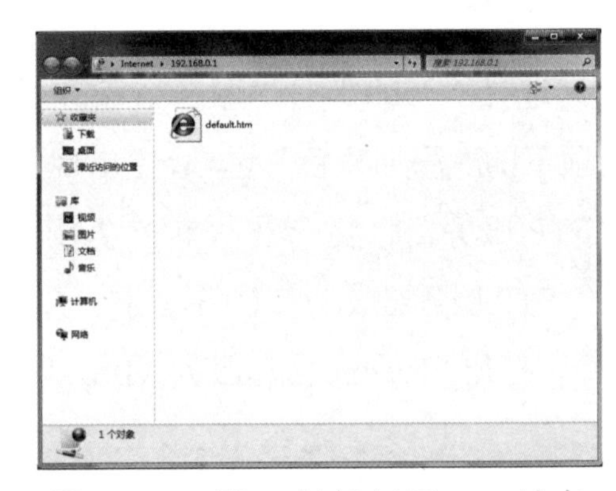

图 7-107　用 IP 地址打开 FTP 站点

（7）在“DNS 管理器”窗口，新建主机 ftp，使 ftp.hnbook.com 与 IP 地址 192.168.0.1 对应，这时，在 IE 地址栏输入“ftp://ftp.hnbook.com”并按回车键，如图 7-108 所示。

（8）前面建立的 FTP 站点是匿名访问方式，如果只想让拥有账号和密码的用户才能访问所创建的站点，首先需要打开“Internet 信息服务（IIS）管理器”窗口，单击“网站”选项下的“测试 FTP”选项，在中间功能视图中双击“FTP 授权规则”图标，如图 7-109 所示。

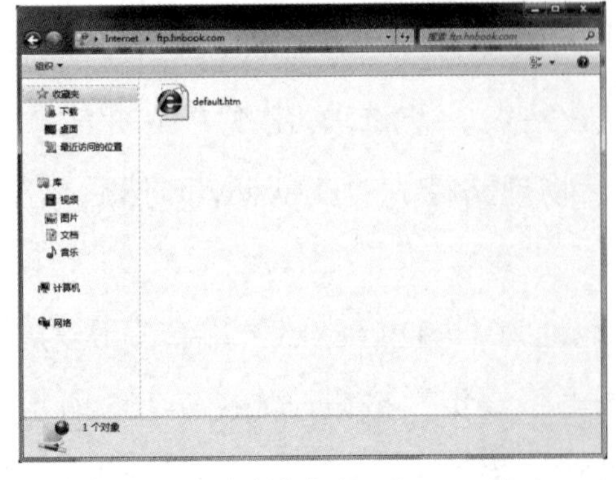

图 7-108　用域名打开 FTP 站点

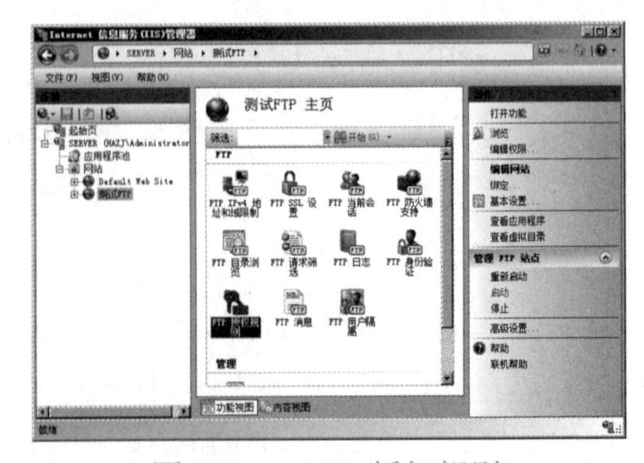

图 7-109　FTP 授权规则

（9）在新窗口中选中“匿名用户”选项，单击“操作”选区中的“删除”选项，删除匿名用户。然后在“操作”选区中单击“添加允许规则 ...”选项，如图 7-110 所示。

（10）此时弹出“添加允许授权规则”对话框，选择允许访问内容的用户为“指定的角色或用户组”，指定为“Domain Users”，并设置权限，然后单击“确定”按钮，如图 7-111 所示。

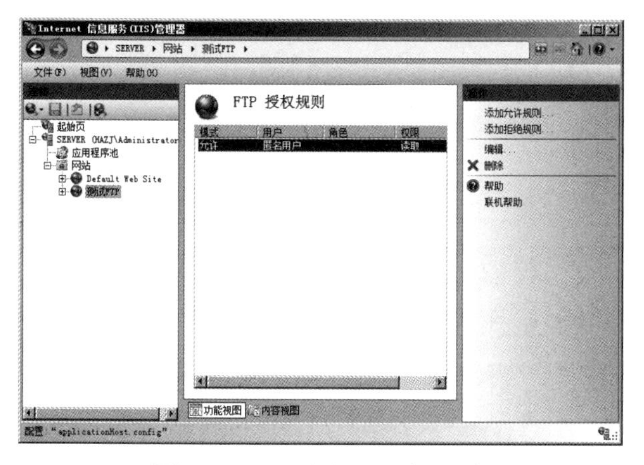

图 7-110　删除、添加用户

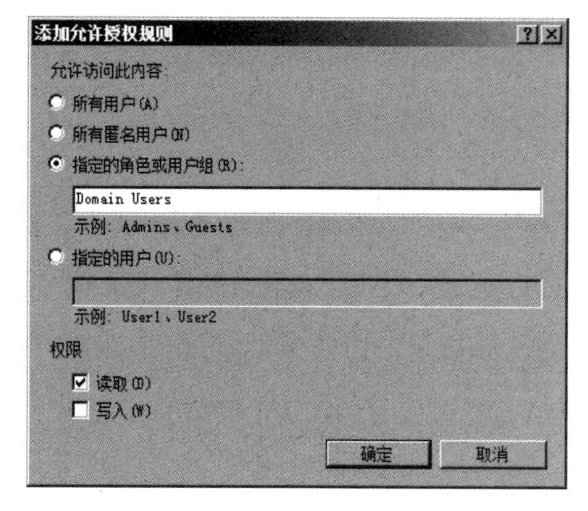

图 7-111　添加允许授权规则

（11）此时在 FTP 授权规则里面允许所有角色是 Domain Users 的用户具有读取权限，如图 7-112 所示。

（12）选择“开始”→“管理工具”菜单命令，进入“Active Directory 用户和计算机”窗口，右击“Users”选项，在弹出的菜单中选择“新建”→“用户”选项，创建域用户 wx。这时，在 IE 地址栏输入“ftp://ftp.hnbook.com”并按回车键，此时会弹出一个登录 FTP 服务器的对话框，输入相应的用户名和密码后，单击“登录”按钮即可登录到新建的 FTP 站点，如图 7-113 所示。

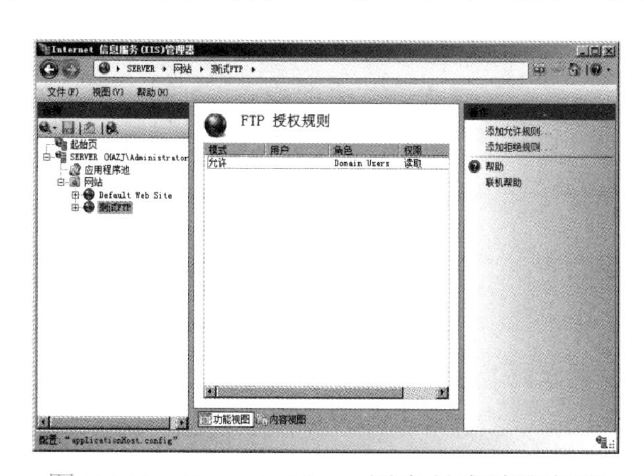

图 7-112　Domain Users 用户具有读取权限

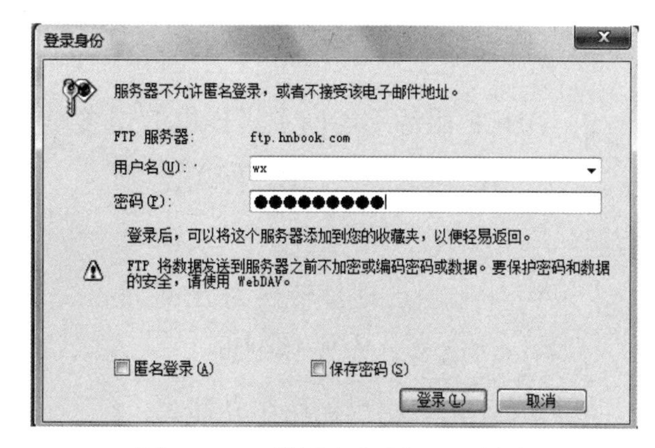

图 7-113　用域名打开 FTP 站点

（13）登录到 FTP 站点后就可以访问 FTP 站点的资源了。如果设置 FTP 站点的属性时允许用户写入，用户还可以把资料上传到 FTP 服务器中。

现在在局域网中就搭建好了网站建设的环境。

知识链接

FTP 是互联网上使用得最广泛的文件传送协议，主要用于在计算机之间实现文件的上传与下载，其中一台计算机作为 FTP 的客户端，另一台作为 FTP 的服务器。

项目总结

Windows Server 2008 R2 是一种高度集成、安全可靠、功能强大的网络操作系统，用来帮助企业级客户降低成本并提高 IT 运营的效率和有效性。本项目主要介绍了 Windows Server 2008 R2 的安装、活动目录的安装、Windows 7 客户机登录到活动目录域、网络打印共享与管理、架设 DHCP 服务器、架设 Web 服务器、架设域名服务器、架设 FTP 服务器等内容。

通过本项目的学习，要对网络操作系统在网络管理中的应用有一个深入的认识。

实训与练习 7

一、选择题

1. Windows Server 2008 R2 所支持的文件系统不包括_____ 。

   A．NTFS　　B．EXT3　　C．FAT　　D．FAT32

2. DHCP 服务不能向主机提供的内容是_____。

   A．IP 地址　　B．网关地址　　C．DNS 主机地址　　D．MAC 地址

3. DNS 的作用是_____。

   A．将 MAC 地址转换为 IP 地址　　B．将 IP 地址转换为 MAC 地址

   C．将域名转换为 IP 地址　　D．将域名转换为 MAC 地址

4. IIS 不可以提供的服务功能是_____。

   A．WWW　　B．FTP　　C．SMTP　　D．DNS

二、填空题

1. Windows Server 2008 R2 的安装类型有_____和_____两种。
2. 域中的计算机分为三种，即_____、_____和_____。
3. 在 Windows XP/7 命令行下，用_____命令来测试 DNS 服务器是否配置正确。

三、简答题

1．Windows Server 2008 R2 有哪些特点？

2．试述 DHCP 能够向客户机传达哪些信息？

3．简述 FTP 的功能。

四、实训题

1．在虚拟机软件 VMware Workstation 中，全新安装 Windows Server 2008 R2。

2．尝试使用向导安装活动目录，并实现 Windows 7 客户机登录到活动目录域。

3．尝试安装网络打印机。

4．尝试安装 DHCP 服务。

5．使用 IIS 管理器更改网站的主目录。

6．尝试安装 DNS 服务。

7．在服务器 Windows Server 2008 R2 上用 IIS 及域名服务器搭建 WWW 服务器和 FTP 服务器。

（1）域名为 myjsj.com。

（2）域名服务器的 IP 定为 192.168.0.1。

（3）要解析的内部服务器如下。

WWW 服务器：www.myjsj.com，IP 地址为 192.168.0.1，根目录为 D:\myhome。

FTP 服务器：ftp.myjsj.com，IP 地址为 192.168.0.1，根目录为 D:\myhome。

项目八

接入互联网

当人们不满足于单个网络中的资源共享时，就会提出接入互联网的要求。单个用户或局域网与互联网的互连，扩大了数据通信网络的连通范围，可以使不同单位或机构的局域网连入范围更大的网络体系中，其扩大的范围可以超越城市、国界，从而形成世界范围的数据通信网络。本项目主要学习接入互联网的几种常见方法。

知识目标

- 掌握使用非对称数字用户线（Asymmetric Digital Subscriber Line，ADSL）拨号接入互联网的方法
- 掌握使用宽带路由器接入互联网的方法
- 了解使用路由器的 NAT 功能接入互联网的方法
- 掌握无线路由器接入互联网的配置方法

能力目标

- 能熟练安装 ADSL、宽带路由器硬件并进行配置
- 能利用路由器 NAT 功能接入互联网
- 能利用无线路由器组建无线网络

任务一　使用 ADSL 拨号接入互联网

任务引入

一个家庭用户想通过家中的电话线使用 ADSL 方式接入互联网。

任务分析

本实验以外置以太网接口（RJ-45 接口）的 ADSL 调制解调器为例，使用 ADSL 拨号接

入互联网。要先向 ISP（网络服务商，如电信）申请一个 ADSL 上网账户，准备好一台计算机，一块以太网卡，一个 ADSL 调制解调器，一个信号分离器，两根两端都做好 RJ-11 头的电话线和一根两端都做好 RJ-45 头的五类双绞网线。

操作步骤

1. ADSL 硬件的安装

（1）ADSL 安装拓扑图如图 8-1 所示。

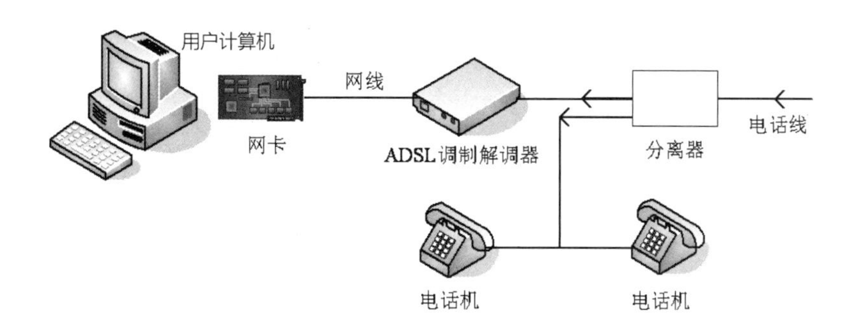

图 8-1　ADSL 安装拓扑图

（2）安装网卡并装好驱动程序。要注意网卡的安装协议里一定要有 TCP/IP，而且一般使用 TCP/IP 的默认配置，如图 8-2 所示。

（3）连接信号分离器。先将来自 ISP 端的电话线接入信号分离器的输入端（一般标示为“LINE”）；然后用已准备好的一根电话线的一端连接信号分离器的语音信号输出口（一般标示为“PHONE”），另一端连接电话机；用另一根电话线的一端接信号分离器上的 ADSL 输出口（一般标示为“MODEM”或“ADSL”），另一端接 ADSL 调制解调器的“LINE”插孔。信号分离器的连接如图 8-3 所示。

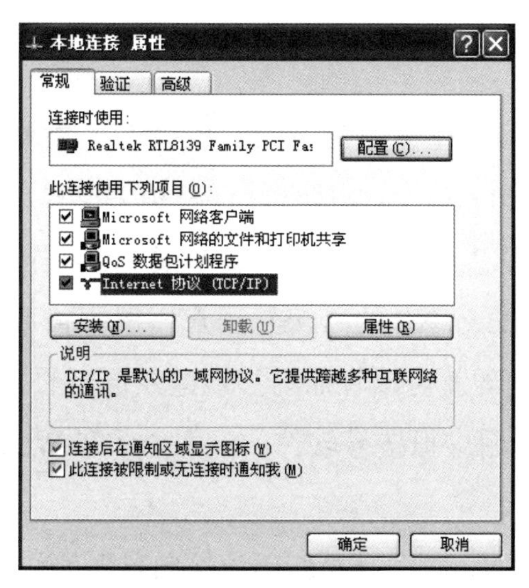

图 8-2　给网卡安装 TCP/IP

图 8-3　信号分离器的连接

（4）连接 ADSL 调制解调器和计算机。用一根两端做好 RJ-45 头的五类双绞线将 ADSL 调制解调器（“ETHERNET”插孔）与计算机的网卡连接起来，将 ADSL 调制解调器随机的 AC 电源插在电源插座上；然后将电源线插头插入 ADSL 调制解调器的电源（“POWER”）插孔。ADSL 调制解调器连接如图 8-4 所示。

如果连接正常，可看到网卡上的绿色发光二极管间断闪烁。打开 ADSL 调制解调器的电源开关，如果连接正常，ADSL 调制解调器面板上的信号灯会正常闪亮。ADSL 调制解调器信号灯如图 8-5 所示。

图 8-4　ADSL 调制解调器连接

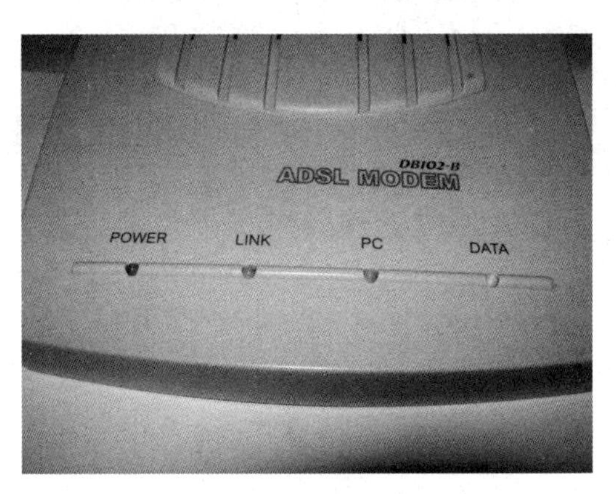

图 8-5　ADSL 调制解调器信号灯

“POWER 或 PWR”灯：电源显示，常亮表示正常启动，供电正常。

“ADSL 或 LINK”灯：用于显示调制解调器的同步情况，常亮表示调制解调器与局端能够正常同步；闪动表示正在建立同步。

“PC 或 LAN”灯：用于显示调制解调器与网卡连接是否正常，如果此灯不亮，则调制解调器与计算机之间肯定不通，可检查网线是否正常。此外，当网线中有数据传送时，此灯会略闪动。

“DATA”灯：指示数据传输状态。DATA 灯闪烁，表示有数据流。

2. 虚拟拨号安装设置

安装好 ADSL 硬件后，ADSL 还不能接入互联网，还需要对 ADSL 安装基于局域网的点对点协议（Point to Point Protocol over Ethernet，PPPoE）虚拟拨号软件及相关设置。目前 ADSL 都采用虚拟拨号也就是 PPPoE 技术。Windows XP 及其以后推出的 Windows 操作系统，一般都集成了对 PPPoE 协议的支持，所以使用 Windows XP 的 ADSL 用户一般不需要再安装其他 PPPoE 软件，直接使用 Windows XP 的连接向导就可以轻而易举地建立自己的 ADSL 虚拟拨号软件。当然，用户也可以使用 ISP 提供的专用虚拟拨号软件。下面介绍在 Windows XP 中的 PPPoE 软件安装。

（1）选择“开始”→“所有程序”→“附件”→“通讯[①]”→“新建连接向导”菜单命令，

① “通讯”的正确用法为“通信”。

在打开的对话框中单击“下一步”按钮，如图 8-6 所示。

（2）在新出现的对话框中选择“连接到 Internet”单选按钮，然后单击“下一步”按钮，如图 8-7 所示。

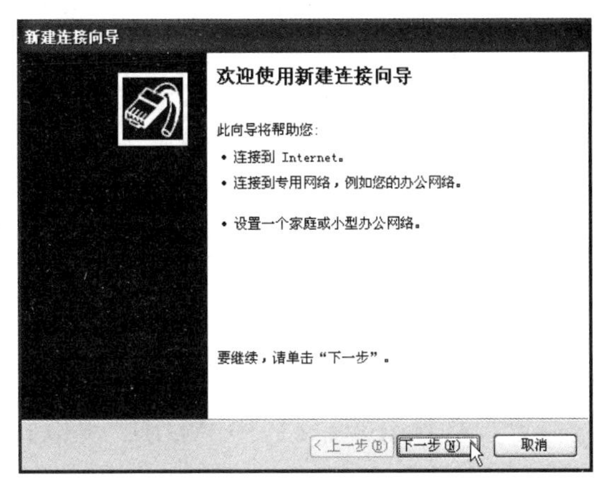

图 8-6　新建连接向导

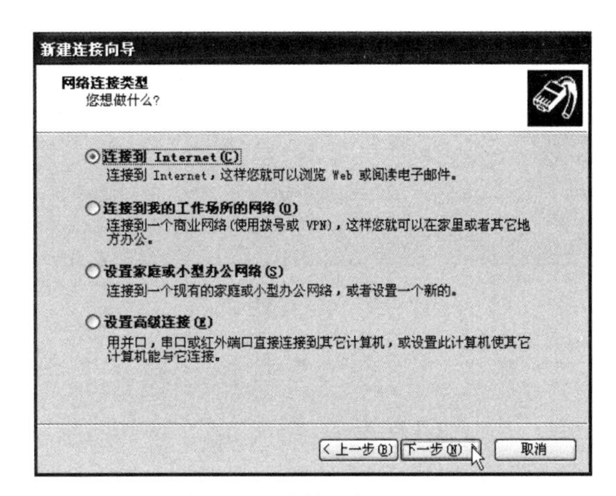

图 8-7　连接到 Internet

（3）在新出现的对话框中选择“手动设置我的连接”单选按钮，再单击“下一步”按钮，如图 8-8 所示。

（4）新出现的对话框中有三个单选按钮，第一个用来建立 56K 调制解调器和 ISDN 连接；而下面两个单选按钮一个用来建立 ADSL 或 CABLE 虚拟拨号（“用要求用户名和密码的宽带连接来连接”），另一个用来建立 ADSL 或 CABLE 专线接入（“用一直在线的宽带连接来连接”）。虚拟拨号就选择“用要求用户名和密码的宽带连接来连接”单选按钮，然后单击“下一步”按钮，如图 8-9 所示。

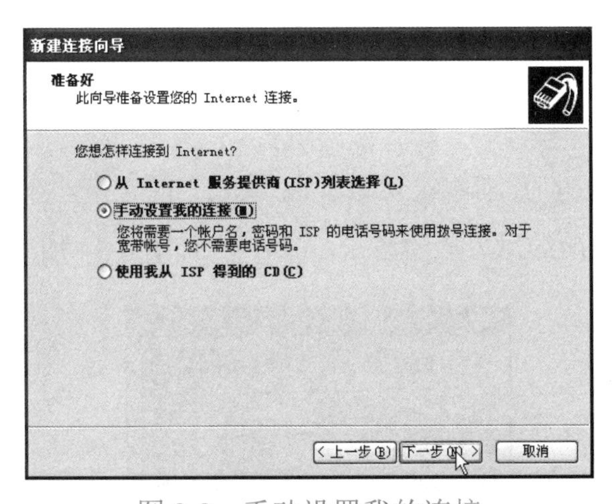

图 8-8　手动设置我的连接

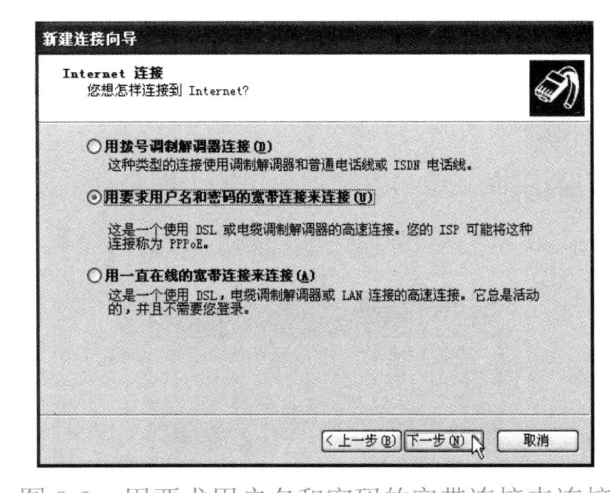

图 8-9　用要求用户名和密码的宽带连接来连接

（5）在新出现的对话框中输入连接名，任意输入一个名称即可，如“adsl”，如图 8-10 所示。

（6）单击“下一步”按钮之后，在出现的对话框中输入在 ISP 那里申请宽带时获得的用户名和密码，如图 8-11 所示。

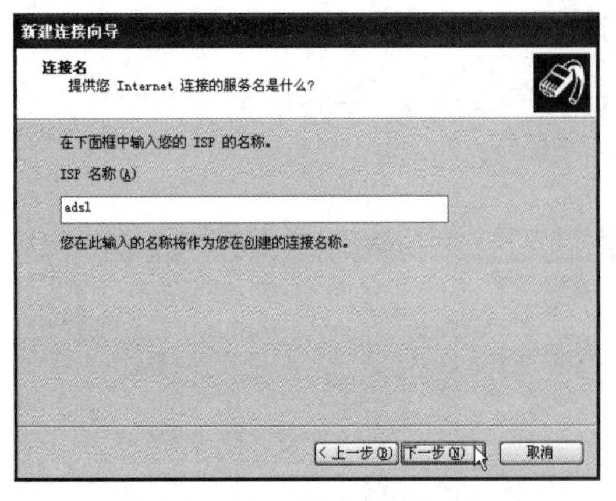

图 8-10　输入连接名

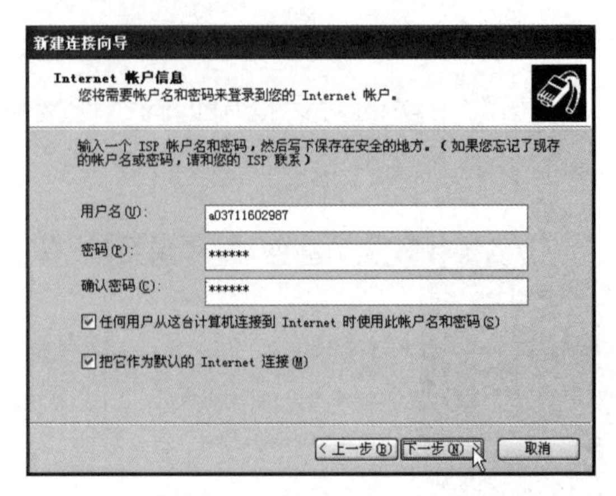

图 8-11　输入账户信息

（7）单击“下一步”按钮之后，选中“在我的桌面上添加一个到此连接的快捷方式”复选框，以方便拨号，最后单击“完成”按钮即完成了 Windows XP 中 ADSL 虚拟拨号软件的安装，如图 8-12 所示。

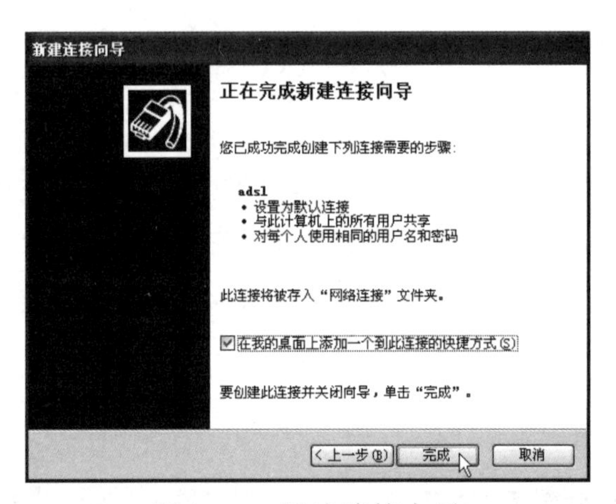

图 8-12　新建连接向导

3. 拨号接入互联网

在桌面上或“控制面板”的“网络连接”窗口中打开刚才建立的名为“adsl”的宽带，在弹出的对话框中单击“连接”按钮，成功后就可在互联网的世界里遨游了，如图 8-13、图 8-14 所示。

图 8-13　新建的“adsl”连接

图 8-14　拨号接入互联网

知识链接

1. 互联网的发展

全球互联网自20世纪90年代进入商用以来迅速拓展，已经成为当今世界推动经济发展和社会进步的重要信息基础设施。经过短短十几年的发展，全球互联网已经覆盖五大洲的所有国家和地区；截至2020年12月，我国网民规模达9.89亿，手机网民规模达9.86亿，互联网普及率达70.4%。

互联网接入需要通过特定的信息采集与共享的传输通道。随着科技的不断发展，互联网接入方式也在不断发展，接入互联网方式先后经历了电话线拨号接入、ISDN、ADSL接入、光纤宽带接入、无源光网络（PON）、无线网络等。

2. ADSL简介

数字用户线（Digital Subscriber Line，DSL）技术就是利用数字技术来扩大现有电话线（双绞铜线）传输频带宽度的技术，也就是利用电话线进行宽带高频信号传输的技术。

目前常见的DSL技术都是在电话线的两端装设DSL调制解调器，把发出的模拟语音信号和非语音信号调制成编码数字信号进行传送、再调制和接收。

DSL有多种不同分支，其常被统称为*x*DSL，目前比较成熟的*x*DSL数字用户线方案有ADSL、HDSL、SDSL和VDSL等。无论哪种*x*DSL，都是通过一对调制解调器来实现的，其中一个调制解调器放置在电信局，另一个调制解调器放置在用户一端。

此外，与传统的56K调制解调器拨号上网不同，在使用*x*DSL浏览互联网时，不需要另外再缴纳电话费。因为通过DSL上网并没有经过电话交换网接入互联网，只占用PSTN线路资源和宽带网络资源，所以只需要缴纳DSL月租费。

在各种*x*DSL方案中，ADSL因其下行速率高、频带宽、性能优、电话上网两不耽误等特点最终成为市场主流。

ADSL称为非对称数字用户线路，这是因为ADSL被设计成向下流（下行，即从中心局到用户侧）比向上流（上行，即从用户侧到中心局）传送的带宽宽，其下行速率最高为8Mbit/s，而上行速率最高为1Mbit/s。

ADSL服务的典型结构：在用户端安装ADSL调制设备，用户数据经过调制变成ADSL信号，可以通过在普通双绞线铜线上传送。如果要在铜线上同时传送电话，就要加一个分离器，分离器能将语音信号和调制好的数字调制信号放在同一条铜线上传送。信号传送到交换局，再通过一个分路器将语音信号和ADSL数字调制信号分离出来，把语音信号交给中心局交换机，ADSL数字调制信号交给ADSL中心设备，由中心设备处理，变成信元或数据报后再交给骨干网。ADSL典型的连接结构如图8-15所示。

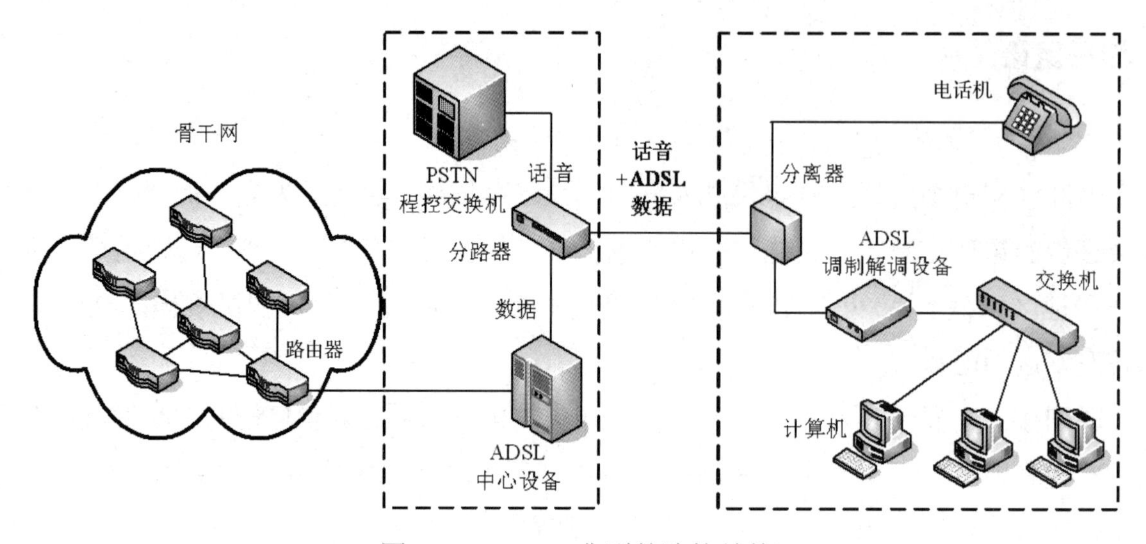

图 8-15　ADSL 典型的连接结构

ADSL 的上下行不对称的方式正好满足了目前宽带接入的主流需求——宽带高速接入应用实际上集中在数据下载，实现 Web 上的视音频点播、动画等高带宽应用上。而这些应用的特点是上下行数据传输量不平衡，下行传送大量的视音频数据流，需高带宽，而上行只是传送简单的检索及控制信息，需要很少的带宽。因而在高速接入的竞争中，很多 ISP 都乐于推出 ADSL 接入手段去占领市场。

3．ADSL 两种接入方式

ADSL 接入互联网主要有虚拟拨号接入和专线接入两种方式。采用虚拟拨号方式的用户采用类似调制解调器和 ISDN 的拨号程序，在使用习惯上与原来的方式没什么不同。采用专线接入的用户只要开机即可接入互联网。ADSL 根据它接入互联网方式的不同，所使用的协议也略有不同。无论 ADSL 使用怎样的协议，它都基于 TCP/IP 这个最基本的协议，并且支持所有 TCP/IP 程序应用。

1）ADSL 虚拟拨号接入

ADSL 虚拟拨号接入就是上网的操作和普通 56K 调制解调器拨号一样，有账号验证、IP 地址分配等过程。但 ADSL 连接的并不是具体的 ISP 接入号码如 00163 或 00169，而是 ADSL 虚拟专网接入的服务器。PPPoE 目前成为 ADSL 虚拟拨号的主流并有自己的一套网络协议来实现账号验证、IP 分配等工作。PPPoE 是为了满足越来越多的宽带上网设备和越来越快的网络之间的通信而最新制定开发的标准。

2）ADSL 专线接入

ADSL 专线接入是 ADSL 接入方式中的另一种，不同于虚拟拨号方式，此方式采用指定 IP 地址类似于专线的接入方式。用户连接好 ADSL 调制解调器后，在自己计算机的网络设置里设置好 TCP/IP 及网络参数（IP 地址、子网掩码、网关等都由 ISP 事先分配提供），开机后，用户端和局端会自动建立起一条链路。

任务二　使用宽带路由器接入互联网

任务引入

学生宿舍有三台计算机，安装了一部中国电信的电话，想使用宽带路由器实现多机共享上网。

任务分析

目前流行的宽带路由器不仅可以实现多机共享上网，而且大多具有自动拨号、防火墙、虚拟服务器、DHCP 等多种实用功能，是目前小型局域网共享上网的理想方案。

本实验以 TP-LINK 的 TL-R402 宽带路由器为例，通过 ADSL 线路接入互联网并实现多台计算机共享上网。需要准备好三台带以太网卡的计算机、一个宽带路由器、一个 ADSL 调制解调器、一个信号分离器、两根 RJ-11 头的电话线和四根 RJ-45 头的五类双绞网线。

操作步骤

1. 宽带路由器的硬件安装

（1）使用宽带路由器共享上网如图 8-16 所示。

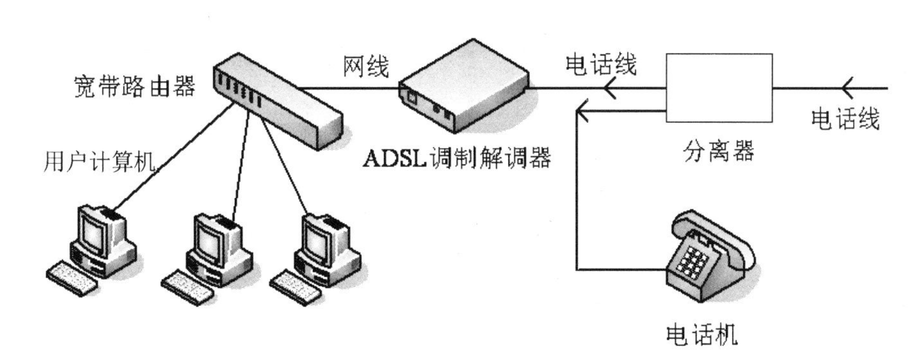

图 8-16　使用宽带路由器共享上网

（2）TL-R402 宽带路由器提供了一个“WAN”口，用来连接宽带线（可以是以太网接口的 ADSL 调制解调器，也可以是局域网接入的网线），提供了四个“LAN”口可以连接四台计算机。首先正确连接宽带路由器的电源线。接下来，用网线分别将三台计算机上的网卡和宽带路由器的“LAN”口中任意三个接口连接。宽带路由器、宽带路由器的连接口如图 8-17、图 8-18 所示。

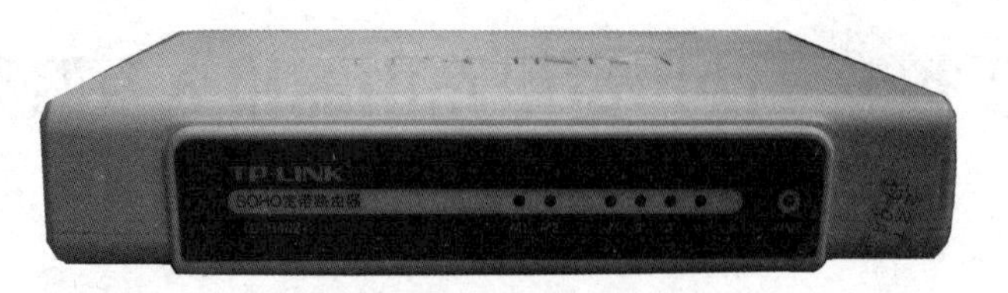

图 8-17　宽带路由器

图 8-18　宽带路由器的连接口

2．宽带路由器的参数设置

（1）登录到宽带路由器。一般宽带路由器都提供 Web 的管理方式，通过 IE 就可以登录到路由器并对其进行设置。每个路由器都有一个自己的 IP 地址，通过此 IP 地址就可以对路由器进行访问。例如，本实验的路由器的访问 IP 地址为“192.168.1.1”，在 IE 地址栏中输入“192.168.1.1”，然后按回车键就会出现图 8-19 所示的宽带路由器的登录对话框。输入用户名“admin”和密码“admin”，然后单击“确定”按钮。

（2）进入路由器的设置界面。宽带路由器的设置界面如图 8-20 所示。

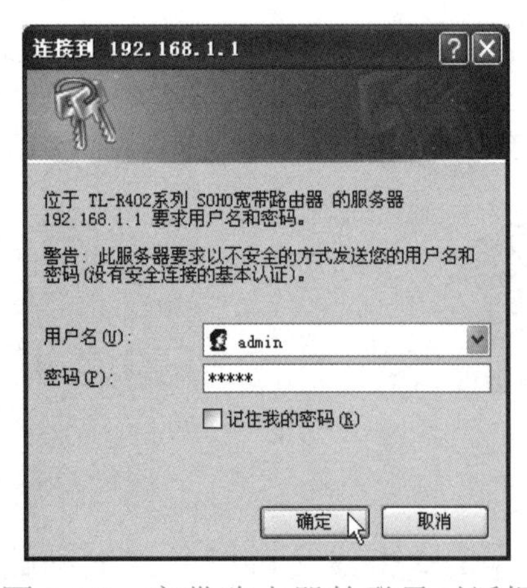

图 8-19　宽带路由器的登录对话框

图 8-20　宽带路由器的设置界面

（3）选择“网络参数”选项，然后选择“LAN 口设置”选项，出现图 8-21 所示的“LAN 口设置”对话框。对路由器 LAN 口的基本网络参数进行设置，输入 IP 地址“192.168.1.1”、子网掩码“255.255.255.0”。

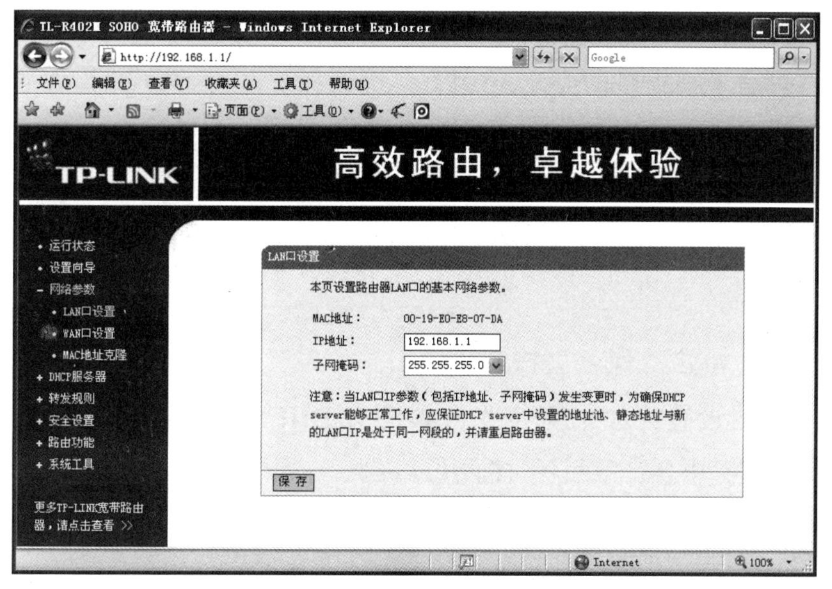

图 8-21　“LAN 口设置”对话框

MAC 地址是路由器对局域网的 MAC 地址，此值不可更改。IP 地址是路由器对局域网的 IP 地址，局域网中所有计算机的默认网关须设置为该 IP 地址。子网掩码是路由器对局域网的子网掩码，一般为“255.255.255.0”，局域网中所有计算机的子网掩码须与此处设置相同。

完成以上设置后，单击“保存”按钮。

（4）选择“网络参数”选项，然后选择“WAN 口设置”选项，出现图 8-22 所示的“WAN 口设置”对话框，主要是对上网方式和权限进行设置。

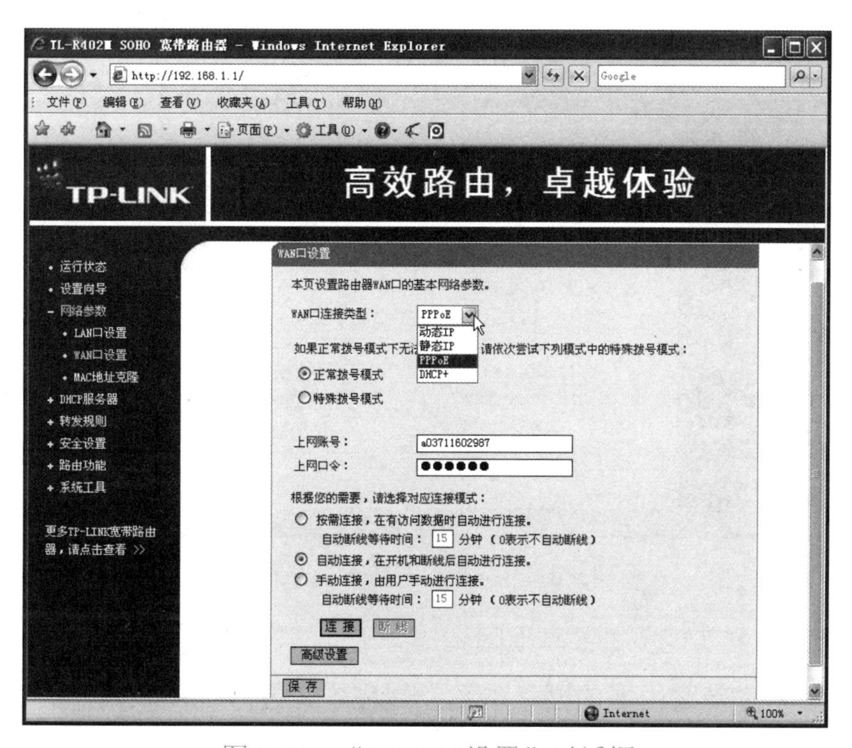

图 8-22　“WAN 口设置”对话框

WAN 口连接类型是指路由器支持的上网方式，请根据自身情况进行选择。如果你的上

网方式为动态 IP，即你可以自动从 ISP 处获取 IP 地址，请选择“动态 IP”；如果你的上网方式为静态 IP，即你拥有 ISP 提供的固定 IP 地址，请选择“静态 IP”；如果你的上网方式为（电信接入）ADSL 虚拟拨号方式，请选择“PPPoE”；如果你的上网方式为（网通接入）ADSL 虚拟拨号方式，请选择“DHCP+”。

上网账号和上网口令中填入 ISP 为你提供的 ADSL 上网账号和上网口令。一般可以选择“自动连接”。

完成以上设置后，单击“保存”按钮。

（5）DHCP 服务器设置。如果宽带路由器带有 DHCP 服务器功能，你可以让 DHCP 服务器自动替你配置局域网中各计算机的 TCP/IP。选择“DHCP 服务器”选项，然后选择“DHCP 服务”选项就可以对路由器的 DHCP 服务器功能进行设置。DHCP 服务器设置如图 8-23 所示。选择“启用”DHCP 服务器，“地址池开始地址”是指 DHCP 服务器自动分配的 IP 的起始地址，图 8-23 中的开始地址为“192.168.1.100”；“地址池结束地址”是指 DHCP 服务器自动分配的 IP 的结束地址，图 8-23 中的结束地址为“192.168.1.199”。网关和 DNS 服务器等是“可选”的，也可不填。

完成以上设置后，单击“保存”按钮，并重新启动路由器。

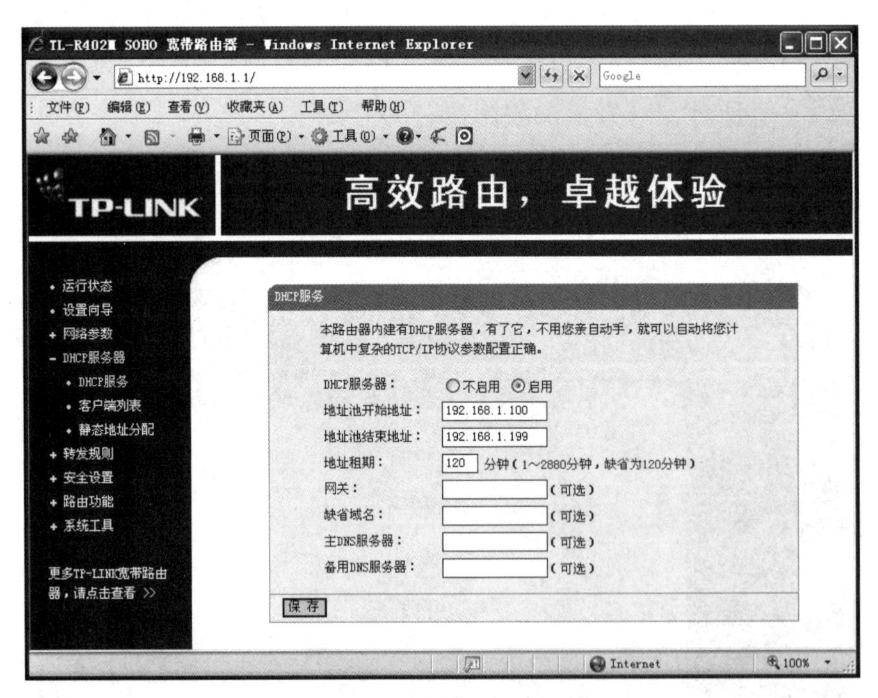

图 8-23　DHCP 服务器设置

3. 使用宽带路由器实现多机共享上网

按照以上步骤将宽带路由器的网络参数设置完毕，最后把局域网中各计算机的 TCP/IP 属性都设置为“自动获得 IP 地址”，如图 8-24 所示。至此局域网中的每台计算机就可以通过宽带路由器共享上网了。

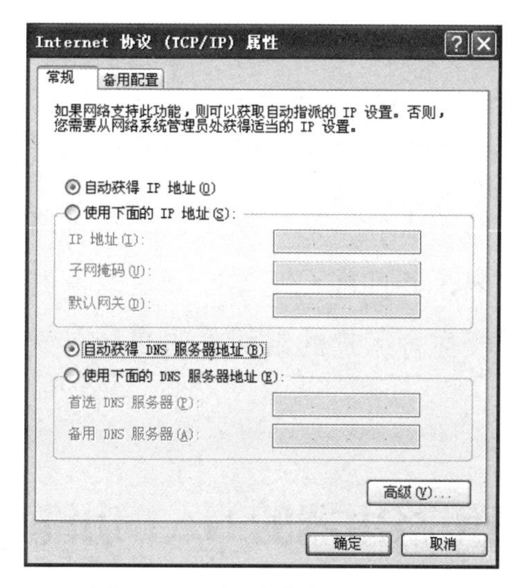

图 8-24　自动获得 IP 地址

宽带路由器的运行状态如图 8-25 所示。

提示

本例使用的宽带路由器，其 IP 地址是“192.168.0.1”，不同的宽带路由器，出厂的 IP 地址是不一样的，可参考产品说明书和 ISP 的上网说明。

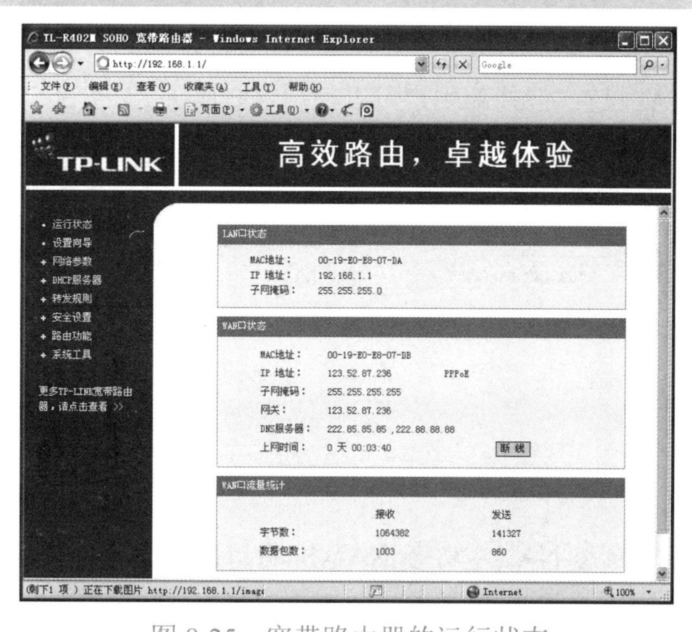

图 8-25　宽带路由器的运行状态

知识链接

宽带路由器是近几年来新兴的一种网络产品，它伴随着宽带的普及应运而生。宽带路由器在一个紧凑的箱子中集成了路由器、防火墙、带宽控制和管理等功能，具有快速转发能力、灵活的网络管理和丰富的网络状态等特点。多数宽带路由器针对中国宽带应用优化设计，可满足不同的网络流量环境，具备良好的电网适应性和网络兼容性。多数宽带路由器采用高度集成设计，集成10/100Mbit/s宽带以太网WAN接口、并内置多口10/100Mbit/s自适应交换机，方便多台机器连接内部网络与互联网，可以广泛应用于家庭、学校、办公室、网吧、小区、政府、企业等场合。

宽带路由器有高、中、低档次之分，高档次企业级宽带路由器的价格可达数千，而目前的低价宽带路由器已降到百元内，其性能已基本能满足像家庭、学校宿舍、办公室等应用环境的需求，成为目前家庭、学校宿舍用户的组网首选产品之一。

任务三　使用路由器的NAT功能接入互联网

一　静态内部源NAT的配置方法

任务引入

你是某公司的网络管理员，需要完成以下任务。内部网络有FTP服务器可以为外部用户提供服务，服务器的IP地址必须采用静态地址转换，将内部网络与外部互联网隔离开，外部用户根本不知道通过NAT设置，但外部用户可以使用这些服务。静态NAT拓扑图如图8-26所示。

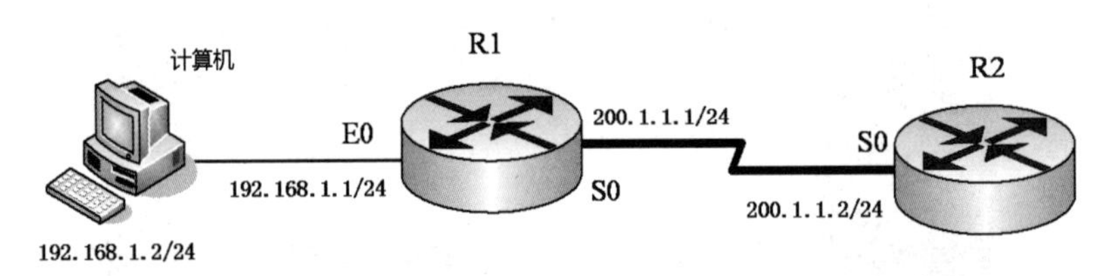

图8-26　静态NAT拓扑图

任务分析

NAT有三种类型：静态NAT、动态NAT和端口地址转换（Dort Address Translation，PAT）。

静态NAT建立内部本地地址和内部全局地址一对一的永久映射，这意味着对于每一个预设的内部本地地址，静态NAT都需要在查找表中建立一个内部全局地址。

为了配置静态内部源地址转换，执行如下步骤。

（1）建立一个内部本地地址与一个内部全局地址间的静态转换。

```
Router(config)#ip nat inside source static local-ip global-ip
```

（2）指定内部接口。

```
Router(config-if)#ip nat inside
```

（3）指定外部接口。

```
Router(config-if)#ip nat outside
```

操作步骤

1. 配置计算机

设置计算机的 IP 地址、子网掩码和网关分别为 192.168.1.2、255.255.255.0、192.168.1.1。

2. 配置路由器

```
R2#conf t
R2(config)#interface serial 0
R2(config-if)#ip address 200.1.1.2 255.255.255.0
R2(config-if)#clock rate 64000
R2(config-if)#no shutdown
R2(config-if)#exit
R2(config)#router rip
R2(config-router)#version 2
R2(config-router)#network 200.1.1.0

R1(config)#interface serial 0
R1(config-if)#ip address 200.1.1.1 255.255.255.0
R1(config-if)#no shutdown
R1(config-if)#exit
R1(config)#interface ethernet 0
R1(config-if)#ip address 192.168.1.1 255.255.255.0
R1(config-if)#no shutdown
R1(config-if)#exit
R1(config)#router rip
R1(config-router)#version 2
R1(config-router)#network 192.168.1.0
R1(config-router)#network 192.1.1.0
R1(config-router)#end
```

验证测试：

```
R1#ping 192.168.1.2
Type escape sequence to abort.
Sending 5, 100-byte ICMP Echos to 192.1.1.2, timeout is 2 seconds:
!!!!!
Success rate is 100 percent (5/5), round-trip min/avg/max = 1/2/4 ms
```

3. 配置静态 NAT 映射

```
R1(config)#ip nat inside source static 192.168.1.2 200.1.1.3 ! 定义静态映射
R1(config)#interface ethernet 0
R1(config-if)#ip nat inside             ! 定义内部接口
R1(config-if)#exit
R1(config)#interface serial 0           ! 定义外部接口
R1(config-if)#ip nat outside
```

验证测试：

```
R1#show ip nat translations
Pro  Inside global      Inside local       Outside local       Outside global
---    200.1.1.3          192.168.1.2          ---                  ---
```

注意事项

（1）不要把内部和外部应用的接口弄错。

（2）要加上能使数据报向外转发的路由，如默认路由。

（3）尽量不要用广域网接口地址作为映射的全局地址。

知识链接

NAT技术提供了一种掩饰网络内部本质的方法，是一种把内部专用IP地址转换成合法IP地址的技术。NAT技术主要使用在一个局域网共用一个IP地址或少量IP地址（地址池）上网的情况下。

NAT技术工作在网络中较低的层次，逻辑上是工作在IP层，为用户连接互联网提供了更大的透明性，其工作则更像一个路由器而并非一个代理网关。NAT的过程对于用户来说是透明的，不需要用户进行设置，用户只要进行常规操作即可。

1. NAT的提出背景

（1）NAT是在IP地址日益短缺的情况下提出的。

（2）一个局域网内部有很多台主机，可是不能保证每台主机都拥有合法的IP地址，为了达到所有的内部主机都可以连接互联网的目的，可以使用NAT。

（3）NAT技术可以有效地隐藏内部局域网中的主机，因此其同时是一种有效的网络安全保护技术。

（4）NAT可以按照用户的需要，在内部局域网内部为外部提供FTP、WWW、Telnet服务。

2. NAT的术语

当在Cisco路由器上应用NAT时，应理解下面的术语。NAT的术语如图8-27所示。

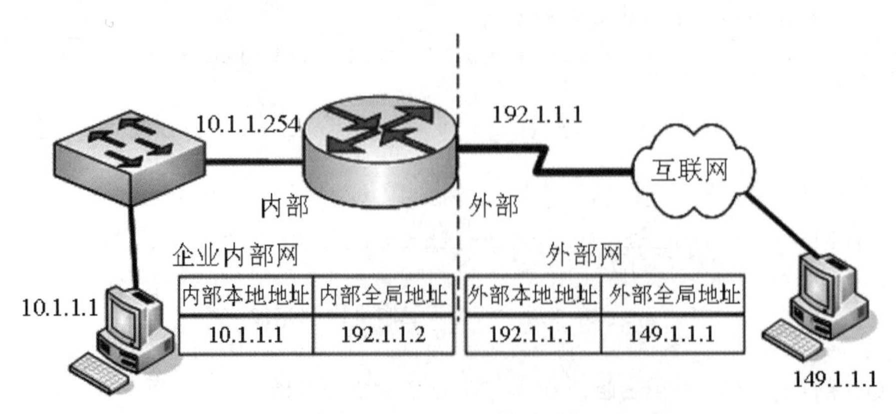

图8-27　NAT的术语

这些术语是相对于企业网内部的一台主机来讲的，因为主机处在不同的网络中，NAT 可以解释为不同的地址。

（1）内部本地地址：分配给网络内部设备的 IP 地址，这个地址可能是非法的未向相关机构注册的 IP 地址，也可能是合法的私有网络地址。

（2）内部全局地址：合法的 IP 地址，是由网络信息中心或者 ISP 提供的可在互联网传输的地址，在外部网络代表着一个或多个内部本地地址。

（3）外部本地地址：外部网络的主机在内部网络中表现的 IP 地址，该地址不一定是合法的地址，也可能是内部可路由地址。

（4）外部全局地址：外部网络分配给外部主机的 IP 地址，该地址是合法的全局可路由地址。

知识拓展

1. NAT 技术

NAT 技术是 1994 年提出的，当专用网内部的一些主机已经分配到了本地 IP 地址（即仅在本专用网内使用的专用地址），但现在又想和互联网上的主机通信（并不需要加密）时，可使用 NAT 技术。NAT 作为一种减轻 IPv4 地址空间耗尽速度的技术，最早出现在 Cisco IOS 11.2 版本中，NAT 的实现方式有三种：静态转换、动态转换、端口多路复用。NAT 的作用主要有以下四种。

（1）解决 IP 地址不足问题。这种通过使用少量的公有 IP 地址代表较多的私有 IP 地址的方式，将有助于减缓可用的 IP 地址空间的枯竭。

（2）隐藏内部网络。NAT 不仅能解决 IP 地址不足的问题，而且还能够有效地避免来自网络外部的攻击，隐藏并保护网络内部的计算机。NAT 之内的计算机联机到互联网上面时，显示的 IP 是 NAT 主机的公共 IP，客户端的计算机就具有了一定程度的安全，外界在进行端口扫描时，就会侦测不到源客户端的计算机。

（3）能够处理地址重复情况，避免了地址的重新编号，增加了编址的灵活性。

（4）可以使多个使用 TCP 负载特性的服务器之间实现基本的数据报负载均衡。

2. 动态 NAT

动态 NAT 建立内部本地地址和内部全局地址的临时对应关系，在路由器收到需要转换的通信之前，NAT 表中不存在转换。动态 NAT 要指定内部地址能被转换成全球地址池。

为了配置动态内部源 NAT，执行如下步骤。

（1）定义一个供分配的全局地址池。

```
    Router(config)#ip nat pool name start-ip end-ip {netmask netmask | prefix-length prefix-length}
```

（2）创建一个访问控制列表来标识要转换的主机。

```
    Router(config)#access-list access-list-number permit source source-
wildcard-mask
```

（3）配置基于源地址的动态 NAT。

```
    Router(config)#ip nat inside source list access-list-number pool name (4) 指
定内部接口
    Router(config-if)#ip nat inside
```

（5）指定外部接口。

```
    Router(config-if)#ip nat outside
```

3. 实例：动态内部源 NAT

动态 NAT 实例如图 8-28 所示。路由器 A 将通过访问控制列表 1（源地址来自 10.0.0.0/16）的所有源地址转换为地址池 nat-tran 中的地址。地址池 nat-tran 所包含的地址范围为 190.9.8.80/28 ～ 190.9.8.95/28。

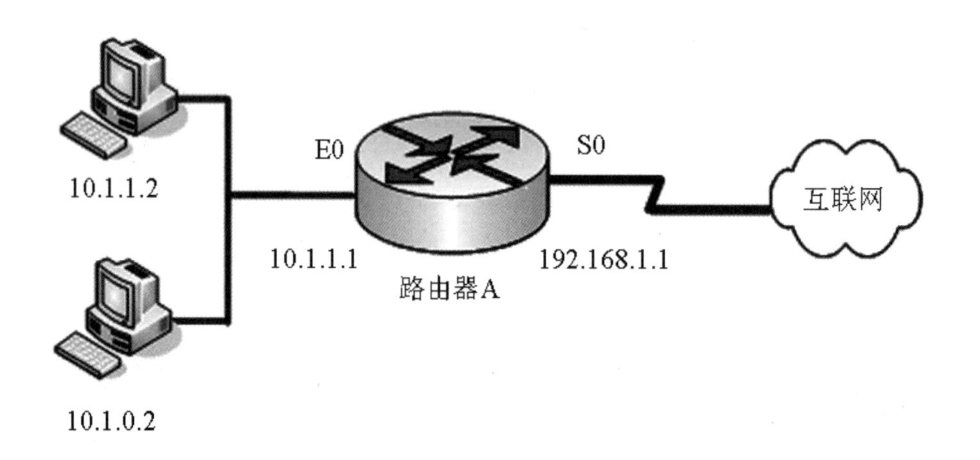

图 8-28 动态 NAT 实例

路由器 A 的主要配置如下。

```
    ip nat pool nat-tran 190.9.8.80 190.9.8.95 netmask 255.255.255.240
    ip nat inside source list 1 pool nat-tran
    !
    interface Ethernet 0
      ip address 10.1.1.1 255.255.0.0
      ip nat inside
    !
    interface serial 0
      ip address 192.168.1.1 255.255.255.0
      ip nat outside
    !
    access-list 1 permit 10.1.0.0  0.0.255.255
```

二 复用内部全局地址的 PAT 的配置方法

任务引入

你是某公司的网络管理员，需要达成公司想通过外部接口的 IP 地址使全公司的主机都能访问外网的目的。PAT 实例如图 8-29 所示。路由器 A 将超载 IP 地址（192.168.2.0/24 和 192.168.3.0/24）通过访问控制列表 1 分配给一个外部接口的 IP 地址。

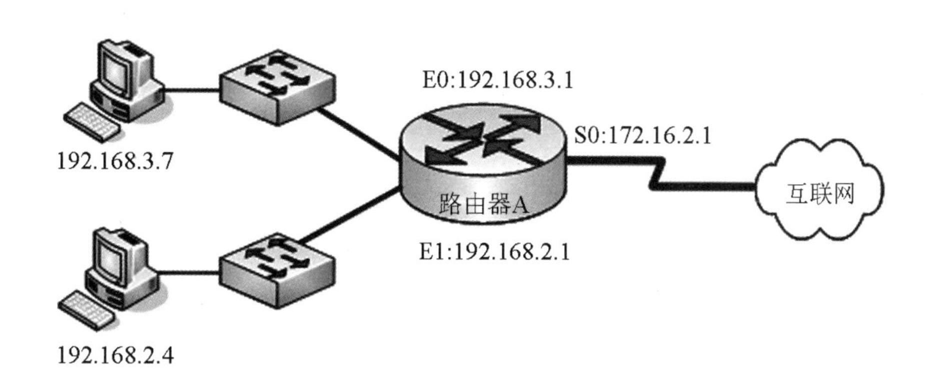

图 8-29 PAT 实例

任务分析

PAT 是把内部多个本地地址映射到外部网络的一个 IP 地址的不同端口上。使用 PAT，数以百计的私有地址节点可以使用一个全球地址访问互联网。NAT 路由器通过对转换表中的 TCP 和 UDP 端口号进行映射来区分不同的会话。

为了配置 PAT，执行如下步骤。

（1）定义一个标准控制列表来允许那些被转换的地址。

```
    Router(config)#access-list access-list-number permit source source-
wildcard-mask
```

（2）有两种选择方式。

第一种，建立动态源转换，指定上一步所定义的访问控制列表（一般为接口的超载）。

```
    Router(config)#ip nat inside source list access-list-number interface
interface overload
```

第二种，指定用于超载的全局地址（作为一个池）。

```
    Router(config)#ip nat pool name ip-address {netmask netmask | prefix-length
prefix-length}
    Router(config)#ip nat inside source list access-list-number pool name
overload
```

提示

关键字 overload 用来启用 PAT。

（3）指定内部接口。

```
Router(config-if)#ip nat inside
```

（4）指定外部接口。

```
Router(config-if)#ip nat outside
```

操作步骤

路由器 A 的主要配置如下。

```
interface Ethernet 0
  ip address 192.168.3.1 255.255.255.0
  ip nat inside
!
interface Ethernet 1
  ip address 192.168.2.1 255.255.255.0
  ip nat inside
!
interface serial 0
  ip address 172.16.2.1 255.255.255.0
  ip nat outside
!
ip nat inside source list 1 interface serial 0 overload
!
access-list 1 permit 192.168.2.0 0.0.0.255
access-list 1 permit 192.168.3.0 0.0.0.255
```

知识链接

1. PAT 的工作过程

图 8-30 所示为内部网络地址 PAT 的整个过程。

（1）内部主机 192.168.3.8 发起一个到外部主机 125.46.61.130 的连接。

（2）当路由器接收到以 192.168.3.8 为源地址的第一个数据报时，引起路由器检查 NAT 映射表。

① 如果 NAT 没有转换记录，路由器就为 192.168.3.8 做地址转换，并创建一条转换记录。

② 如果启用了 PAT，就进行另外一次转换，路由器将复用全局地址并保存足够的信息以便能够将全局地址转换回本地地址。

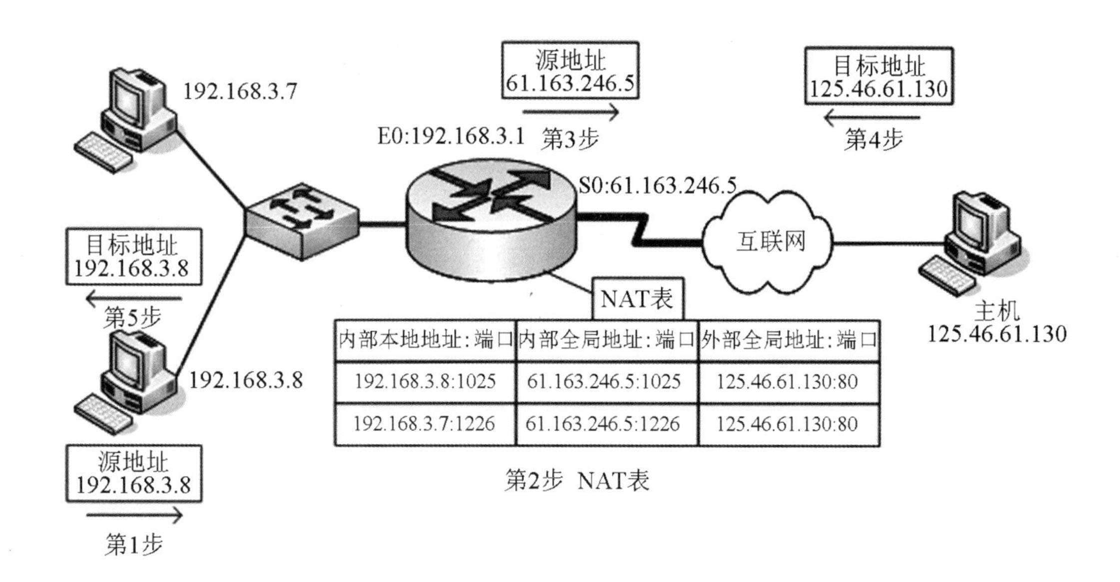

图 8-30 内部网络地址 PAT 的整个过程

（3）路由器用 192.168.3.8 对应的 NAT 转换记录中的全局地址替换数据报源地址，经转换后，数据报的源地址变为 61.163.246.5，然后转发该数据报。

（4）主机 125.46.61.130 接收到数据报后，将向 61.163.246.5 发送响应包。

（5）当路由器接收到内部全局地址的数据报时，将以内部全局地址 61.163.246.5 及其端口号、外部全局地址及其端口号为关键字查找 NAT 记录，将数据报的目的地址转换成 192.168.3.8 并转发给 192.168.3.8。

（6）192.168.3.8 接收到响应包，并继续保持会话。步骤（1）到（5）将一直重复，直到会话结束。

2．NAT 的优缺点

1）NAT 的优点

（1）所有内部的 IP 地址对外面的人来说都是隐蔽的。因为这个原因，网络之外没有人可以通过指定 IP 地址的方式直接对网络内的任何一台特定的计算机发起攻击。

（2）如果因为某种原因公共 IP 地址资源比较短缺，NAT 可以使整个内部网络共享一个 IP 地址。

（3）可以启用基本的包过滤防火墙安全机制，因为所有传入的包如果没有专门指定配置到 NAT，那么就会被丢弃。

2）NAT 的缺点

（1）NAT 增加了延迟，因为路由器需要转换数据报报头中的 IP 地址。

（2）丧失端到端的 IP 追踪能力。当数据报在多个 NAT 跳上经历了许多次的地址转换后，要跟踪该数据报是非常困难的。

任务四 接入无线网的配置

任务引入

某公司办公场所想通过电话线实现笔记本计算机、手机等移动设备无线上网，并且通过密码控制用户接入。

任务分析

公司电话线经过调制解调器将模拟信号转化为数字信号，然后连接无线路由器，通过配置无线路由器实现移动终端设备无线上网。公司联网拓扑图如图 8-31 所示。本次实验以办公室常用的 D-Link 无线路由器为例。

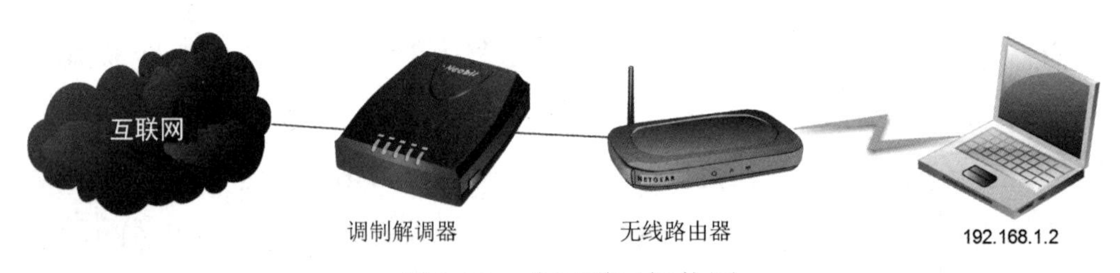

图 8-31 公司联网拓扑图

操作步骤

1. 无线路由器连接

首先将引入线（电话线、光纤）连接在调制解调器（俗称“猫”）上，用一根网线将猫和路由器的 WAN 端口（一般是蓝色）连起来，再用一根网线插入路由器的 LAN 接口（4 个接口随便一个都可以），接着把另一端接入计算机的网线端口（无线路由器和计算机之间的有线是为了配置无线路由器）。

2. 给管理主机配置静态 IP

（1）打开管理主机的 Windows“控制面板”窗口，双击“网络连接”图标，打开“网络连接”窗口，如图 8-32 所示。

（2）右击“本地连接”图标，选择“属性”选项，打开“本地连接 属性”对话框中的“常规”选项卡，双击“Internet 协议（TCP/IP)”选项，打开“Internet 协议（TCP/IP) 属性”对话框，如图 8-33 所示。因为待管理的无线路由器默认 IP 地址是 192.168.1.254，子网掩码是 255.255.255.0，不同厂家生产的路由器可能不一样，有的是 192.168.0.1，具体可查看路由器说明书。这里讲解的是 D-Link 路由器，因此本机 IP 地址指定为 192.168.1.2，单击“确定”按钮，使配置生效。

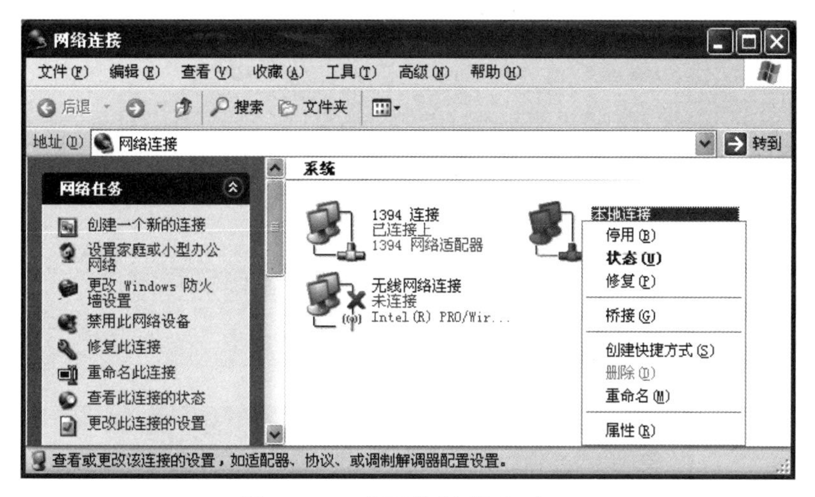

图 8-32　“网络连接”窗口

3．进入路由器

在浏览器里输入无线路由器 IP 地址：http://192.168.1.1/，按回车键，弹出无线路由器登录对话框，如图 8-34 所示，输入路由器中默认的用户名和密码（路由器默认的用户名是 admin，密码相同），单击“确定”按钮进入路由器配置界面。

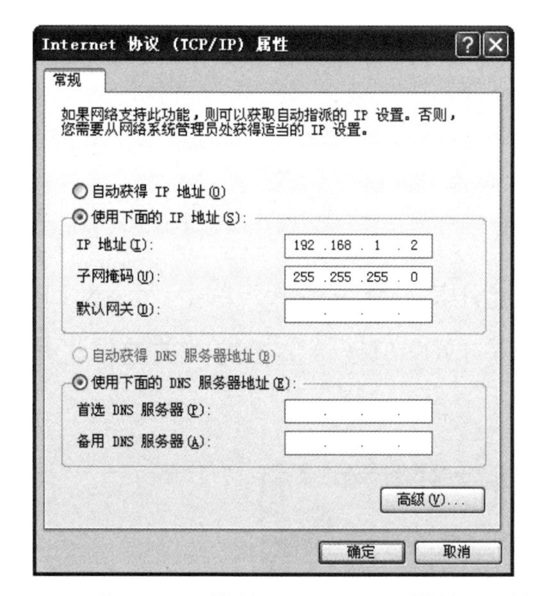

图 8-33　“Internet 协议（TCP/IP）属性”对话框

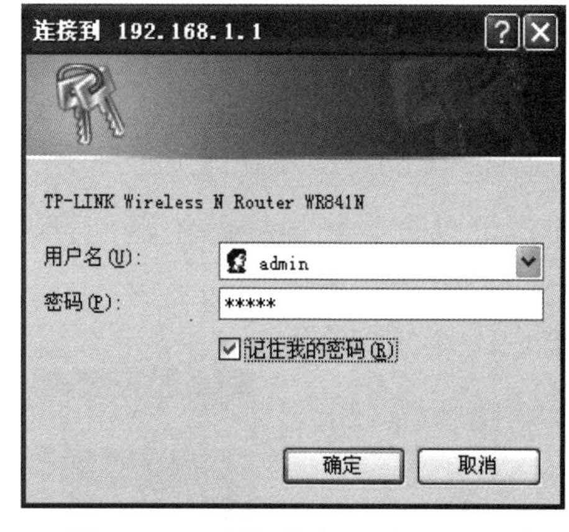

图 8-34　无线路由器登录对话框

4．无线路由器基本配置

1）拨号设置

通过浏览器登录路由器后，单击左边的“设置向导”命令，弹出“设置向导”对话框，如图 8-35 所示；单击“下一步”按钮，选择“ADSL 虚拟拨号（PPPoE）”单选按钮，如图 8-36 所示；单击“下一步”按钮，输入电信或者联通给的上网验证账号，如图 8-37 所示；无线设置可以暂时略过，直接单击“下一步”按钮完成快速设置。

设置向导

用这个向导，您可以设置上网所需的基本网络参数。即使您对网络知识和这个产品不太熟悉，您也可以按照提示轻松地完成设置。如果您是一位专家，您也可以退出这个向导程序，直接到菜单项中选择您需要修改的设置项进行设置。

要继续，请单击“下一步”。
要退出设置向导，请单击“退出向导”。

☐ 下次登录不再自动弹出向导

退出向导　下一步

图 8-35　“设置向导”对话框

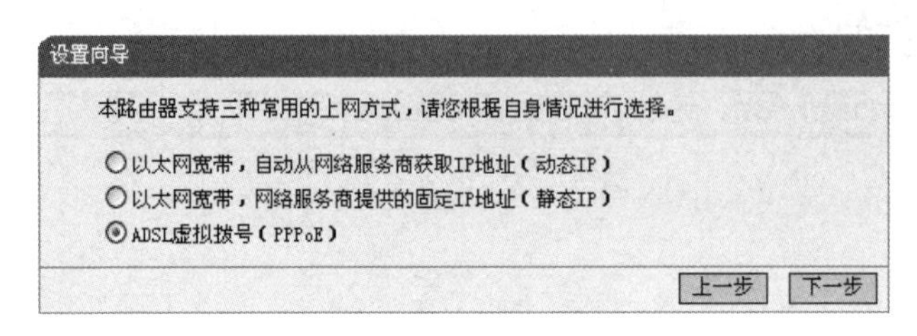

图 8-36　选择 ADSL 虚拟拨号（PPPoE）

设置向导

您申请ADSL虚拟拨号服务时，网络服务商将提供给您上网帐号及口令，请对应填入下框。如您遗忘或不太清楚，请咨询您的网络服务商。

上网账号：username
上网口令：●●●●●●●●●

上一步　下一步

图 8-37　输入上网验证账号

2）网络参数

LAN 口设置：单击左边的“网络参数”选项，展开其子命令菜单，单击“LAN 口设置”选项，可以查看到无线路由器的管理 IP 地址，也就是 LAN 口连接主机的网关地址，可根据需要自己修改，如图 8-38 所示。

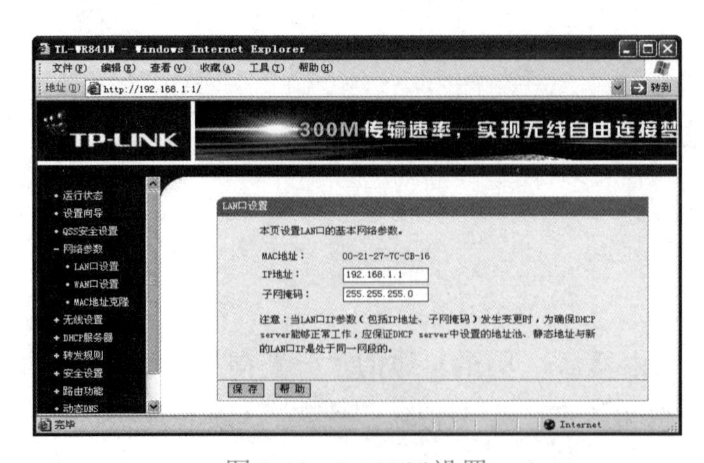

图 8-38　LAN 口设置

WAN 口设置：单击左边的“网络参数”选项，展开其子命令菜单，单击“WAN 口设置”选项，可以设置 WAN 口连接类型、拨号上网的账号和密码等，如图 8-39 所示。

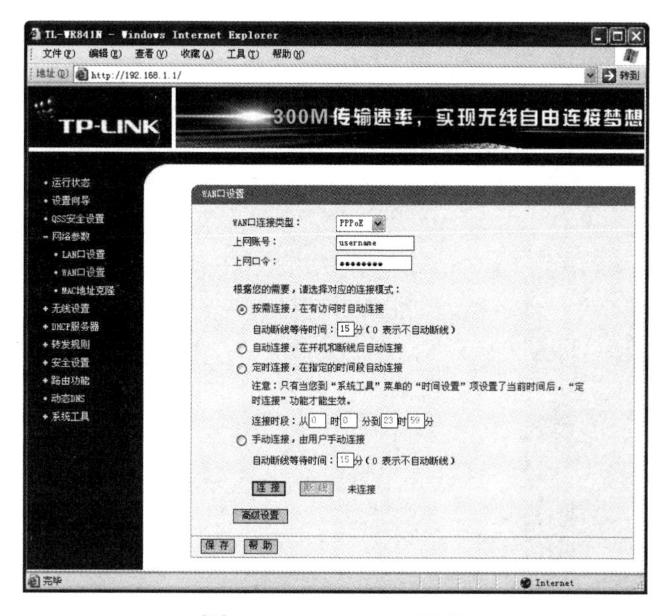

图 8-39　WAN 口设置

5．无线网络设置

1）无线基本设置

单击左边的“无线设置”选项，展开其子命令菜单，单击“基本设置”选项，设置无线网络的 SSID 号为“Test1”（此 SSID 就是以后使用无线时，搜索的无线网络名称，使用英文名称），信道和频段宽度通常选择默认值“自动”，并选中“开启无线功能”和“开启 SSID 广播”复选框，如图 8-40 所示，最后单击“保存”按钮，使配置生效。

图 8-40　无线基本设置

2）无线安全设置

单击左边的“无线设置”选项，展开其子命令菜单，单击“无线安全设置”选项，可以设置无线网络接入安全模式。选择“WPA-PSK/WPA2-PSK”单选按钮，目前这种加密方式最安全，不易被破解；认证类型、加密算法均选择“自动”；PSK 密码是无线接入时使用的密码，为保障无线接入安全，密码最好由数字、大写字母、小写字母、符号混合构成，如图 8-41 所示。

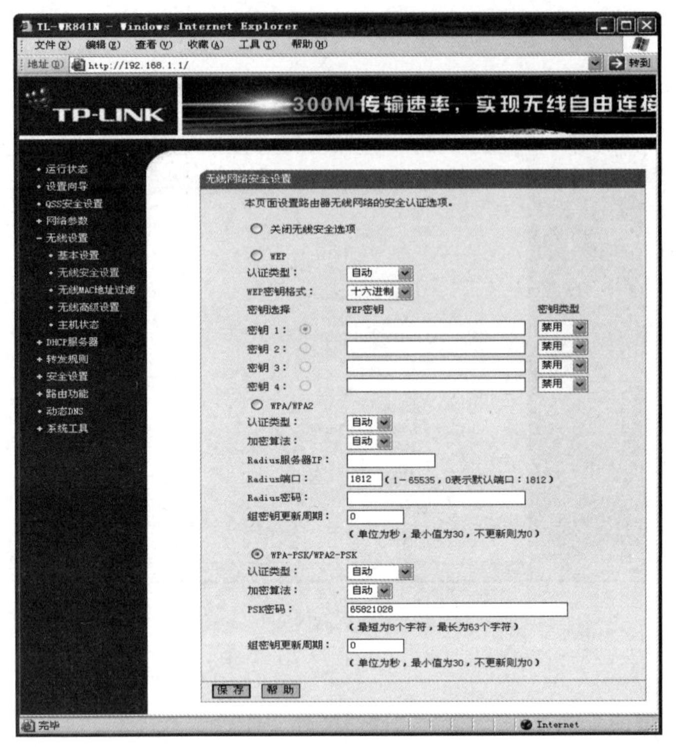

图 8-41　无线安全设置

6．查看连接的主机

单击左边的“无线设置”选项，展开其子命令菜单，单击“主机状态”选项，如果有计算机通过无线已经连接到路由器了，就可以查看其使用的 IP，如图 8-42 所示。以后要查看有没有用户非法连接，来这里查看就能知道。

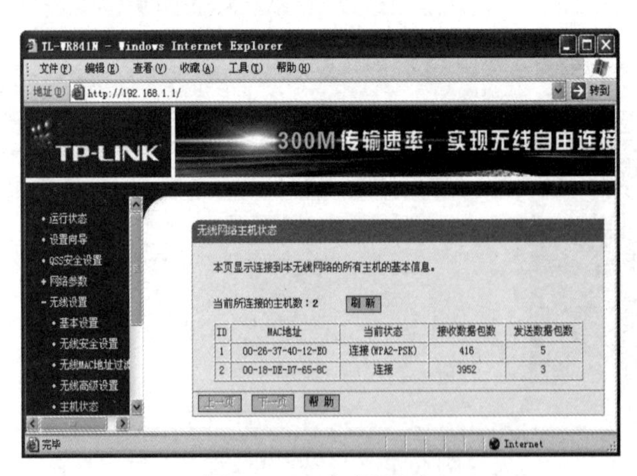

图 8-42　主机状态

7．DHCP 动态 IP 分配设置

要想让计算机自动获取 IP，省去手动配置的烦琐，可设置 DHCP 服务。单击左边的“DHCP 服务器”选项，展开其子命令菜单，单击“DHCP 服务”选项，打开“DHCP 服务”对话框，如图 8-43 所示。DHCP 服务器选择“启用”单选按钮。根据用户数量合理设置 IP 地址范围，本例中 IP 地址范围设置为 192.168.1.100 ～ 192.168.1.115，也就是说，只可接入 16 台主机同

时上网，超过了，就获取不到 IP 了，也就无法上网了，这也是出于一种安全性考虑。

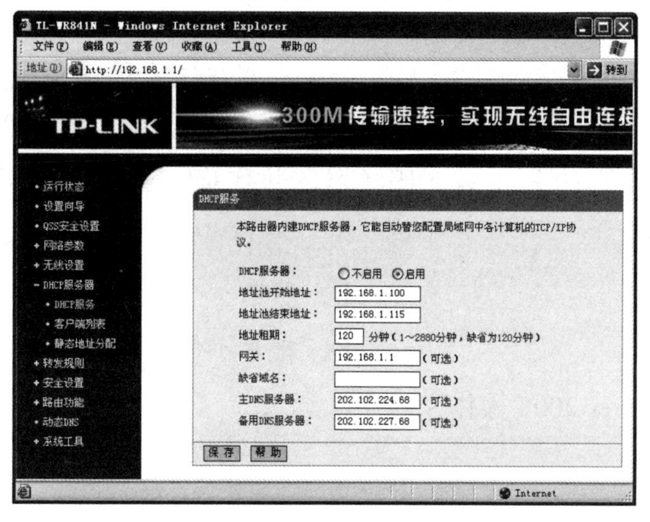

图 8-43　“DHCP 服务”对话框

8. 笔记本计算机无线上网

1）有线上网

无线路由器经过以上设置后，用户就可以通过它上网了，插上网线，连接到路由器的 LAN 口上，修改 IP 地址为动态自动获取，当获取到 IP 后便可上网。

2）无线上网

笔记本、iPhone、iPad 等支持 Wi-Fi 的无线设备，可通过搜索无线网络，找到相应的 SSID 号，输入密码即可上网。

注意事项

对于 TP-LINK 无线路由器的无线信号传输距离，大家一定要根据实际情况来判断，如果在比较空旷的场所，一般无线路由信号可以达到 100m 左右，甚至更远些；但如果中间有多重障碍，并且有间隙，传输距离也只不过能到 20 来米。信号衰减和障碍物有很大关系，有钢筋水泥阻挡，距离下降很严重，一般只有 20m 不到，如果在金属屋内则更短些，所以用户应该根据自己的实际情况去选用无线路由器。如果无线信号实在不好，建议用户接有线网络，或者串联无线路由器来实现效果。

项目总结

本项目介绍接入互联网的几种常见方法。ADSL 正好满足宽带接入的主流需求；使用宽带路由器可满足小型局域网共享接入互联网的需求，并且配置方法简单；使用路由器的 NAT 功能接入互联网，设置方法专业；使用无线路由器实现终端设备的无线接入，满足移动设备接入互联网的需要。

实训与练习8

一、选择题

1．A企业维护它自己的公共Web服务器，并打算实现NAT。应该为该Web服务器使用 ________ 类型的NAT。

A．动态　　　　B．静态

C．PAT　　　　D．根本不使用NAT

2．在Windows Server 2003操作系统中，通过 ________ 服务，可快速实现整个局域网共享上网。

A．DNS　　　　B．Internet信息

C．FTP　　　　D．启动路由和远程访问

二、填空题

1．______全称是Point to Point Protocol over Ethernet（基于局域网的点对点协议），它目前成为ADSL虚拟拨号采用的主流协议。

2．NAT有三种类型，分别是_____、_____和_____。

3．_____把内部多个本地地址映射到外部网络的一个IP地址的不同端口上。

三、简答题

1．什么是ADSL？ ADSL有哪些接入模式？

2．简述NAT的类型。

四、实训题

1．某小区住户想通过家中的电话线安装ADSL接入互联网，请你写出实施方案。

提示：在写实施方案时要调查清楚以下几个问题。

（1）住户家中已安装了哪一家ISP的电话，联通、电信、移动等？

（2）给这几家ISP在本地的营业厅打电话咨询，看看所在的小区或地点有没有资源。

（3）若有一台计算机通过ADSL拨号方式接入互联网，通过安装分离器和ADSL调制解调器，按照ISP上网说明（有的ISP会有专用的上网协议，如网通的DHCP+）进行设置就可以上网了。

（4）若多台计算机想共享上网，则要购置宽带路由器。宽带路由器种类繁多，如中宽、TP-LINK等，选择哪一款，可通过互联网查询或到当地的科技市场咨询就行了。

2．在Cisco Packet Tracer中，按照图8-26所示的拓扑图，实现静态内部源NAT的配置。

3．利用无线路由器为宿舍或家庭搭建一个无线网络。

项目九

计算机网络安全与管理

随着网络应用的深入发展，网络在各种信息系统中的作用越来越重要，同时计算机网络安全受到严峻的考验，诸如利用系统漏洞进行攻击、非法获取用户信息与数据、传输释放病毒等攻击手段与方式层出不穷。如何更有效地保护重要的信息数据，提高计算机网络系统的安全性已经成为所有计算机网络应用必须考虑和解决的一个重要问题。本项目以实际案例讲解网络安全的管理与基本知识。

知识目标

- 了解防火墙的安装与设置
- 了解杀毒软件的安装与升级
- 了解木马程序和恶意插件的查杀
- 掌握网络漏洞的检测与防范
- 掌握网络管理技术

能力目标

- 能利用防火墙实现网络之间的访问控制
- 能利用杀毒软件实现计算机病毒的防范
- 能利用工具实现网络攻击及防范

任务一　防火墙的初始配置

任务引入

假设某企业的网络管理员第一次在设备机房对防火墙进行了初次配置后，他希望以后在办公室或出差时也可以对设备进行远程管理，现要在路由器上做适当配置，使他可以实现这一愿望。

任务分析

以一台 Cisco ASA 5506 防火墙为例，一台计算机通过串口连接到防火墙的控制台端口，通过网卡连接到防火墙的 fastethernet0/1 端口。初始配置防火墙的连线示意图如图 9-1 所示。假设计算机的 IP 地址和子网掩码分别为 192.168.1.2、255.255.255.0，配置防火墙连接内网端口的 IP 和网络掩码分别为 192.168.1.1、255.255.255.0。

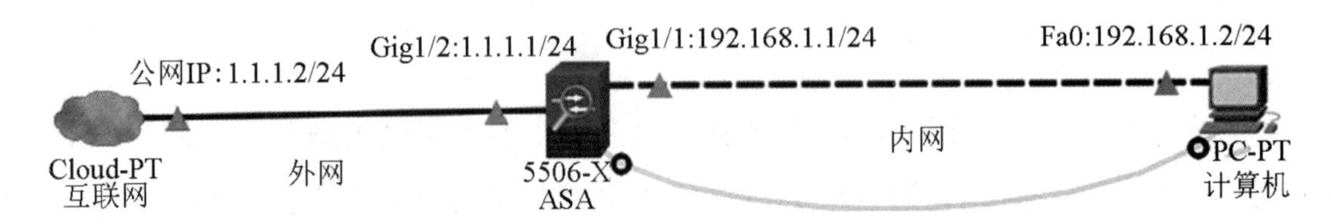

图 9-1　初始配置防火墙的连线示意图

操作步骤

1．在计算机上进行设置

设置计算机的 IP 地址和子网掩码分别为 192.168.1.2、255.255.255.0；网关为 192.168.1.1。

2．对防火墙做初始化配置

```
ciscoasa> enable                      ！从用户模式进入特权模式
password:                             ！初始密码为空，按 Enter 键进入特权模式
ciscoasa# configure terminal          ！从特权模式进入全局配置模式
ciscoasa(config)# hostname Firewall   ！更改防火墙名称为 Firewall
Firewall (config)# passwd cisco               ！配置远程登录密码为 cisco
Firewall (config)# enable password cisco      ！配置 enable 密码为 cisco
```

3．配置防火墙内、外网接口

```
Firewall(config)# interface GigabitEthernet 1/1          ！进入 Gig 1/1 接口
Firewall(config)# nameif inside                       ！将 Gig 1/1 接口命名为 inside 口
Firewall(config)# security-level 100                  ！设置 inside 口的默认安全级别为 100
Firewall(config)# ip address 192.168.1.1 255.255.255.0 ！配置该接口地址
Firewall(config)# interface GigabitEthernet 1/2          ！进入 Gig 1/2 接口
Firewall(config)# nameif outside                      ！将 Gig 1/2 接口命名为 outside 口
Firewall(config)# security-level 0      ！设置 outside 口的默认安全级别为 0（范围为
0~100，其中 inside、outside 口安全级别为系统自动定义和生成）
Firewall(config)# ip address 1.1.1.1 255.255.255.252     ！配置连接外网口地址
```

4．配置远程管理地址范围

Firewall(config)# telnet 192.168.1.2 255.255.255.255 inside！配置只允许 IP 地址为 192.168.1.2 的主机通过 telnet 远程登录防火墙。如果允许所有内网主机通过 telnet 远程登录防火墙，配置命令为 telnet 0.0.0.0 0.0.0.0 inside。

```
Firewall(config)# ssh 0.0.0.0 0.0.0.0 outside ！配置允许外网所有地址通过 ssh 登录防火墙
```

5. 验证测试

验证从计算机可以通过网线远程登录到防火墙上。通过 ping 命令测试从计算机到防火墙的连通性，测试命令如下。

```
C：\>ping 192.168.1.1
```

从计算机测试到防火墙的连通性如图 9-2 所示，表示网络连接正常。

```
C:\>ping 192.168.1.1

Pinging 192.168.1.1 with 32 bytes of data:

Reply from 192.168.1.1: bytes=32 time=1ms TTL=255
Reply from 192.168.1.1: bytes=32 time<1ms TTL=255
Reply from 192.168.1.1: bytes=32 time<1ms TTL=255
Reply from 192.168.1.1: bytes=32 time=3ms TTL=255

Ping statistics for 192.168.1.1:
    Packets: Sent = 4, Received = 4, Lost = 0 (0% loss),
Approximate round trip times in milli-seconds:
    Minimum = 0ms, Maximum = 3ms, Average = 1ms

C:\>
```

图 9-2　从计算机测试到防火墙的连通性

通过 telnet 命令从计算机登录到防火墙的命令格式如下。

```
C:\>telnet 192.168.1.1                    ！从计算机登录到防火墙
```

从计算机通过 telnet 远程成功连接防火墙。从计算机通过 telnet 连接防火墙的显示界面如图 9-3 所示。输入步骤 2 设置的密码可以登录到防火墙，开始远程管理。

```
C:\>telnet 192.168.1.1
Trying 192.168.1.1 ...Open


User Access Verification

Password:
```

图 9-3　从计算机通过 telnet 连接防火墙的显示界面

6. 保存在防火墙上所做的配置

```
Firewall #copy running-config startup-config          ！保存路由器配置
```

或

```
R Firewall #write memory
```

7. 查看防火墙配置信息

Firewall#show running-config 命令可以查看防火墙当前配置信息，执行该命令显示结果如下。

```
ASA Version 9.6(1)
!
hostname Firewall
enable password 4IncP7vTjpaba2aF encrypted
passwd 4IncP7vTjpaba2aF encrypted
names
!
interface GigabitEthernet1/1
```

```
 nameif inside
 security-level 100
 ip address 192.168.1.1 255.255.255.0
!
interface GigabitEthernet1/2
 nameif outside
 security-level 0
 ip address 1.1.1.1 255.255.255.252
!
interface GigabitEthernet1/3
 no nameif
 no security-level
 no ip address
 shutdown
!
interface GigabitEthernet1/4
 no nameif
 no security-level
 no ip address
 shutdown
!
interface GigabitEthernet1/5
 no nameif
 no security-level
 no ip address
 shutdown
!
interface GigabitEthernet1/6
 no nameif
 no security-level
 no ip address
 shutdown
!
interface GigabitEthernet1/7
 no nameif
 no security-level
 no ip address
 shutdown
!
interface GigabitEthernet1/8
 no nameif
 no security-level
 no ip address
 shutdown
!
interface Management1/1
 management-only
 no nameif
 no security-level
```

```
 no ip address
!
!
telnet 192.168.1.2 255.255.255.255 inside
telnet timeout 5
ssh 0.0.0.0 0.0.0.0 outside
ssh timeout 5
!
```

查看防火墙启动时的配置信息使用的命令是 show startup-config。

任务二　防火墙 NAT 配置

任务引入

假设某企业只申请到了一个互联网公网 IP 地址，该公司的管理员想让该公司的所有内网用户都通过公司防火墙的公网地址访问互联网资源；该管理员通过查阅资料准备使用动态 NAT 技术解决地址转换问题。

任务分析

公司出口防火墙采用的是 Cisco ASA 5506-X 防火墙。公司网络拓扑结构如图 9-4 所示。将公司申请到的公网地址 1.1.1.1/30 配置到防火墙的外网接口 Gig1/2 上，公网网关是 1.1.1.2/30；公司内网地址是 192.168.1.0/24，将 IP 地址 192.168.1.1/24 配置到防火墙的内网接口上；在防火墙上配置动态 NAT 实现地址转换。

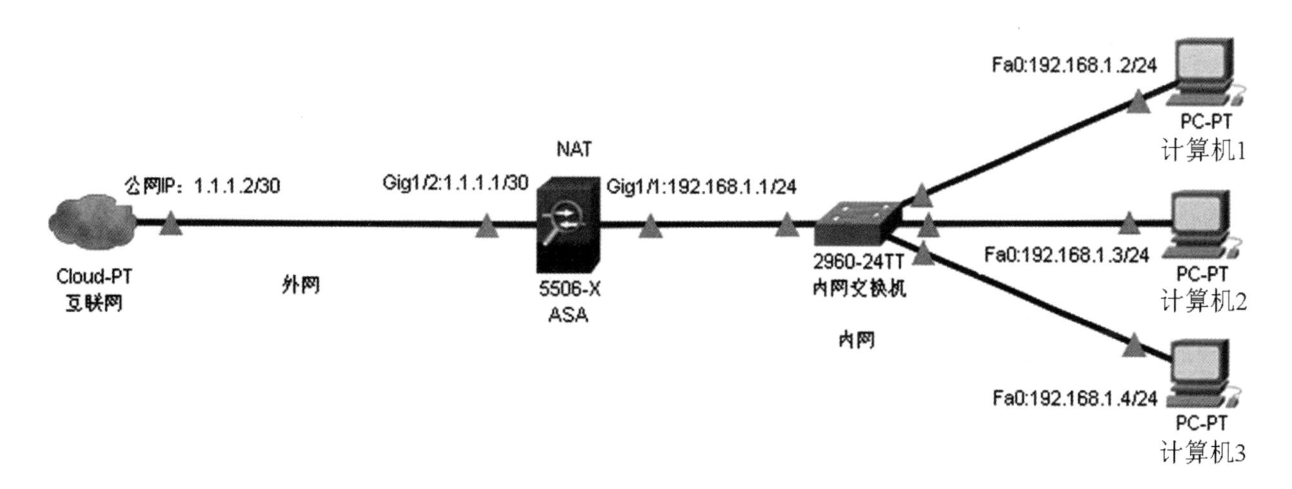

图 9-4　公司网络拓扑结构

操作步骤

1. 在计算机上进行设置

根据拓扑图依次配置计算机1到计算机3主机的IP地址和子网掩码。

2. 对防火墙做初始化配置

```
ciscoasa> enable                              ! 从用户模式进入特权模式
password:                                     ! 初始密码为空，按 Enter 键进入特权模式
ciscoasa# configure terminal                  ! 从特权模式进入全局配置模式
ciscoasa(config)# hostname Firewall           ! 更改防火墙名称为 Firewall
Firewall (config)# passwd cisco               ! 配置远程登录密码为 cisco
Firewall (config)# enable password cisco      ! 配置 enable 密码为 cisco
```

3. 配置防火墙内、外网接口

```
Firewall(config)# interface GigabitEthernet 1/1          ! 进入 Gig 1/1 接口
Firewall(config)# nameif inside                     ! 将 Gig 1/1 接口命名为 inside 口
Firewall(config)# security-level 100                ! 设置 inside 口的默认安全级别为 100
Firewall(config)# ip address 192.168.1.1 255.255.255.0 ! 配置该接口地址
Firewall(config)# interface GigabitEthernet 1/2          ! 进入 Gig 1/2 接口
Firewall(config)# nameif outside          ! 将 Gig 1/2 接口命名为 outside 口
Firewall(config)# security-level 0        ! 设置 outside 口的默认安全级别为 0（范围为
0~100，其中 inside、outside 口安全级别为系统自动定义和生成）
Firewall(config)# ip address 1.1.1.1 255.255.255.252    ! 配置连接外网口地址
```

4. 防火墙 NAT 配置

```
Firewall(config)#object network inside        ! 定义地址转换前的地址范围
 Firewall(config-network-object)#subnet 192.168.1.0 255.255.255.0
Firewall(config-network-object)#exit
Firewall(config)#object network outside       ! 定义地址转换后的地址范围
Firewall(config-network-object)#subnet 1.1.1.0 255.255.255.252
Firewall(config-network-object)#exit
Firewall(config)#object network inside
! 配置 NAT
Firewall(config-network-object)#nat (inside,outside) dynamic interface
Firewall(config-network-object)#exit
```

5. 防火墙访问策略配置内网地址范围转换为外网地址范围

创建一个名称为inside-to-outside的IP访问控制列表，允许网段192.168.1.0/24访问任何公网地址，并将名称为inside-to-outside的访问控制列表应用到防火墙inside区域。

```
Firewall(config)#access-list inside-to-outside permit ip 192.168.1.0
255.255.255.0 any  ! 定义一个名称为 inside-to-outside 的访问控制列表
Firewall(config)#access-group inside-to-outside in interface inside
```

6. 查看防火墙配置信息

查看NAT配置信息的命令如下。

```
Firewall#show nat
Auto NAT Policies (Section 2)
1 (inside) to (outside) source dynamic inside interface
    translate_hits = 0, untranslate_hits = 0
```

查看访问控制列表配置信息的命令如下。

```
Firewall#show access-list
access-list cached ACL log flows: total 0, denied 0 (deny-flow-max 4096)
alert-interval 300
access-list inside-to-outside; 1 elements; name hash: 0x18882869
access-list inside-to-outside line 1 extended permit ip any any(hitcnt=4)
0xd3068359
```

【注意事项】

1. 防火墙路由配置

当拓扑结构中的防火墙存在非直联网段时，需要在防火墙和其他三层设备（路由器或三层交换机）上添加路由信息（由于本实验中的两个网段都是防火墙的直联网段，所以不需要给防火墙配置路由）。路由器和三层交换机配置路由已在前面章节介绍；防火墙配置路由的命令格式如下。

配置内网路由信息的命令格式如下。

```
Firewall(config)# route inside  [目的网络] [目的网络掩码]  [下一跳 IP 地址]
```

配置外网路由信息的命令格式如下。

```
Firewall(config)# route outside [目的网络] [目的网络掩码]  [下一跳 IP 地址]
```

2. 接口的安全级别

防火墙是用来保护内部网络的，外部网络是通过外部接口对内部网络构成威胁的。所以要从根本上保障内部网络的安全，需要对外部网络接口指定较高的安全级别；而内部网络接口的安全级别稍低，这主要是因为内部网络通信频繁、可信度高。在 Cisco PIX 系列防火墙中，安全级别的定义是由 security 这个参数决定的，数字越小安全级别越高，所以 security0 是级别最高的，随后通常是以 10 的倍数递增，安全级别也相应降低。

3. 访问控制列表

此功能与 Cisco IOS 基本上是相似的，也是防火墙的主要部分，有 permit 和 deny 两个功能，网络协议一般有 IP、TCP、UDP、CMP 等。

任务三　软件防火墙的使用

一　天网防火墙的安装与设置

任务引入

假设你是公司的网络管理员，面对局域网内的个人用户，该如何保证每个用户正常上网和信息资源的安全呢？

任务分析

天网防火墙是由天网安全实验室研发制作给个人计算机使用的网络安全工具。安装天网防火墙，对其中的安全级别和局域网信息进行设置，使用应用程序规则、IP 规则对网络访问进行管理。

操作步骤

1．天网防火墙的安装

（1）双击已经下载好的安装程序，出现“欢迎”对话框，选中“我接受此协议”复选框，如图 9-5 所示。

（2）单击“下一步”按钮继续。选择安装路径，然后单击“下一步”按钮，如图 9-6 所示。

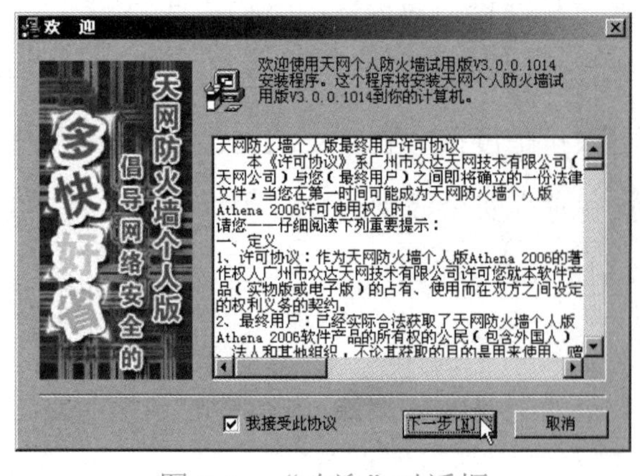

图 9-5　“欢迎”对话框

图 9-6　选择安装路径

（3）出现“选择程序管理器程序组”对话框，直接单击“下一步”按钮，如图 9-7 所示。

（4）出现“开始安装”对话框，直接单击“下一步”按钮，如图 9-8 所示。

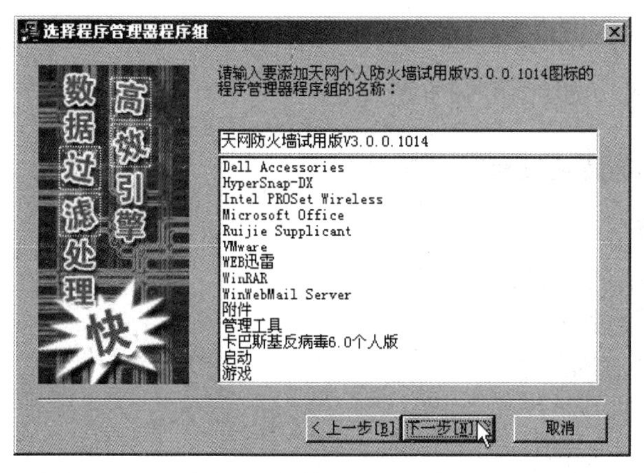

图 9-7 “选择程序管理器程序组”对话框

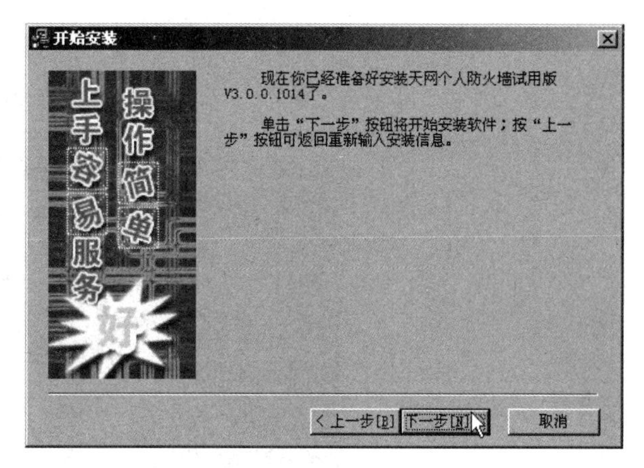

图 9-8 “开始安装”对话框

（5）继续安装时，出现一个复制文件的过程，复制基本完成后直接单击“下一步”按钮，会自动弹出“天网防火墙设置向导”对话框，如图 9-9 所示。为了更好地使用天网防火墙，发挥最佳功能，请仔细设置。

（6）单击“下一步”按钮继续，出现“安全级别设置”选区。为了保证能够正常上网并免受他人的恶意攻击，一般情况下，建议大多数用户和新用户选择中等安全级别，对于熟悉天网防火墙设置的用户可以选择自定义级别。单击“下一步”按钮，如图 9-10 所示。

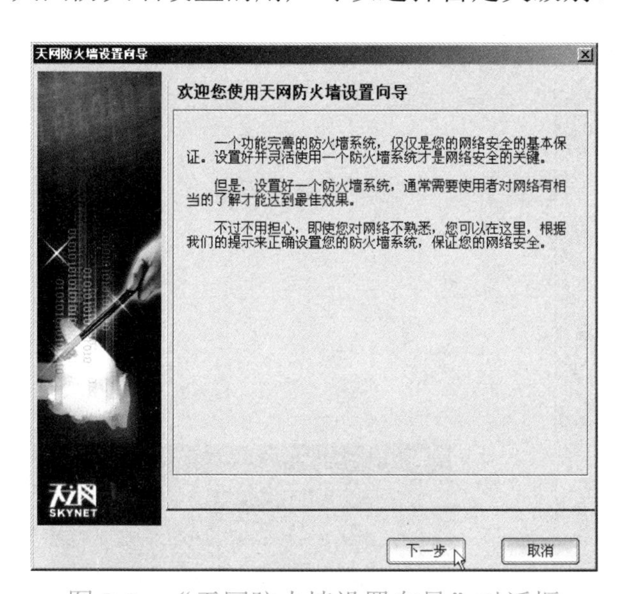

图 9-9 “天网防火墙设置向导”对话框

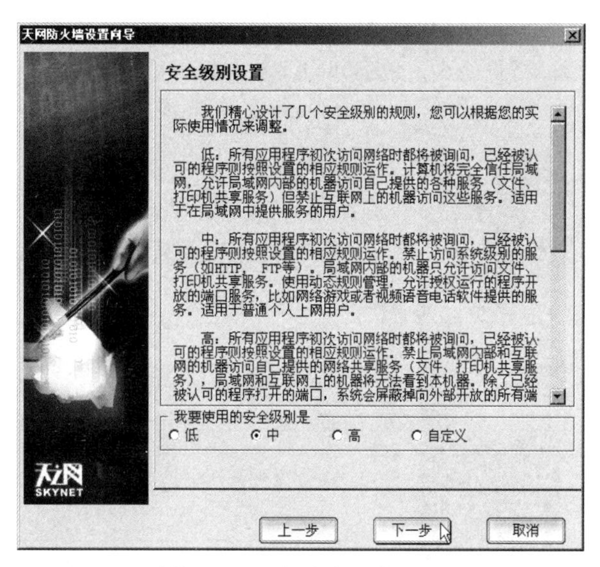

图 9-10 安全级别设置

（7）出现“局域网信息设置”选区，选中“开机的时候自动启动防火墙”和“我的电脑在局域网中使用”复选框，在“我在局域网中的地址是：”的文本框中输入本机的 IP 地址，也可通过刷新按钮自动加载该 IP 地址，然后单击“下一步”按钮，如图 9-11 所示。

（8）出现“常用应用程序设置”选区，选择允许访问网络的应用程序，可把不允许访问的应用程序前的复选框去除，默认为允许，单击“下一步”按钮，如图 9-12 所示。

（9）出现“向导设置完成”对话框，单击“结束”按钮，设置完成。

（10）出现“安装已完成”对话框，单击“完成”按钮，系统会提示必须重新启动系统，如图 9-13 所示，单击“确定”按钮，重启计算机，即完成安装操作。

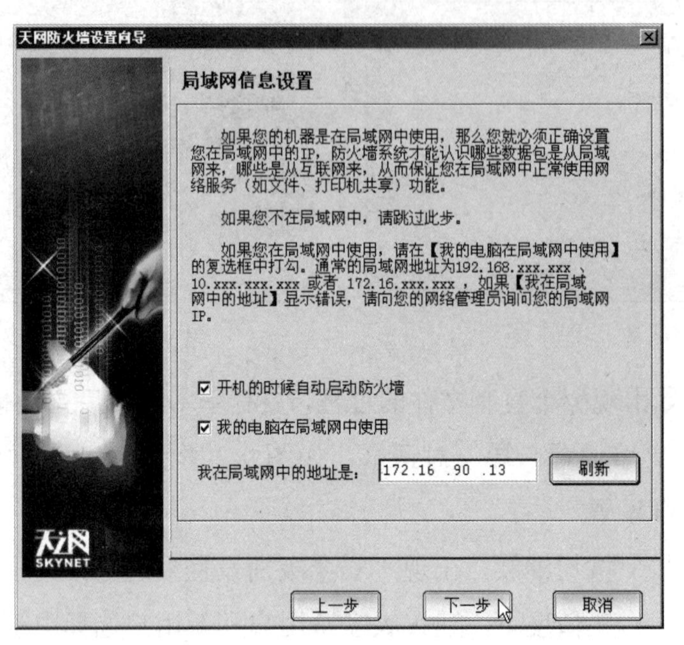

图 9-11　局域网信息设置

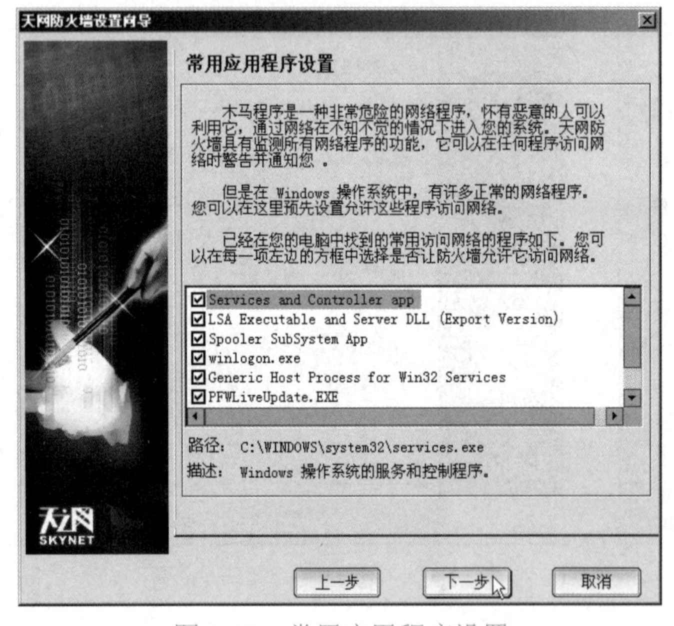

图 9-12　常用应用程序设置

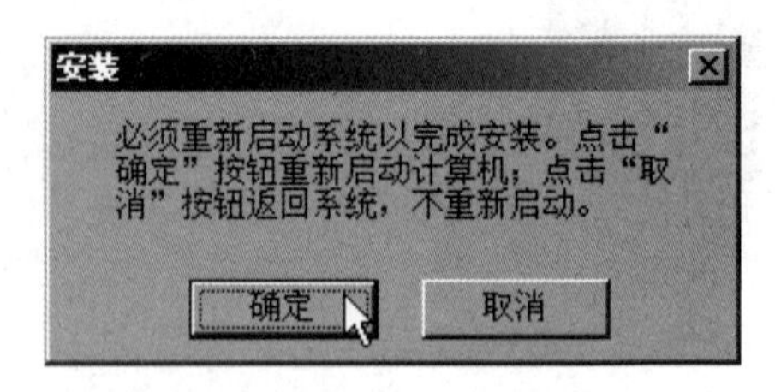

图 9-13　安装完成重启计算机

2．天网防火墙的设置

1）系统设置

启动天网防火墙后，在防火墙的控制面板中单击“系统设置”按钮即可展开防火墙“系统设置”面板，如图 9-14 所示。可设置开机后是否自动启动天网防火墙、是否设置管理员密码、在线升级提示、日志是否保存及大小等内容。

2）IP 规则管理

IP 规则是针对整个系统的网络层数据报监控而设置的。天网防火墙个人版本身已经默认设置了相当完善的缺省规则，一般用户并不需要做任何 IP 规则修改就可以直接使用。如图 9-15 所示，可以对共享、TCP/UDP 端口等进行设置。

图 9-14 “系统设置”面板

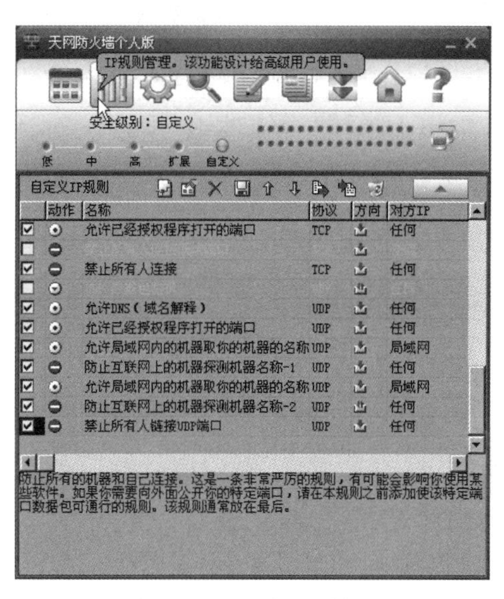

图 9-15 IP 规则管理

3）应用程序规则设置

可以对某个应用程序对网络发生访问时的协议服务进行设置，当该程序不符合设定条件时可以询问或禁止操作，还可以设定 TCP 可访问的端口范围，如图 9-16 所示。

4）查看日志

日志里记录了外来主机访问本机程序及端口的情况，供参考以便采取相应的对策，如图 9-17 所示。

图 9-16 应用程序规则

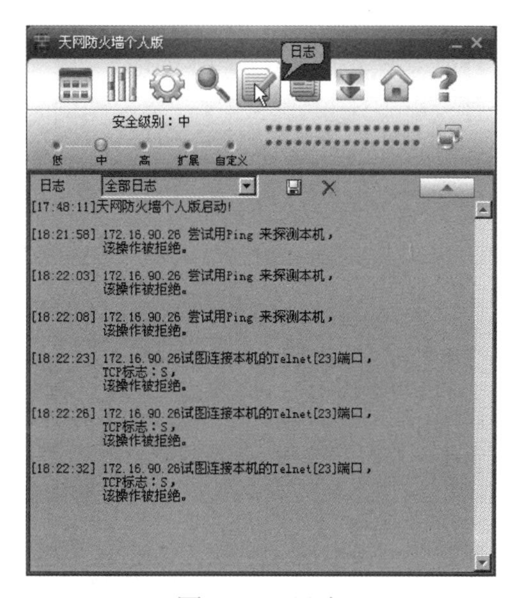

图 9-17 日志

5）新建 IP 规则

当我们需要一些网络应用（如开启 FTP 服务端服务）时，天网防火墙的默认设置将会带来一些麻烦，别人连不上我们的机器，这个时候我们就需要新建 IP 规则来开放相应的端口。比如，流行的 BT 使用的端口为 6881 ～ 6889 这 9 个端口，防火墙的默认设置是不允许访问这些端口的，而关闭防火墙将导致机器不安全。

下面以打开 BT 端口为例新建一个新的 IP 规则，在自定义 IP 规则里双击进行新规则设置，出现图 9-18 所示的“修改 IP 规则”对话框。

（1）“名称”文本框中输入“BT”，“说明”文本框中输入“打开 BT6881-6889 端口”。

（2）“数据报方向：”下拉列表中有接收、发送、接收或发送三种选项，在此选择“接收或发送”选项。

（3）“对方 IP 地址”下拉列表中有任何地址、局域网的网络地址、指定地址和指定网络地址四种选项，在此选择“任何地址”选项。

（4）“数据报协议类型：”下拉列表中有 IP、TCP、UDP、ICMP、IGMP 五种协议，可以根据具体情况选用并设置，如开放 IP 地址的是 IP，QQ 使用的是 UDP 等。BT 使用的是 TCP，在此选择“TCP”选项。

（5）最下方是满足上方配置规则的处理方式，即当收到的数据报满足上方的配置规则时，判定该数据报是通行还是丢弃。对于违例的数据报，可判定要不要进行日志记录，以及要不要对其进行警告和发声提示。设置方法如图 9-18 所示。

（6）如果设置好了 IP 规则，单击“确定”按钮后，保存并把规则上移到该协议组的顶部，如图 9-19 所示，这就完成了新的 IP 规则的建立，并立即发挥作用。

至此，天网防火墙的设置就完成了，为计算机增加了一道安全屏障。

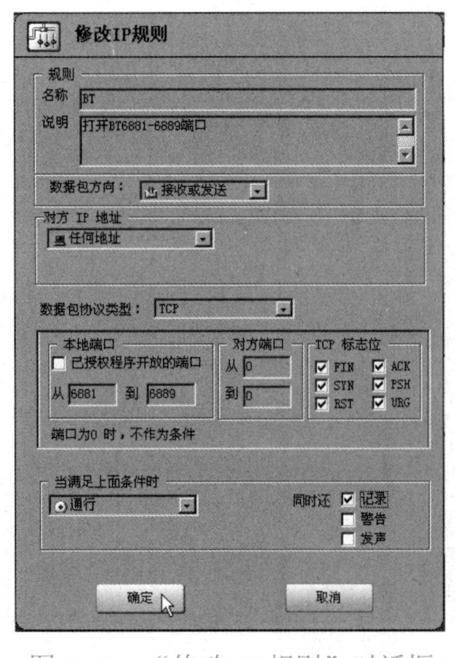

图 9-18 “修改 IP 规则”对话框

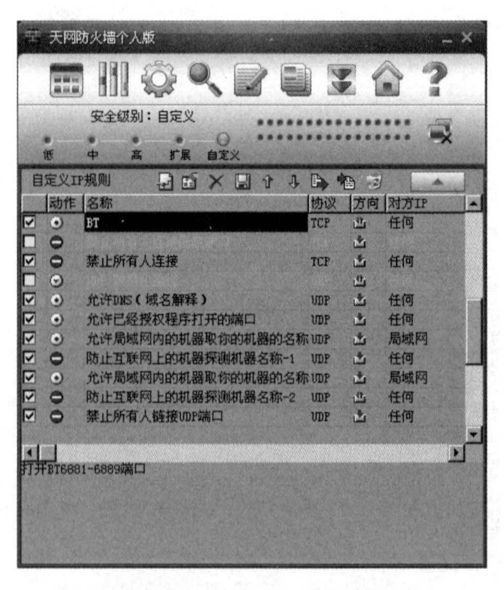

图 9-19 新建 IP 规则置顶

知识链接

防火墙是在两个网络之间实现访问控制的一个或一组软件或硬件系统。防火墙的作用如图 9-20 所示。其主要功能：对流经它的网络通信进行扫描，过滤危险的数据或访问请求，以免在目标计算机上被执行。防火墙还可以关闭不使用的端口、禁止特定端口的通信、封锁木马、禁止来自特殊站点的访问，从而防止入侵者的所有通信。多数防火墙是通过设置的访问规则来检查内外网的通信数据、防止非法访问等，这些规则可以通过人工设置或防火墙自动学习来完成。

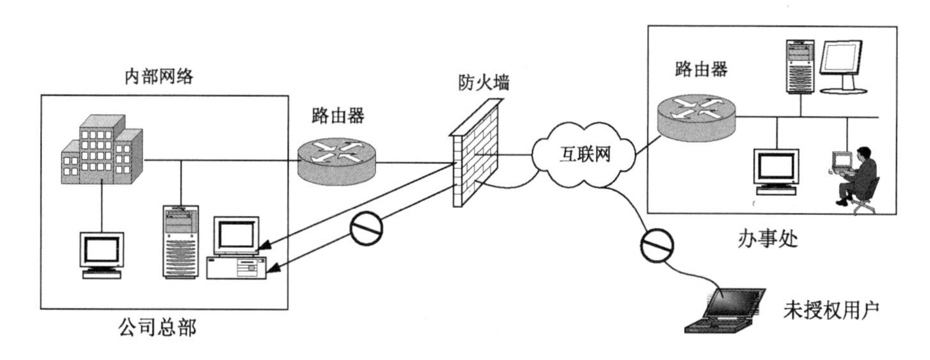

图 9-20　防火墙的作用

防火墙的规则在应用中，通常是从顶端的第一条规则开始执行。如果满足第一条规则，则允许数据通过并再判断是否满足第二条规则，以此类推。但如果其中有一条规则不允许数据通过，则不再进行判断而直接阻止数据通过。

防火墙可以是一台配有 ACL 的路由器、一个专用的硬件盒或者是运行在主机上的软件。

二　Windows 防火墙

任务引入

在 Windows 防火墙中，设置防火墙的状态，通过对例外项进行设置来控制应用程序对网络访问。

任务分析

Windows XP 防火墙是一个基于主机的状态防火墙，只丢弃所有未经请求的传入流量，避免那些依赖经未请求的传入流量来攻击网络上的计算机的恶意用户和程序。

操作步骤

（1）要配置 Windows 防火墙，可以先打开控制面板，再打开其中的安全中心；或者打开网络连接，从中选择更改 Windows 防火墙设置。在主选项卡中有 3 个选项。“常规”选项卡如图 9-21 所示。

（2）在“常规”选项卡中，选择了“启用（推荐）”时，Windows 防火墙将对除“例外”中的程序以外的所有网络请求进行拒绝。当选择了“不允许例外”时，Windows 防火墙将拦截所有连接到该主机的网络请求，包括在例外选项卡中列表的应用程序和系统服务。另外，防火墙也将拦截文件和打印机共享，还有网络设备的侦测。使用不允许例外选项的 Windows 防火墙比较适用于连接在公共网络上的个人计算机，如在宾馆和机场公共场合使用的计算机。

> **提示**
>
> 对于只使用浏览器、电子邮件等系统自带的网络应用程序，Windows 防火墙根本不会产生影响。也就是说，用 IE、OutlookExpress 等系统自带的程序进行网络连接，防火墙默认是不干预的。微软在设置防火墙内置规则时，已经为自家公司开发的应用程序开通了“绿色通道”，所以安装上这些应用程序后，即使打开其防火墙并且启用“不允许例外”，也无须为 IE 启用“例外”就能上网，而防火墙也不会询问是否要允许 IE 通过。

（3）“例外”选项卡中允许添加阻止规则例外的程序和端口来允许特定的进站通信。如果希望网络中的其他客户端能够访问本地的某个特定的程序或服务，而又不知道这个程序或服务将使用哪一个端口和哪一类型端口，这种情况下可以将这个程序或者服务添加到 Windows 防火墙的例外项中以保证它能被外部访问。“例外”选项卡如图 9-22 所示。

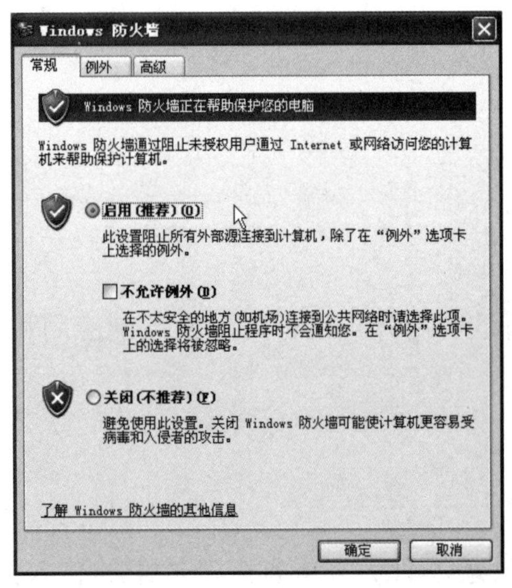

图 9-21 “常规”选项卡

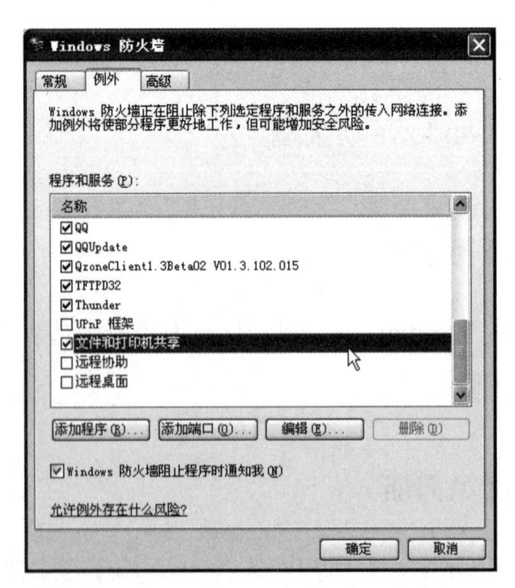

图 9-22 “例外”选项卡

> **提示**
>
> “例外”选项卡中，文件和打印机共享、远程协助（默认启用）、远程桌面、UPnP 框架，这些预定义的程序和服务不可删除。

在“例外”选项卡中，选中“文件和打印机共享”复选框。

（4）在“高级”选项卡中可以配置以下设定：应用在每个网络连接上的连接特定规则、安全日志记录设置、全局 ICMP 规则和默认设置。单击“ICMP”选区中的“设置 ...”按钮，如图 9-23 所示。

（5）出现“ICMP 设置”对话框，“允许传入回显请求”复选框已被选中，如图 9-24 所示。这是因为在图 9-22 中选中了“文件和打印机共享”复选框，启用了 TCP 端口 445，所以在网络中用其他主机 ping 本地主机，可以看到回显请求。

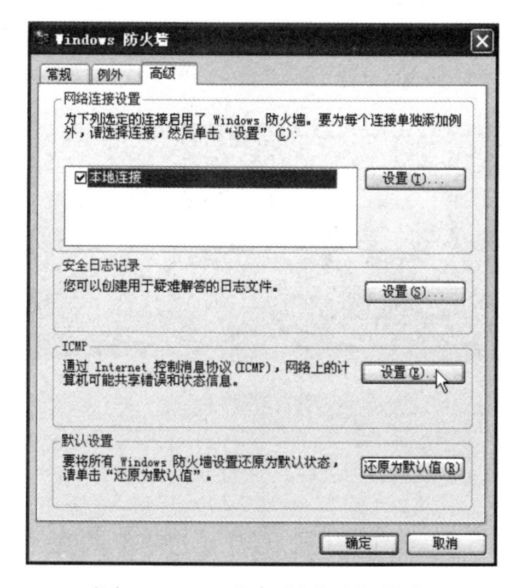

图 9-23　“高级”选项卡

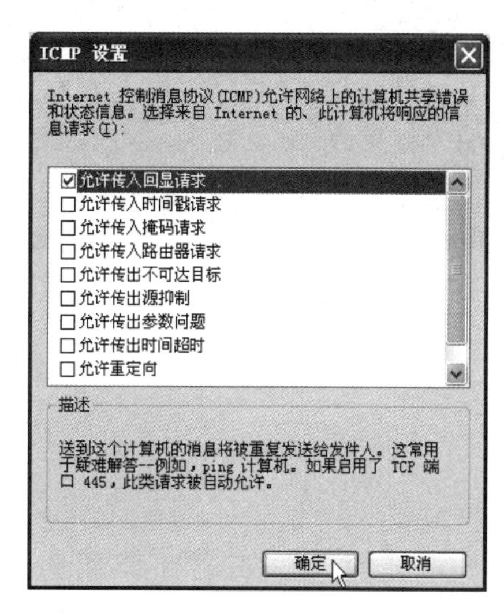

图 9-24　“ICMP 设置”对话框

任务四　病毒的防范

任务引入

网络的出现加速了计算机病毒的传播和蔓延，使用计算机的用户大多都受到过病毒的困扰，系统遭受破坏，以至重要的数据被毁于一旦。因此，安装杀毒软件是有效的防护方法。我们就以常用的 360 杀毒软件为例，学习杀毒软件的安装、升级与使用。

任务分析

360 杀毒软件是 360 安全中心推出的一款免费的云安全杀毒软件，一款一次性通过 VB100 认证的国产杀毒软件。使用 360 杀毒软件的优点是查杀率高、资源占用少、升级迅速等。本任务通过完成 360 杀毒软件的安装、设置、病毒查杀、软件升级等一系列操作，使读者掌握 360 杀毒软件的常用功能使用方法。

操作步骤

1. 杀毒软件的安装

（1）要安装360杀毒软件，首先从360杀毒官方网站下载最新版本的360杀毒安装程序。下载完成后，双击运行360杀毒软件安装包，选择安装路径、选中“阅读并同意许可使用协议和隐私保护说明”复选框，单击“立即安装”按钮，如图9-25所示。

（2）开始安装杀毒软件，如图9-26所示。安装完成后启动360杀毒软件。

图 9-25　安装选项

图 9-26　安装过程

（3）360杀毒软件主界面如图9-27所示。主界面的左下角显示了当前杀毒软件的版本号，单击后面的“检查更新”按钮，杀毒软件自动检测软件病毒库，若发现病毒库有更新，360杀毒软件将自动开始软件更新，如图9-28、图9-29所示。

图 9-27　360杀毒软件主界面

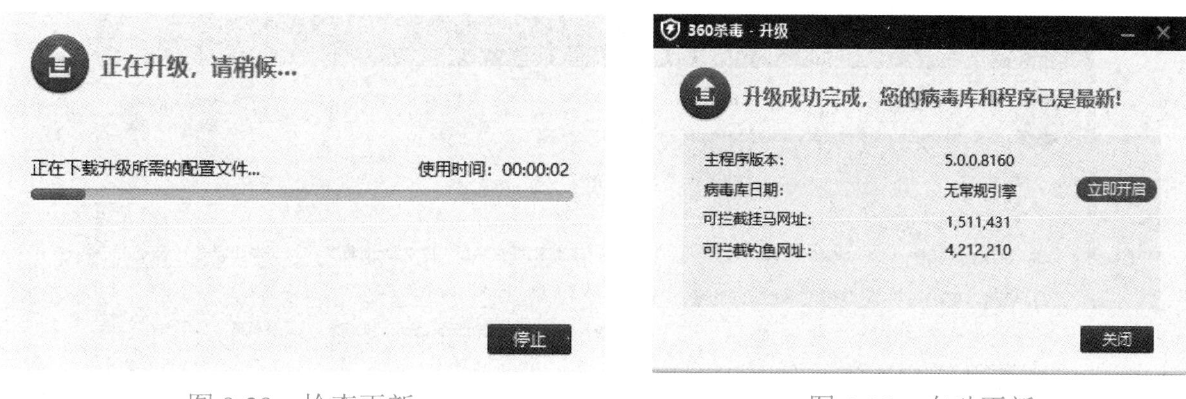

图 9-28 检查更新　　图 9-29 自动更新

2．杀毒软件的使用

（1）360 杀毒软件主界面提供了四种手动病毒扫描方式：全盘扫描、快速扫描、自定义扫描及右键扫描。单击“全盘扫描”按钮将扫描主机上所有的磁盘；单击“快速扫描”按钮将扫描内存、Windows 系统目录及 Program Files 目录；单击“自定义扫描”按钮可扫描指定的目录；右键扫描功能集成在右键菜单中，当在文件或文件夹上单击鼠标右键时，可以选择“使用 360 杀毒扫描”对选中文件或文件夹进行扫描。其中前三种扫描都已经在 360 杀毒主界面中作为快捷任务列出，只需单击相关任务就可以开始扫描。启动扫描后，会显示扫描进度窗口。快速扫描窗口如图 9-30 所示。在这个窗口中可看到正在扫描的文件、总体进度，以及发现问题的文件。扫描结束后弹出待处理项窗口，在该窗口选择要处理的项后单击“立即处理”按钮，将对发现的问题立即处理，如图 9-31 所示。

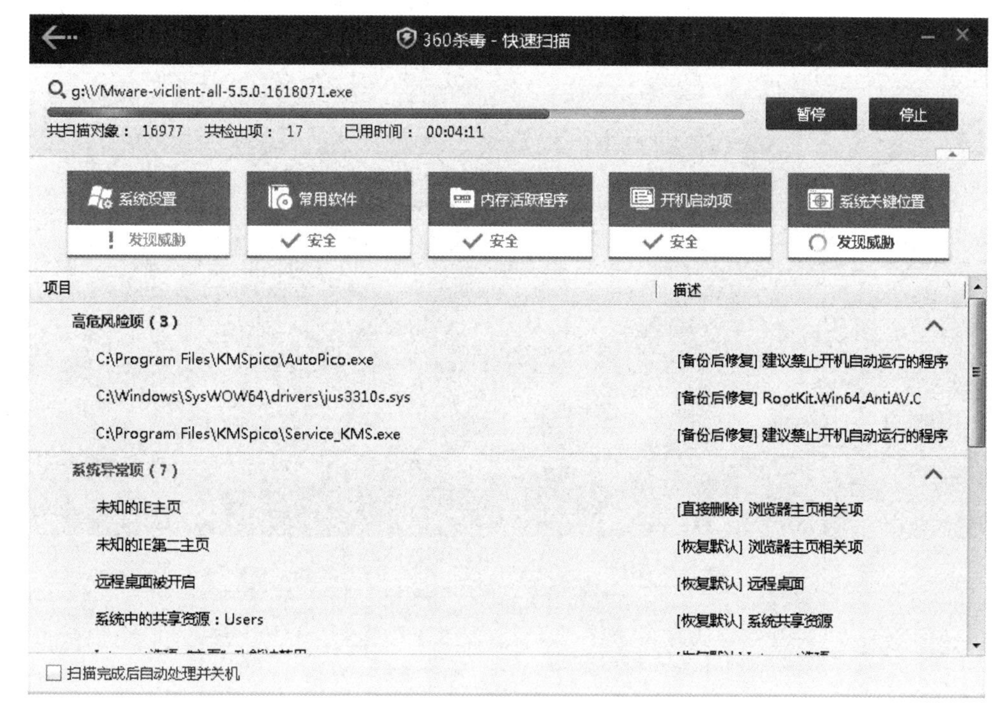

图 9-30 快速扫描窗口

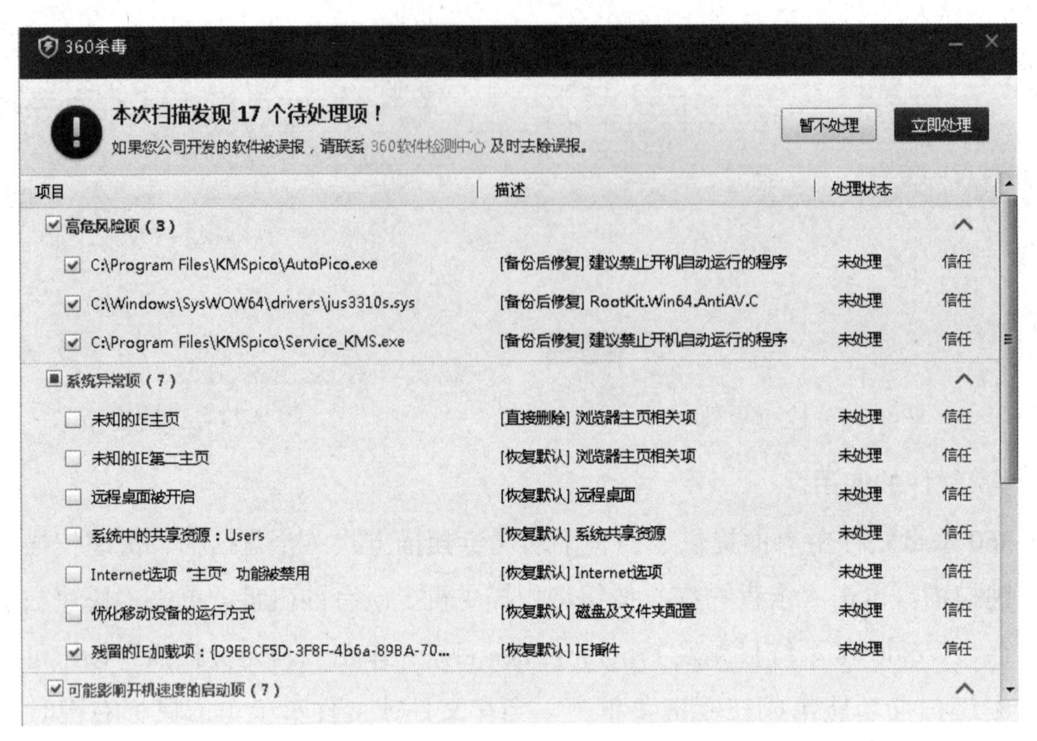

图 9-31　快速扫描查毒结果反馈窗口

（2）在主界面单击“功能大全”按钮，弹出 360 专项工具箱界面，如图 9-32 所示。可根据需要选择恰当的安全防护工具维护系统安全。

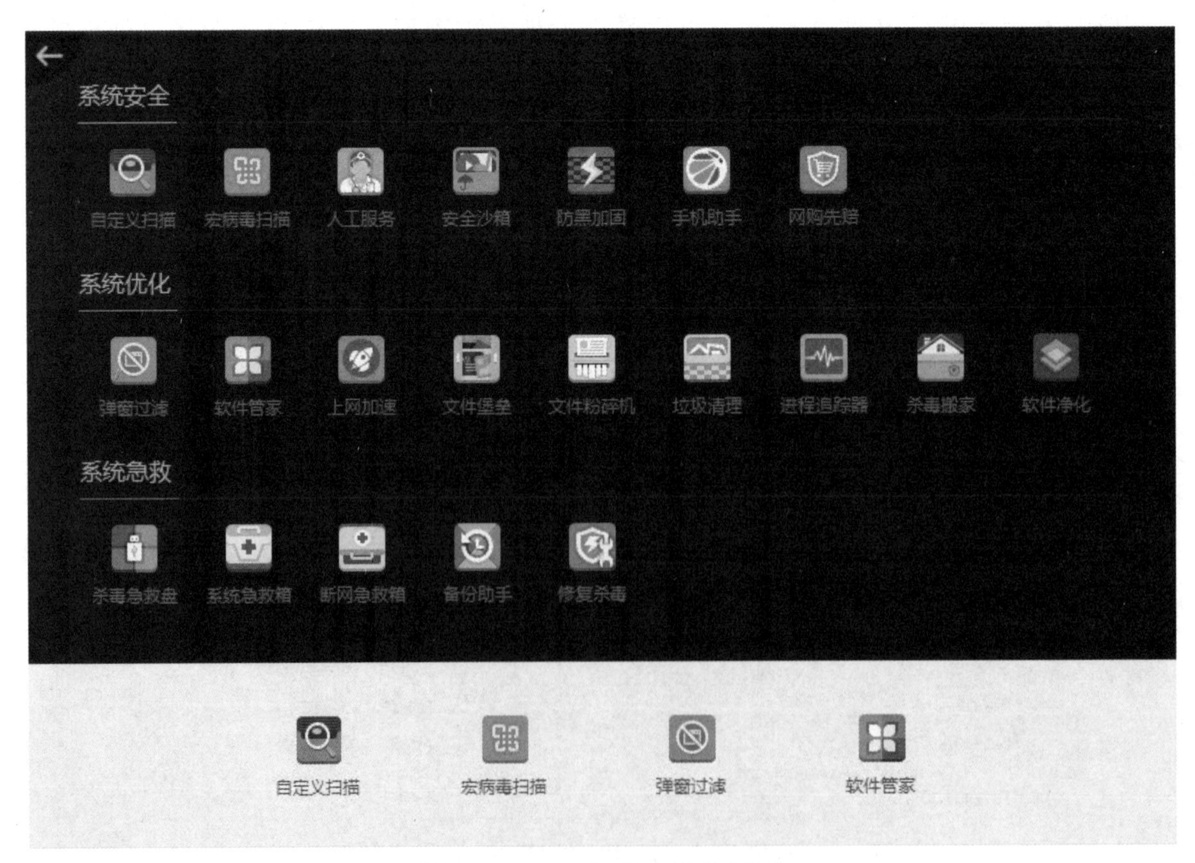

图 9-32　360 专项工具箱界面

任务五　网络攻击及其防范措施

一　网络漏洞的扫描与防范

任务引入

网络漏洞扫描系统能够预先评估和分析系统中存在的各种安全隐患，防止被黑客利用漏洞，对系统中重要的数据、文件等进行保护。使用扫描工具 X-Scan 进行网络漏洞扫描。

任务分析

X-Scan 扫描工具是一款常用的漏洞扫描工具，它采用多线程方式对指定 IP 地址段（或单机）进行安全漏洞检测，支持插件功能。扫描内容包括远程服务类型、操作系统类型及版本、各种弱口令漏洞、后门、应用服务漏洞、网络设备漏洞、拒绝服务漏洞等二十几个大类，可以检测出来多数已知漏洞。

操作步骤

（1）X-Scan-v3.3 主界面如图 9-33 所示。

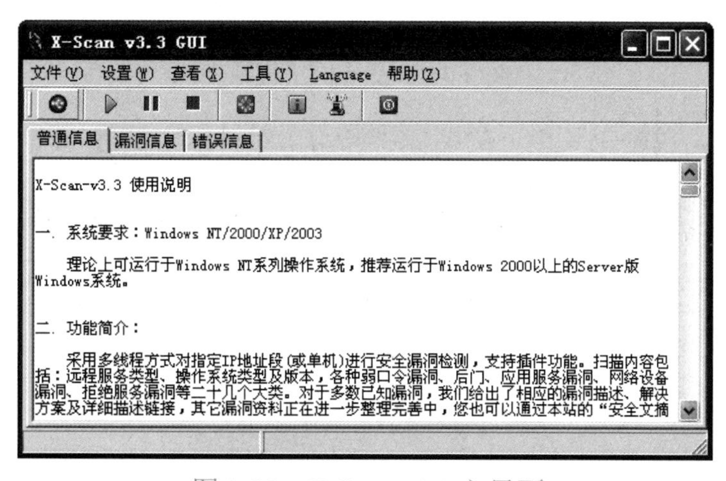

图 9-33　X-Scan-v3.3 主界面

（2）利用该软件对系统存在的一些漏洞进行扫描，选择菜单栏“设置”→“扫描参数”选项，设置“检测范围”选区中的指定 IP 范围，输入：172.16.90.1-172.16.90.252，如图 9-34 所示。

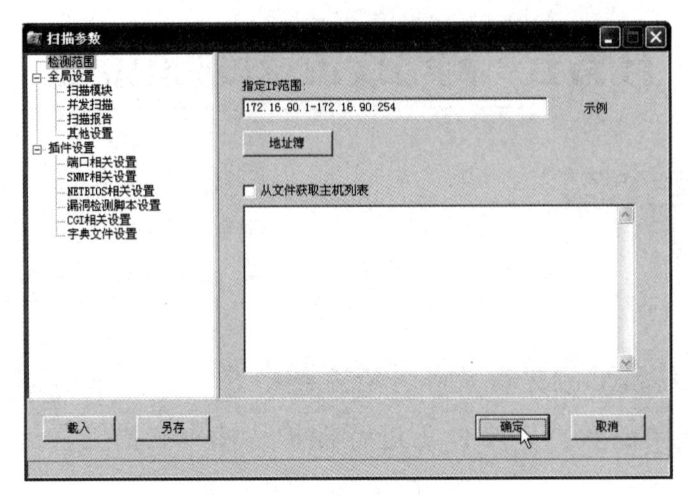

图 9-34　检测范围设置

（3）单击“扫描模块”选项，设置扫描模块，如图 9-35 所示。

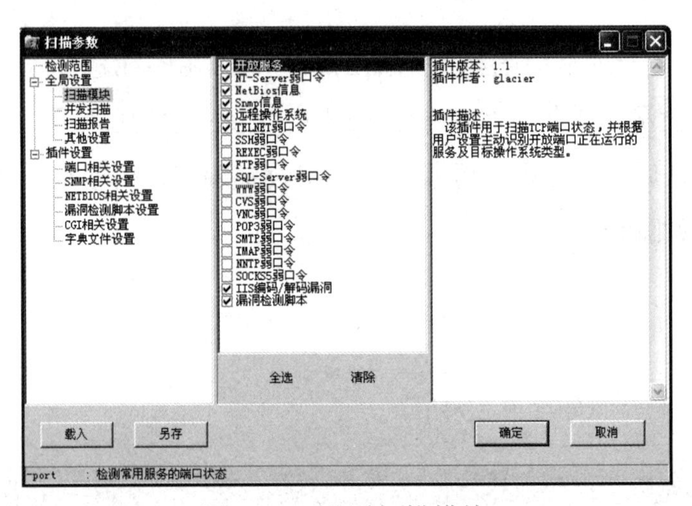

图 9-35　设置扫描模块

（4）设置完毕后，单击工具栏上的图标“开始”对目标主机进行扫描，如图 9-36 所示。

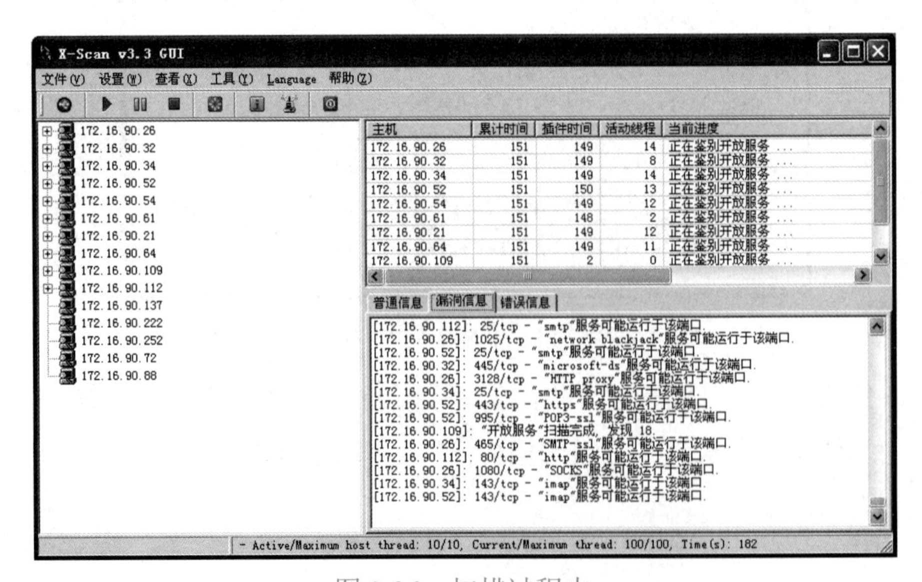

图 9-36　扫描过程中

扫描需要经过一段比较长的时间，扫描结果自动生成网页，发现的漏洞如图 9-37 所示。

图 9-37　发现的漏洞

知识链接

网络漏洞扫描系统是指通过网络远程检测目标网络和主机系统漏洞的程序，它对网络系统和设备进行安全漏洞检测和分析，从而发现可能被入侵者非法利用的漏洞。

漏洞扫描主要通过以下两种方法来检测目标主机是否存在漏洞：在端口扫描后得知目标主机开启的端口及端口上的网络服务，将这些相关信息与网络漏洞扫描系统提供的漏洞库进行匹配，查看是否有满足匹配条件的漏洞存在；通过模拟黑客的攻击手法，对目标主机系统进行攻击性的安全漏洞扫描。

二　网络后门工具的使用

任务引入

网络攻击者经过踩点、扫描、入侵以后，总想留下后门，以便长期保持对目标主机的控制。使用常见后门工具，能帮助网络管理员提高网络的安全防范能力。

任务分析

不通过正常登录进入系统的途径都称为网络后门。后门的好坏取决于被管理员发现的概率。只要是不容易被发现的后门都是好后门。

使用工具软件 wnc.exe 在对方主机上开启 Web 服务和 Telnet 服务。其中 Web 服务的端口是 808，Telnet 服务的端口是 707。

操作步骤

（1）执行很简单，只要在对方主机 Windows Server 2003 的命令行下执行一下 wnc.exe 就可以，在任务管理器中的进程项中可以查看到 wnc.exe 进程在后台运行。

（2）执行完毕后，利用命令“netstat -an”来查看开启的 808 和 707 端口。开启端口列表如图 9-38 所示。服务端口开启成功，可以连接该目标主机提供的两个服务。

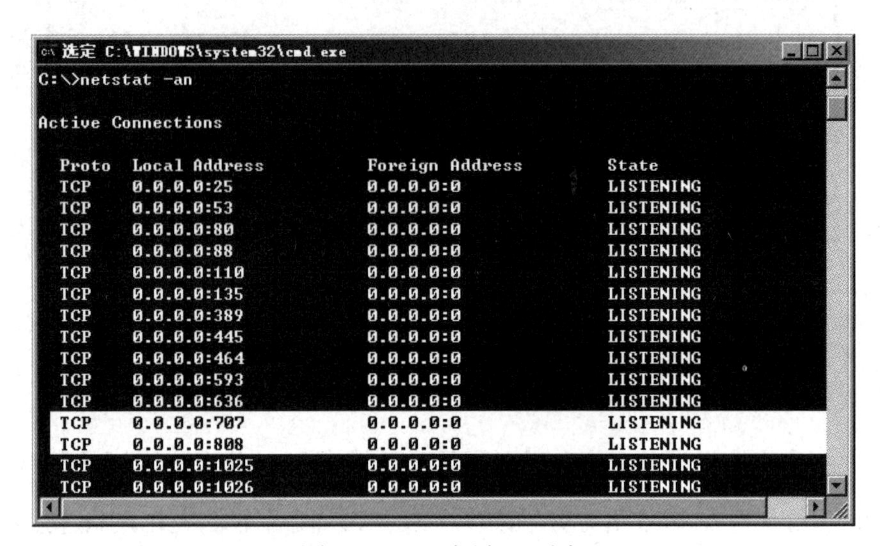

图 9-38 开启端口列表

（3）测试 Web 服务 808 端口，在浏览器地址栏中输入“http://192.168.0.1:808”，出现主机的盘符列表，如图 9-39 所示。

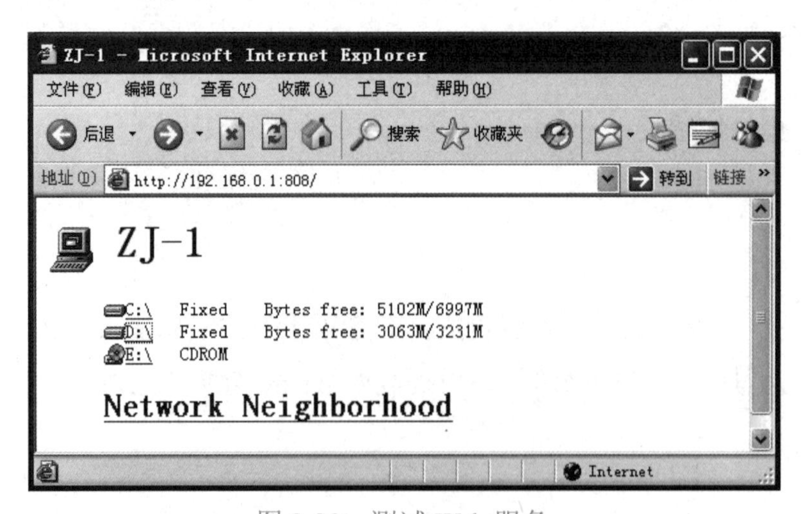

图 9-39 测试 Web 服务

（4）可以下载对方硬盘和光盘上的任意文件，也可以上传文件，如图 9-40 所示。

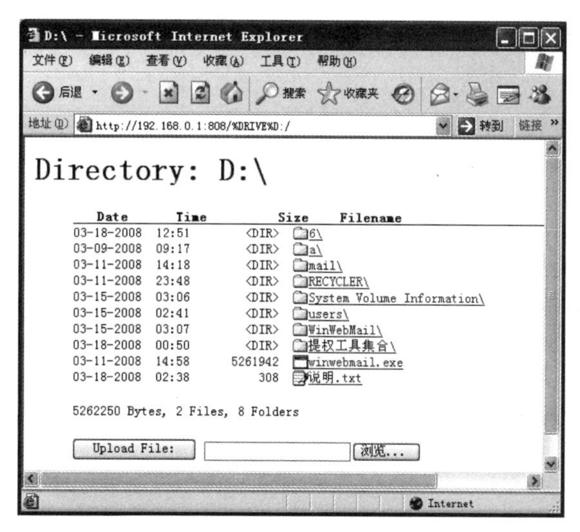

图 9-40　查看对方主机文件

（5）利用“telnet 192.168.0.1　707”命令登录到对方主机的命令行，如图 9-41 所示。

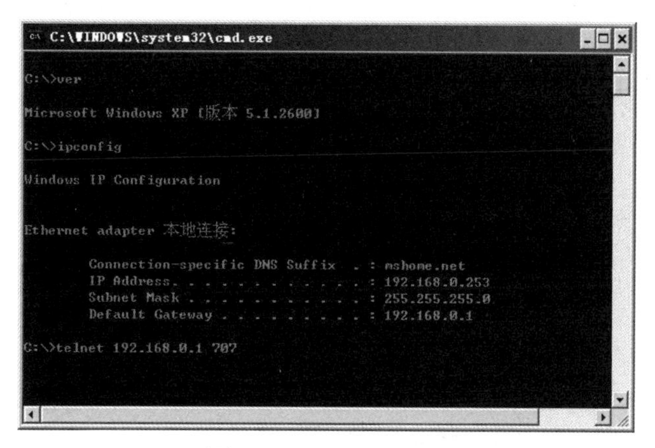

图 9-41　telnet 登录

不用任何的用户名和密码就可以登录对方主机的命令行，如图 9-42 所示。

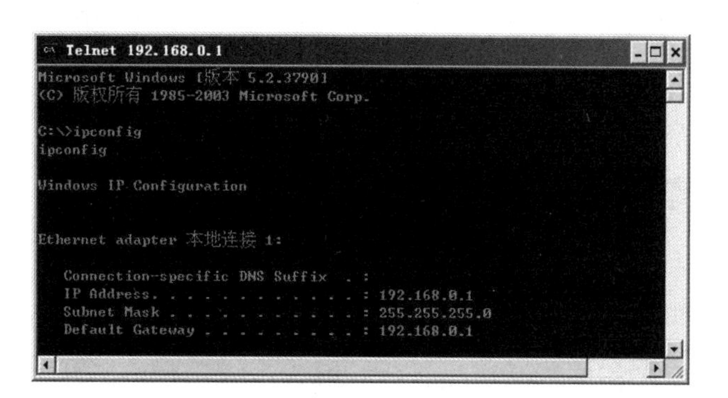

图 9-42　登录对方主机命令行

wnc.exe 的功能很强大，但是该程序不能自动加载执行，需要将该文件加到自启动程序列表中，在对方主机中悄无声息地留下后门。但是在对方主机上开了两个非常明显的端口 808 和 707，这很容易被管理员发现，还要在登录对方主机后，采取其他措施如获取管理员密码、进一步上传后门软件等，来进行网络隐藏。

知识链接

1. 网络攻击的步骤

一次成功的网络攻击，可以归纳成基本的五个步骤，但是可以根据实际情况随时调整。

1）隐藏 IP

通常有两种方法实现自己 IP 的隐藏。第一种方法是首先入侵互联网上的一台计算机（俗称“肉鸡”），利用这台计算机进行攻击，这样即使被发现了，也是“肉鸡”的 IP 地址。

第二种方法是做多极跳板“Sock 代理”，这样在入侵的计算机上留下的是代理计算机的 IP 地址。

2）踩点扫描

利用工具对特定的一台主机或某一个 IP 地址范围进行扫描，以确定主机漏洞是否存在。

3）漏洞分析

对已存在的主机漏洞进行分析，以便确定攻击方法。

4）种植后门

为了保持长期漏洞主机的访问权，在已经攻破的计算机上种植一些供自己访问的后门。

5）网络隐身

一次成功入侵之后，通常会清除登录日志和其他相关的日志，以免暴露行踪，同时也为下一次入侵做好准备。

2. 网络漏洞的防范方法及人员安全意识

要防止或减少网络漏洞的攻击，最好的方法是尽力避免主机端口被扫描和监听，先于攻击者发现网络漏洞，并采取有效措施。提高网络系统安全的方法主要如下。

（1）在安装操作系统和应用软件之后及时安装补丁程序，并密切关注国内外著名的安全站点，及时获得最新的网络漏洞信息。

（2）及时安装防火墙，建立安全屏障。防火墙可以尽可能屏蔽内部网络的信息和结构，降低来自外部网络的攻击。

（3）利用系统工具和专用工具防止端口扫描。要利用网络漏洞进行攻击，必须通过主机开放的端口，因此，黑客常利用 QckPing、scanlook、SuperScan 等工具进行端口扫描。防止端口扫描的方法是，在系统中将特定的端口关闭。

（4）通过加密、网络分段、划分虚拟局域网等技术防止网络监听。

（5）利用密罐技术，使网络攻击的目标转移到预设的虚假对象上，从而保护系统的安全。

（6）提高安全意识。

① 不要随意打开来历不明的电子邮件及文件，不要随便运行陌生人给你的程序，比如，

“特洛伊”类黑客程序就需要通过欺骗用户运行。

② 尽量避免从互联网下载不知名的软件、游戏程序。即使从知名的网站下载的软件也要及时用最新的病毒和木马查杀软件对软件和系统进行扫描。

③ 密码设置尽可能使用字母数字混排，单纯的英文或者数字很容易穷举。将常用的密码设置为不同的，防止被人查出一个，连带到重要密码。重要密码最好经常更换。

④ 不随便运行黑客程序，这类程序运行时会发出你的个人信息。

（7）对于重要的个人数据做好严密的保护，并养成数据备份的习惯。

任务六　网络管理技术

任务引入

网络管理对象一般包括路由器、交换机、集线器等。近年来，网络管理对象有扩大化的趋势，即把网络中几乎所有的实体：网络设备、应用程序、服务器系统、辅助设备如 UPS 电源等都作为被管对象；这也给网络管理员提出了新的网络管理任务。那么，网络管理的功能，又该如何去具体认识呢？

任务分析

通过网络管理的一般模型，理解网络管理的概念，初步认识简单网络管理协议，从而确定网络管理的功能，了解网络管理的产品。

知识链接

1. 网络管理的概念

网络管理包括对硬件、软件和人力的使用、综合与协调，以便对网络资源进行监视、测试、配置、分析、评价和控制，这样就能以合理的价格满足网络的使用需求，如实时运行性能、服务质量等。网络管理常简称为网管。

由于网络状态总是不断变化的，所以必须使用网络来管理网络，在管理过程中需要有一种协议来读取网络中各节点的状态信息，有时还需要将一些新的状态信息写入这些节点上。

网络管理模型中的主要构件如图 9-43 所示。

管理站是整个网络管理系统的核心，它通常是具有良好图形界面的高性能的工作站，并由网络管理员直接操作和控制。所有向被管设备发送的命令都是从管理站发出的。管理站（硬件）或管理程序（软件）都可称为管理者，所以这里的管理者不是指人而指机器或软件。

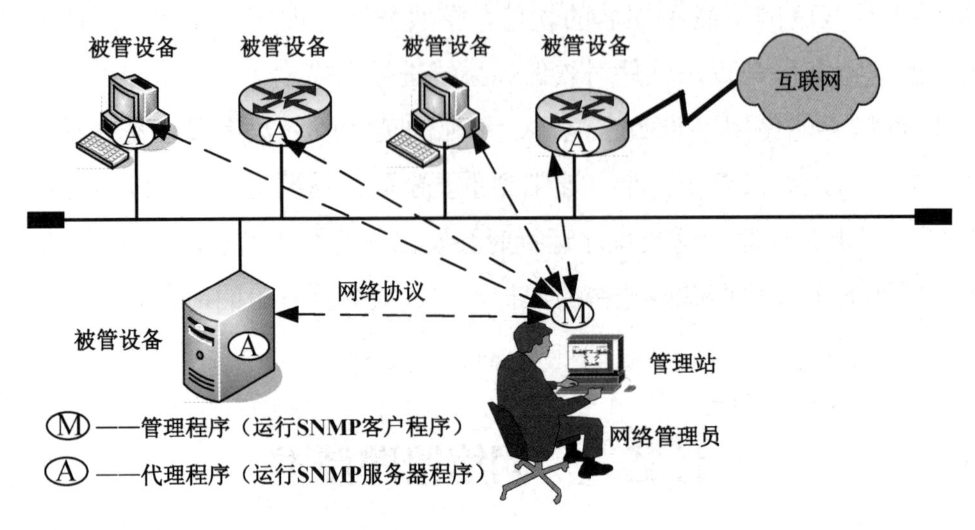

图 9-43　网络管理模型中的主要构件

在网络中有很多的被管设备(包括设备中的软件)。被管设备可以是主机、路由器、打印机、集线器、网桥或调制解调器等。每一个被管设备可能有许多被管对象，这些对象可以是被管设备中的某个硬件，也可以是软件（如路由选择协议）。在被管设备中也会有一些不能被管的对象。

被管对象必须维持可供管理程序读写的控制和状态信息。这些信息总称为管理信息库（MIB），而管理程序就使用 MIB 中这些信息的值对网络进行管理。

在每一个被管设备中都要运行一个程序以便和管理站中的管理程序进行通信。这些运行着的程序叫作网络管理代理程序，简称为代理。代理程序在管理程序的命令和控制下在被管设备上采取本地的行动。

在图 9-43 中还有一个重要构件就是网络管理协议，简称为网管协议。网络管理员利用网管协议通过管理站对网络中的被管设备进行管理。

2．简单网络管理协议

简单网络管理协议（SNMP）是基于 TCP/IP 协议簇的网络管理标准。SNMP 最重要的设计思想就是要尽可能简单。它的基本功能包括监视网络性能、监测分析网络差错、配置网络设备等。在网络正常工作时，SNMP 可实现统计、配置和测试等功能。当网络出故障时，可实现各种差错检测和恢复功能。虽然 SNMP 是在 TCP/IP 基础上的网络管理协议，但也可以扩展到其他类型的网络设备上。

图 9-44 所示为使用 SNMP 的典型配置。整个系统必须有一个管理站。管理进程和代理进程利用 SNMP 报文进行通信，而 SNMP 报文又使用 UDP 来传送。图中有两个主机和一个路由器。这些协议栈中带有阴影的部分是原来这些主机和路由器所具有的，而没有阴影的部分则为实现网络管理而增加的。

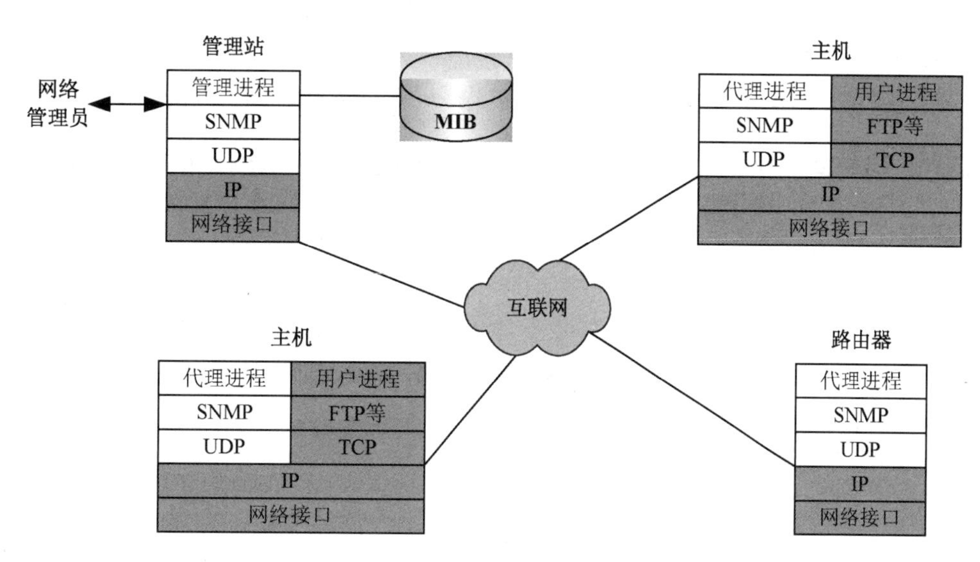

图 9-44　使用 SNMP 的典型配置

若被管设备使用的不是 SNMP 而是另一种网络管理协议，SNMP 就无法控制该被管设备，这时可使用委托代理。委托代理能提供如协议转换和过滤操作等功能对被管对象进行管理。

SNMP 的网络管理由三个部分组成，即 MIB、管理信息结构（SMI）及 SNMP 本身。

3．网络管理的功能

在实际网络管理过程中，网络管理具有的功能非常广泛，包括了很多方面。在网络管理标准中定义了网络管理的五大功能：配置管理、故障管理、性能管理、安全管理和计费管理，这五大功能是网络管理最基本的功能。事实上，网络管理还应该包括其他一些功能，如网络规划、网络操作人员的管理等。不过除了基本的网络管理五大功能，其他的网络管理功能实现都与具体的网络实际条件有关，因此我们只需要关注 OSI 网络管理标准中的 5 大功能。

（1）配置管理：自动发现网络拓扑结构，构造和维护网络系统的配置。监测网络被管对象的状态，完成网络关键设备配置的语法检查，配置自动生成和自动配置备份系统，对于配置的一致性进行严格的检验。

（2）故障管理：过滤、归并网络事件，有效地发现、定位网络故障，给出排错建议与排错工具，形成整套的故障发现、告警与处理机制。

（3）性能管理：采集、分析网络对象的性能数据，监测网络对象的性能，对网络线路质量进行分析。同时，统计网络运行状态信息，对网络的使用发展做出评测、估计，为网络进一步规划与调整提供依据。

（4）安全管理：结合使用用户认证、访问控制、数据传输、存储的保密与完整性机制，保障网络管理系统本身的安全。维护系统日志，使系统的使用和网络对象的修改有据可查。控制对网络资源的访问。

（5）计费管理：对网际互连设备按 IP 地址的双向流量统计，产生多种信息统计报告及流量对比，并提供网络计费工具，以便用户根据自定义的要求实施网络计费。

4．典型的网络管理产品

目前，各大网络厂商几乎都在支持自己的网络管理方案，同时也支持 SNMP 网络管理方案。典型的网络管理产品主要有 HP 公司的 Open View、IBM 公司的 Net View 和 SUN 公司的 SunNet。

项目总结

本项目主要介绍了计算机网络的安全管理方法。重点掌握防火墙的基本使用和配置、应用程序的访问规则设置。熟悉病毒的危害与查杀、木马及恶意插件的清除、系统的修复。了解网络漏洞的原理和检测方法，对相应缺陷及时处理。了解网络管理技术的作用和网络管理产品的功能。在使用中要注重多种方法综合运用，提高主动防范的意识，增强系统的网络安全性。

实训与练习 9

一、选择题

1．天网防火墙的安全级别一般要设置为 ________。

A．低级　　B．中级　　C．高级　　D．自定义

2．安装天网防火墙后，如果在应用某些程序时，无法访问到本地客户端，应当________。

A．重设 IP 地址　　B．重启客户端

C．新建 IP 规则　　D．卸载天网防火墙

3．以下哪个参数代表了硬件防火墙接口最高的安全级别 ________。

A．security 0　　B．security 100　　C．security A　　D．security Z

4．________ 可以更有效地利用杀毒软件杀毒。

A．更新软件界面　　B．每天查病毒

C．升级病毒库　　D．经常更换杀毒软件

5．________ 是漏洞产生的主要原因。

A．硬件配置低　　B．用户操作不当

C．软件自身缺陷　　D．黑客入侵

6．主机为了防止因漏洞造成的入侵，最有效的办法是 ________。

A．防止端口被扫描　　B．减少应用程序安装

C．不进行资源共享　　D．关闭大多数端口

7．网络后门的功能是 ________。

A．保持对目标主机长久控制　　B．防止管理员密码丢失

C．定期维护主机　　D．防止主机被非法入侵

8．以下 ________ 不是网络管理的范围。

A．故障管理　B．计费管理　C．性能管理　D．文件管理

9．________ 不是性能管理的方面。

A．网络连接链路的带宽使用情况

B．网络设备端口通信情况

C．网络连接设备和服务器的 CPU 利用率

D．网络设备和服务器的配置情况

二、填空题

1．在 Windows XP 防火墙中，将对除例外中的程序以外的所有网络请求进行 ________ 处理。

2．对硬件防火墙进行设置后，一定要输入 ________ 命令才能保存配置。

3．为了避免 U 盘自动运行带来的潜在风险，可以通过 360 杀毒软件中开启主动防御项下的 ________ 来完成。

4．在对方主机上执行完工具软件 wnc.exe 后，将开启 ________ 端口和 707 端口。

5．________ 是基于 TCP/IP 协议簇的网络管理标准。它的基本功能包括监视网络性能、监测分析网络差错、配置网络设备等。

三、简答题

1．简述防火墙的作用。

2．简述 360 杀毒软件的主要功能。

3．简述网络漏洞扫描技术。

4．什么是网络管理？网络管理主要实现的五个管理功能是什么？

四、实训题

1．安装天网防火墙，对 QQ 程序设置应用程序规则：将 UDP 服务取消，设定不符合上面条件时采取“询问”处理。

2．对硬件防火墙进行设置，配置内、外部网卡 IP 地址和访问列表。

3．安装 360 杀毒软件，使用各项功能对系统进行操作。

4．使用 X-Scan 进行系统漏洞扫描，查看生成的报告。

项目十

网络综合布线

在网络的规划和建设中，综合布线是一个不可缺少的环节，而解决好布线问题也对提高网络系统的可靠性起到很重要的作用。综合布线作为网络实现的基础，能够满足对数据、语音、图形图像和视频等的传输要求，已成为现今和未来的计算机网络和通信系统的有力支撑环境。

知识目标

- 了解综合布线系统的组成及各子系统的功能
- 了解综合布线系统的实施方案
- 了解层次化网络拓扑设计

能力目标

- 能区分综合布线各子系统
- 能利用结构化布线系统思想进行网络布线的方案设计
- 能利用层次化网络拓扑设计思想进行网络布线的方案设计

任务一　了解综合布线系统的组成

任务引入

作为一名网络管理员，只有非常熟悉综合布线的知识和典型案例，才能在工作中提高网络维护的效率。

任务分析

在信息社会，计算机网络线路是重要的组成部分。了解综合布线及其子系统、明确各项标准，才可以掌握网络布线和施工要求。

知识链接

1. 综合布线系统

综合布线系统一般分为传统布线系统和结构化布线系统两种。

结构化布线是指在一座办公大楼或楼群中安装的传输线路。这种传输线路能连接所有的语音、数字设备，并将它们与电话交换系统连接起来。结构化布线系统包括布置在楼群中的所有电缆及各种配件，如转接设备、各类用户端设备接口及与外部网络的接口，但它并不包括交换设备。从用户的角度看，结构化布线系统是使用一套标准的组网器件，按照标准的连接方法来实现的网络布线系统。

结构化布线系统与传统布线系统的最大区别在于：结构化布线系统的结构与当前所连接的设备位置无关。在传统布线系统中，设备安装在哪里，传输介质就要铺设到哪里。结构化布线系统则是先按建筑物的结构将建筑物中所有可能放置设备的位置都预先布好线，然后根据实际所连接的设备情况，通过调整内部跳线装置将所有设备连接起来。同一条线路的接口可以连接不同的通信设备，如电话、终端或微型机，甚至可以是工作站或主机。

2. 结构化布线系统的组成

结构化布线系统通常由 6 个子系统组成：工作区子系统、水平布线子系统、管理间子系统、垂直布线子系统、建筑群子系统、设备间子系统。结构化布线系统的 6 个子系统如图 10-1 所示。

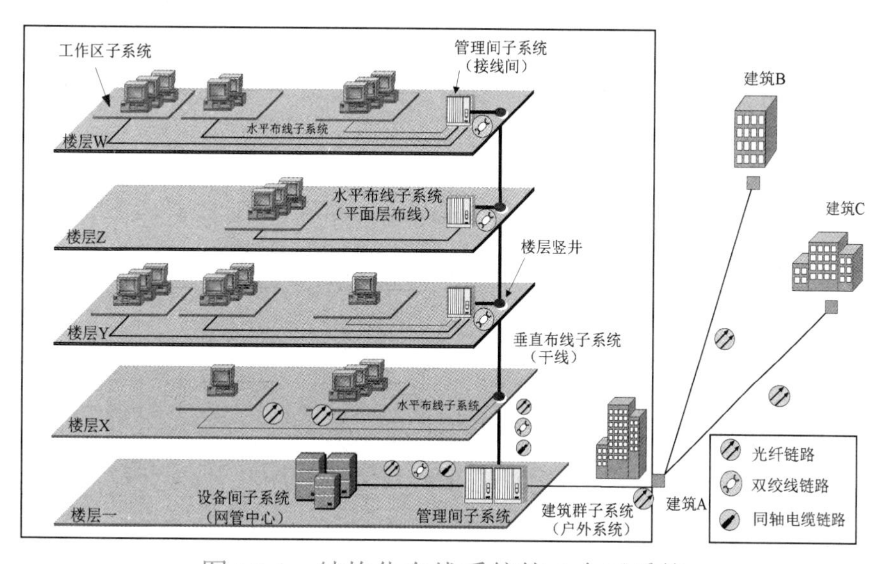

图 10-1　结构化布线系统的 6 个子系统

1）工作区子系统

工作区子系统由跳线与信息插座所连接的设备组成，其中信息插座包括墙上型、地面型、桌面型等，常用的终端设备包括计算机、电话机、传真机、报警探头、摄像机、监视器、各种传感器件等。

工作区子系统设计时要注意如下要点。

（1）从 RJ-45 插座到设备之间的连线一般用双绞线，且不要超过 5m。

（2）RJ-45 插座须安装在墙壁上或不易碰到的地方，插座距离地面 30cm 以上。

（3）插座和插头（与双绞线）按 568A 或 568B 端连接，不要接错线头。

2）水平布线子系统

水平布线子系统是从工作区的信息插座开始到管理间子系统的配线架，结构一般为星状结构。它与垂直布线子系统的区别：水平布线子系统总是在一个楼层上，仅与信息插座、管理间子系统连接。在综合布线系统中，水平布线子系统由 4 对非屏蔽双绞线组成，支持大多数现代化通信设备，如果有磁场干扰或信息保密时可用屏蔽双绞线，而在高宽带应用时，则可以采用光缆。

水平布线子系统设计时要注意如下要点。

（1）确定介质的布线方法和线缆的走向。

（2）双绞线长度一般不超过 90m。

（3）尽量避免水平线路长距离与供电线路平行走线，应保持一定距离（非屏蔽线缆一般为 30cm，屏蔽线缆一般为 7cm）。

（4）用线必须走线槽或在天花板吊顶内布线，尽量不走地线槽。

（5）如在特定环境中布线要对传输介质进行保护，使用线槽或金属管道。

（6）确定距服务接线间距离最近的输入 / 输出位置。

（7）确定距服务接线间距离最远的输入 / 输出位置。

（8）计算水平区所需缆线长度。

3）管理间子系统

管理间子系统由交连、互连和输入 / 输出组成。管理间为连接其他子系统提供工具，它是连接垂直布线子系统和水平布线子系统的设备，其主要设备是配线架、交换机、机柜和电源等。

管理间子系统设计时要注意如下要点。

（1）配线架的配线对数由管理的信息点数决定。

（2）接线间的进出线路及跳线应有良好的标记系统，如建筑物名称、建筑物位置、区号、起始点和功能等标记。这些标记通常是硬纸片或其他方式，由安装人员在需要时取下来使用。

（3）配线架一般由光配线盒和模块配线架组成。

（4）接线间应有足够的空间放置配线架和网络设备。

（5）保持一定的温度和湿度，保养好设备。

4）垂直布线子系统

垂直布线子系统，也称为干线系统。它是建筑物布线系统中的主干线路，用于接线间、设备间和建筑物引入设施之间的线缆连接。

垂直布线子系统设计时要注意如下要点。

（1）垂直布线子系统一般选用光缆，以提高传输速率。

（2）应预留一定的干线线缆做冗余信道，可提高综合布线的扩展性和可靠性。

（3）光缆可选用单模的（室外远距离），也可以选择多模的（室内短距离）。

（4）垂直干线光缆的拐弯处，不要直角拐弯，应有相当的弧度，以避免光缆受损。

（5）垂直干线光缆要防遭破坏，确定每层楼的干线要求和防雷设施。

（6）满足整幢大楼的干线要求和防雷设施。

5）建筑群子系统

建筑群子系统是将一个建筑物中的电缆延伸到另一个建筑物的通信设备和装置，通常由光缆和相应设备组成。建筑群子系统支持楼宇之间通信所需的硬件，其中包括导线电缆、光缆及防止电缆上脉冲电压进入建筑物的电气保护装置。

在建筑群子系统中，会遇到室外敷设电缆问题，一般有三种情况：架空、直埋和地下管道。具体情况应根据现场的环境来决定，表 10-1 所示为建筑群子系统敷设电缆方式比较表。

表 10-1　建筑群子系统敷设电缆方式比较表

方式	优点	缺点
架空	成本低、施工快	安全可靠性低；不美观；除非有安装条件和路径，一般不采用
直埋	有一定保护；初期投资低；美观	扩充、更换不方便
地下管道	提供比较好的保护；容易扩充、更换方便；美观	初期投资高

在设计方面要注意的要点与垂直布线子系统相同。

6）设备间子系统

设备间子系统也称设备子系统，由相关支撑硬件组成。它把各种公共系统设备的多种不同光缆、同轴电缆、交换机等组织存放到一起。设计时注意的要点如下。

（1）设备间要有足够的空间保障设备的存放。

（2）设备间内所有进出线装置或设备应采用色表或色标区分用途。

（3）设备间要有良好的工作环境（温度、湿度）。

（4）设备间具有防静电、防尘、防火和防雷击措施。

3. 结构化布线系统的优点

（1）结构清晰，便于管理维护。

（2）材料统一先进，适应发展需要。

（3）灵活性强，适应各种不同的需求。

（4）便于扩充，节约费用又提高了系统的可靠性。

4．结构化布线系统的标准

目前，结构化布线系统标准一般依据的是CES92：97和美国电子工业协会、美国电信工业协会的EIA/TIA为综合布线系统制定的一系列标准。这些标准主要有下列五种。

（1）TIA/EIA-568：《商业建筑通信布线标准》。

（2）TIA/EIA-569：《商业建筑电信布线路径和空间标准》。

（3）TIA/EIA-XXX：《商业建筑电信布线基础设施管理标准》。

（4）TIA/EIA-XXX：《商业建筑中电信布线接地及连接要求》。

（5）TSB-67、TSB-95测试标准。

还有我国的一些技术标准。

（1）国家标准GB/T50311—2016《综合布线系统工程设计规范》。

（2）国家标准GB/T50312—2016《综合布线系统工程验收规范》。

任务二　了解层次化网络拓扑设计

任务引入

建设一个优秀的网络对每个企业来说都不是一件容易的事情，都要经过周密的论证、谨慎的决策和紧张的施工，而网络有一个明晰的、有层次的设计，更能让网络建设事半功倍。那么如何对网络进行分层呢？

任务分析

目前，大型骨干网的设计普遍采用三层结构。三层结构模型如图10-2所示。这个三层结构模型将骨干网的逻辑结构划分为3个层次，即核心层、汇聚层和接入层，每个层次都有其特定的功能。

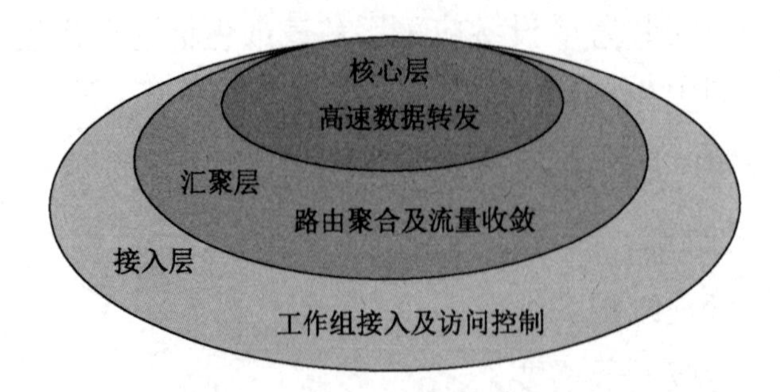

图10-2　三层结构模型

层次化网络拓扑由不同的层组成，它能让特定的功能和应用在不同的层面上分别执行。

如今大多数网络都使用层次化网络拓扑设计。

分层网络设计能适应网络规模的不断扩展。在网络极小的变动下，向现有的网络中加入新的组件及应用，以满足新的网络服务需求。基于交换层次结构示例如图10-3所示。基于路由的层次结构示例如图10-4所示。

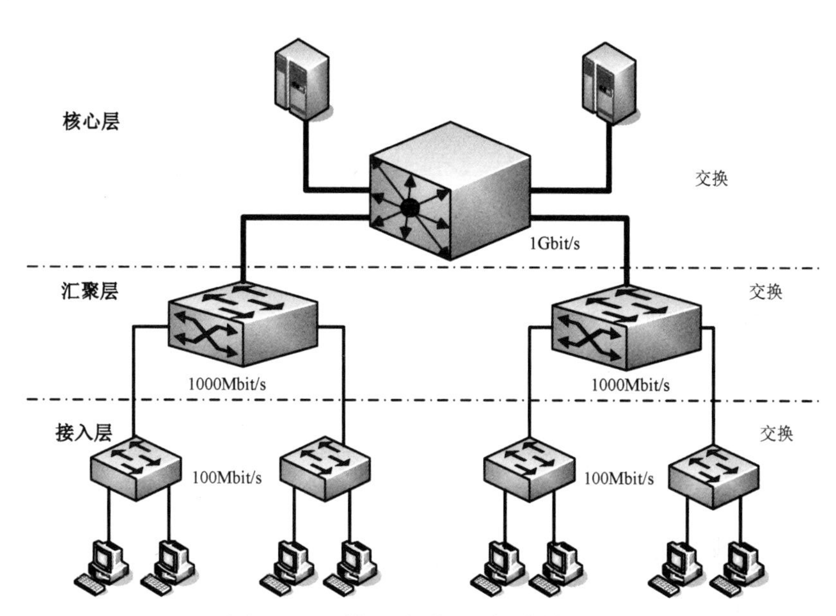

图10-3　基于交换层次结构示例

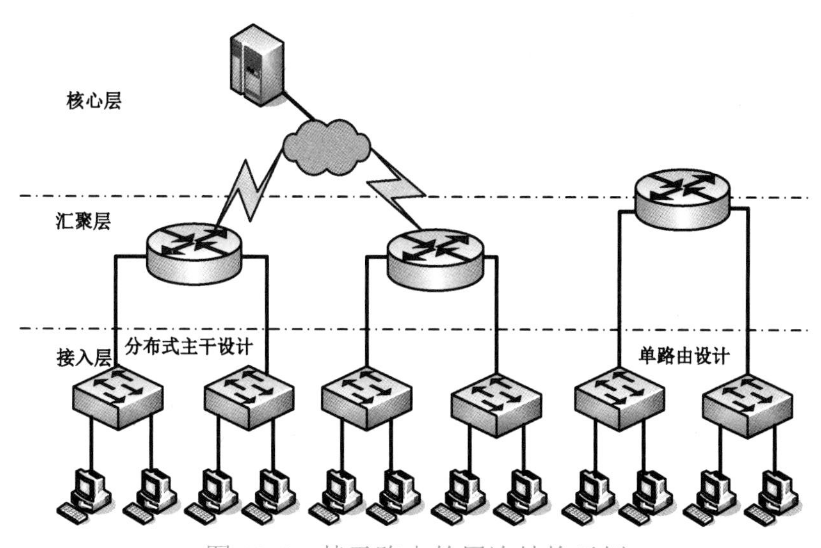

图10-4　基于路由的层次结构示例

实际上，在分层网络设计中，每一层的准确构成是因网络而异的。每一个层次都有可能包含路由器、交换机、链路或者是这些设备的组合。

知识链接

1. 核心层

核心层是网络高速交换的骨干，对协调通信至关重要。在该层中的设备不再承担访问列表检查、数据加密、地址翻译或者其他影响最快速率交换分组的任务。核心层有以下特征。

（1）提供高可靠性。

（2）提供冗余链路。

（3）模块化的设计，接口类型广泛。

（4）提供故障隔离。

（5）交换设备功能最强大。

2. 汇聚层

汇聚层位于接入层和核心层之间，它把核心层网络的其他部分区分开来。汇聚层具有以下功能。

（1）策略（处理某些类型通信的一种方法，这些类型通信包括路由选择更新、路由汇总、VLAN 通信及地址聚合等）。

（2）安全。

（3）部门或工作组级访问。

（4）广播 / 多播域的定义。

（5）VLAN 之间的路由选择。

（6）介质翻译（例如，在以太网和令牌环网之间）。

（7）在路由选择之间重分布（例如，在两个不同路由选择协议之间）。

（8）在静态和动态路由选择协议之间划分。

3. 接入层

接入层是用户工作站和服务器连接网络的入口。接入层交换机的主要目的是允许最终用户连接网络。接入层交换机应该以低成本和高端口密度提供这种功能。接入层具有以下特点。

（1）对汇聚层的访问控制和策略进行支持。

（2）建立独立的冲突域。

（3）建立工作组与汇聚层的连接。

任务三　局域网组网实训

一　组建 50 台计算机网络教室

任务引入

网络教室的布线是一种小规模的综合布线设计，有着广泛的应用。在网络教室中有服务器 1 台、教师机 1 台、学生机 48 台。网络教室如图 10-5 所示。

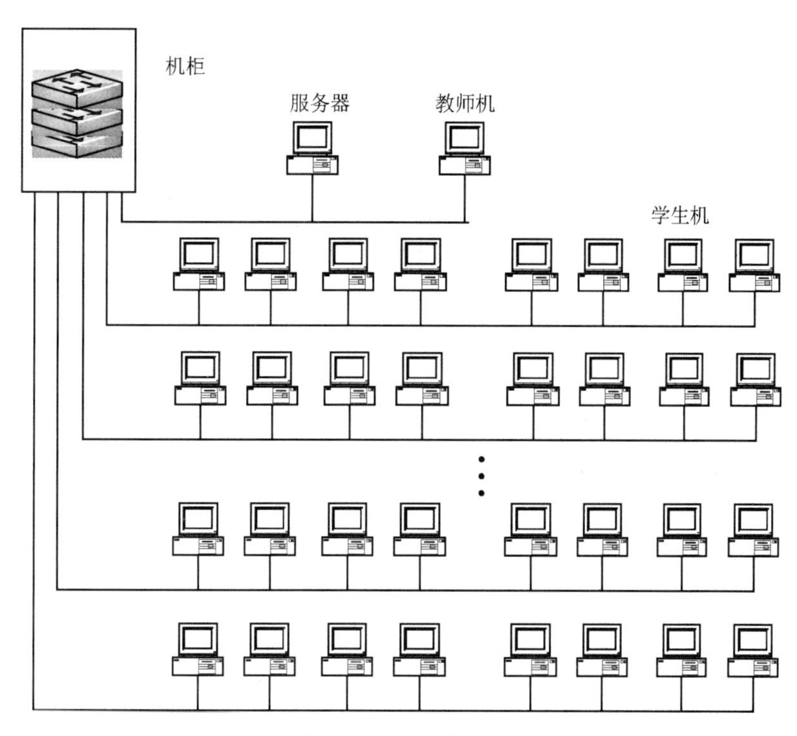

图 10-5　网络教室

任务分析

下面将组建网络教室分为三个大的步骤：总体方案确定、组网设备选择、布线设计与施工。

操作步骤

1. 总体方案确定

总体方案的确定包括需求分析、网络连接技术选择、接入方式选择三个方面。

1）需求分析

在教室综合布线设计中，首先要确定网络教室的需求，包括网络传输速率、网络规模、未来升级需要等。本方案中，网络教室对网络环境的要求是稳定，对网络设备的要求是满足功能需要且质量好、有一定的升级潜力。

2）网络连接技术选择

在组网技术上选择的是技术较成熟的以太网，网络拓扑结构是星形结构，这样可以取得较好的稳定性。此外，采用千兆到桌面的方式。

3）接入方式选择

网络教室中计算机采用超五类网线和交换机连接，交换机放置在机柜中。教室中的交换机到中心机房交换机之间也采用超五类网线连接。

2. 组网设备选择

网络设备要根据总体方案来选择交换机、网卡等网络连接设备。

1）交换机选择

交换机采用普通二层百兆交换机即能满足需要，常见品牌有 D-Link、清华同方、3Com 等。使用时主要注意端口数量和背板带宽等参数。

在本网络教室中使用 3 台 24 端口交换机进行级联。3 台交换机级联如图 10-6 所示。扩展交换机端口的方法一般有三种：一是采用堆叠交换机，多台交换机堆叠；二是模块化交换机，添加模块；三是交换机级联。前两种价格贵，一般用于大中型网络，校园网中各楼宇的二层交换机、模块化交换机一般用作最高层核心交换机，所以在小型网络或对交换机吞吐能力要求不高的场所（如网络教室），通常采用的扩展端口的方式是交换机级联。

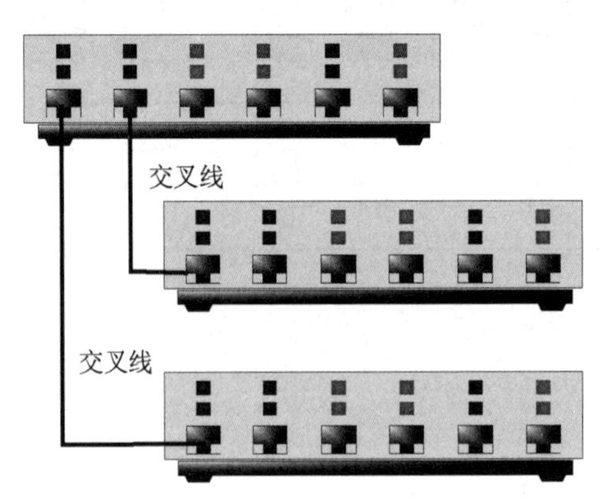

图 10-6　3 台交换机级联

2）网卡选择

学生机采用普通百兆网卡即可，但随着硬件的发展，当前百兆 / 千兆自适应网卡的价格也相对具有了竞争力，所以，服务器、教师机应使用千兆网卡，以满足数据传输的需要。

3）双绞线选择

由于是在室内使用，所以使用非屏蔽超五类双绞线。但要注意双绞线的真伪，避免给网络遗留隐患。水平线缆用量计算方法如下。

线缆箱数 = 信息点 / 每箱可布线缆根数

每箱可布线缆根数 = 每箱长度 / 水平线缆平均长度

水平线缆平均长度 =[（MAX 距离 +MIN 距离）/2]×1.15

3. 布线设计与施工

1）网络布线设计

网络布线必须根据教室的网络结构来设计，并绘出网络施工图纸。

2）布线施工

（1）机柜中的交换机由于需要方便维护，要放在教室中相对开放的区域，同时考虑到节约网线的数量，所以放置于教室后部。

（2）双绞线放在提前铺设的 PVC 管中，双绞线经过的地方不能有强磁场、大功率电器和电源线等，否则电磁干扰将降低传输质量。目前超五类双绞线通常使用 568B 接法。要选择质量较好的水晶头，因为在实际使用中，水晶头连接出现的网络故障率是较高的。

网络布线时，为了后期维护方便，要在双绞线的两端做相同的编号，这样不会出现判断不出双绞线的两端对应位置的情况。

双绞线两端留出一定的余量，当需要重新做水晶头时，可以剪去前端部分继续使用。

3）布线测试

网络布线完成后，用网络测试仪测试线路是否连通；网络设备安装完毕后，加电进行测试；最后测试内网之间和到中心机房是否连通。

强电的布线和连接与网络布线一样重要，应由专业人员来完成，这里不再细讲。

二　设计组建一所学校的局域网布线

任务引入

校园网是大型的网络通信平台，是集成多种应用、具有强大的资源管理和安全防范机制的综合服务体系。校园网作为现代教育背景下的必要基本设施，已经成为学校提高产学研和管理水平的重要途径。

任务分析

现在对项目一中图 1-5 所示的校园网进行改进，来说明校园网组建和综合布线系统的实施。

学校校园网组建一般分为四个大的步骤：需求分析、网络系统的总体结构、综合布线系统的分析和设计、布线施工与测试。

操作步骤

1. 需求分析

1）提供的网络服务

校园网内实现各单位的信息共享与通信，并提供 WWW、FTP、Telnet、电子邮件、BBS、VOD、多媒体教学、数字图书馆等服务。

2）主要信息点分布

主要信息点集中在实训楼（网络中心都在实训楼二楼，9个机房在实训楼二楼、三楼）、办公楼、教学楼、学生公寓楼等。

信息点统计表如表10-2所示。

表10-2　信息点统计表

地点	节点数	与网络中心距离	网络中心各个建筑群子系统间光缆选择	备注
实训楼	600	<200m	62.5/125μm 多模光纤	到各个机房
办公楼	100	200m	50/125μm 多模光纤	
教学楼	200	300m	50/125μm 多模光纤	
学生公寓楼	1200	600 ～ 1200m	9/125μm 单模光纤	

2．网络系统的总体结构

网络系统的总体结构主要分为网络设备的设计和综合布线系统的设计。根据市场调查和综合分析，选择性价比高的国产品牌来组建校园网。网络设备全套选用锐捷设备，综合布线选用普天布线方案。

现在先介绍网络设备的整体方案设计，如图10-7所示。

1）网络互连技术的选择

以千兆以太网技术为基础、万兆以太网为目标，采用“万兆核心、千兆汇聚、百兆接入”的三层设计思路，分为核心层、汇聚层、接入层，并设计“双核心、汇聚双链路”的环状互为备份容错互连结构，构建强壮的网络架构。核心层设计两台RG-S8610万兆核心层路由交换机，其中，核心层交换机与服务器采用1000Mbit/s（1000BASE-TX）连接，核心层交换机和汇聚层交换机采用1000Mbit/s（单模1000BASE-LX、多模1000BASE-SX）连接。核心层和汇聚层路由交换机又通过启用OSPF、VRRP等协议，使用等值开销多路径的方式连接到数据中心和汇聚设备，所有的服务器都连接到RG-S8610万兆核心层路由交换机上或服务器群交换机。

该校园网方案不仅实现了千兆到楼栋，而且实现了千兆到末端交换机，满足了高带宽和高性能的要求。

2）网络设备的选择

根据需求分析，需要对3个类型交换机进行设备选型：①中心交换机；②汇聚层交换机（楼栋）；③千兆接入层交换机（楼层）。

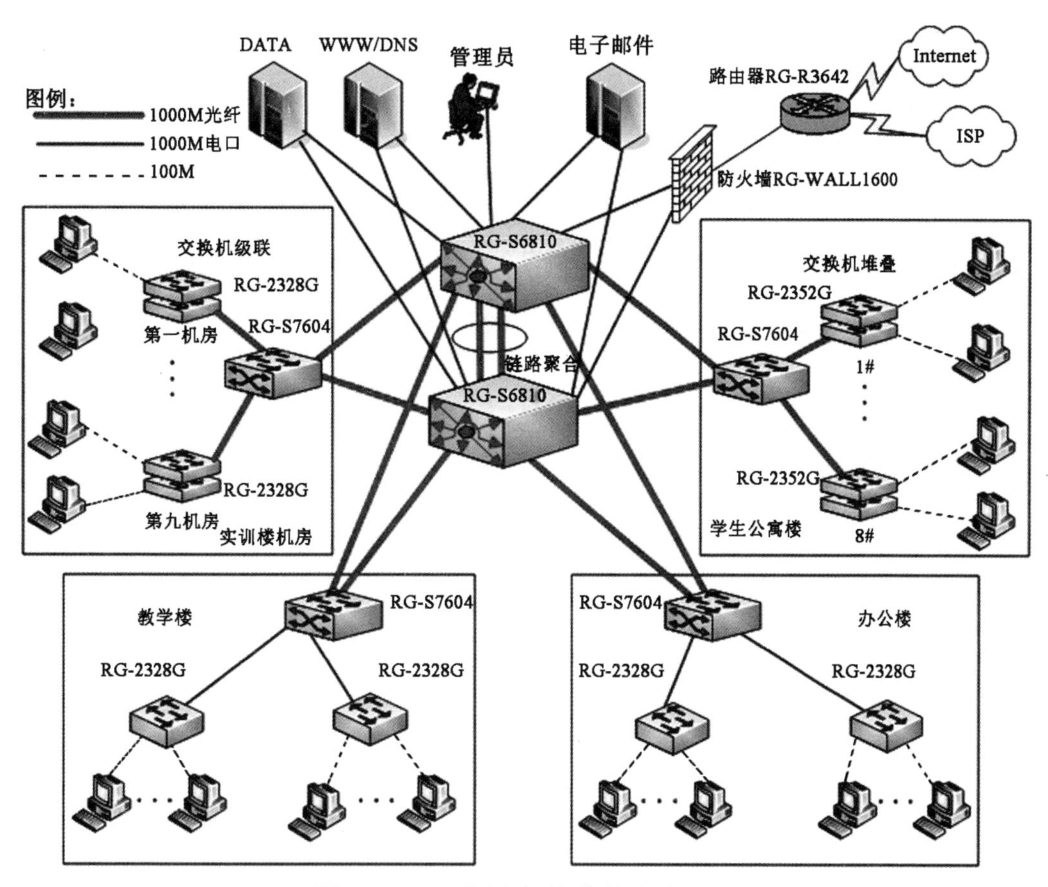

图 10-7　网络设备的整体方案设计

为了满足需求，跟踪长远利益，选用锐捷网络产品系列。核心层选用两台 RG-S8610 构成双核心架构；汇聚层选用 RG-S8610 全模块化骨干路由交换机；接入层选用 RG-2328G 全千兆安全智能交换机。

3）中心网络建设

核心层交换机是局域网的基石，是网络信息交换、共享数据的中心枢纽，其性能决定网络中各信息点的响应速度、传输速率和吞吐量、网络的负载能力、服务器分发、工作站访问范围等性能。因此，选用两台高性能的万兆核心多层路由交换机，设计为双核心的互为备份容错的结构，构成网络核心，保证核心层的正常运行。

4）汇聚层网络建设

汇聚层选用四台模块化、中高密度千兆 GBIC 接口的汇聚层路由交换机，支持各种千兆模块，包括 1000Base-T、1000Base-SX、1000Base-LX 等，根据用户的需求灵活配置，灵活构建弹性可扩展的网络。

5）接入层网络建设

鉴于学生宿舍端口密度高、网络配线间数量少、面积小，因此主要采用 48 口 1U 的交换机。因此接入层选用提供千兆上联、10/100/1000M 接入的可网管交换机，并在学生宿舍和教工宿舍全部采用认证和流控等手段进行接入控制，充分满足用户的高速接入需求。

6）互联网接入平台建设

防火墙设备选用 RG-WALL1600 千兆防火墙，路由器选用 RG-R3642。

7）网管、认证计费平台建设

管理系统 StarView 能提供整个网络的拓扑结构，能对以太网中的任何通用 IP 设备、SNMP 管理型设备进行管理，结合管理设备所支持的 SNMP 管理、Telnet 管理、Web 管理、RMON 管理等构成一个功能齐全的网络管理解决方案，实现从网络级到设备级的全方位网络管理。

锐捷网络 RG-SAM 安全计费管理平台是一套以实现网络运营为基础，增强全局安全为中心，提高管理效率为准则的可灵活扩展的安全计费管理系统。

综上所述，本方案是一个依据用户需求，充分利用锐捷网络产品自身特色设计的校园网整体解决方案。该方案依据校园网络应用的特征，采用锐捷网络成熟、适用、实用、好用、够用的产品与技术，力争以最小的投资得到最大的满足。

3. 综合布线系统的分析和设计

1）综合布线系统的结构设计

综合布线系统的设计不仅要满足现在信息社会的功能，而且要考虑今后信息技术的发展、校园网用户对功能要求的增加，避免现有系统被快速淘汰，造成设备浪费。

针对以上分析，再结合比较目前布线市场智能办公大楼产品的情况，为了满足以后的发展，布线系统必须超前考虑，因此在水平布线子系统之间使用 6 类布线系统作为数据信息点，插座全部采用 6 类模块化信息插座，数据主干采用室内 6 芯多模光纤到楼层，对数据交换实现完全备份，数据传输可以达到 1000Mbit/s。整个系统采用模块化设计和分层星形网络拓扑结构，从中心机房（设在实训楼二楼）到各子设备间布放主干电缆和光缆，从各子设备间布放水平电缆或光缆到各信息端口。整个系统具有良好的可扩充性和灵活的管理维护性。

以下内容是按各个子系统分别进行说明的。

2）工作区子系统

工作区子系统包括所有用户实际使用区域。为满足信息高速传输具体情况，数据点采用“普天”6 类 RJ-45 信息插座模块，可支持超过 250Mbit/s 高速信息传输，插座面板具有防尘弹簧盖板。不同型号的微机终端通过 RJ-45 标准跳线可方便地连接到数据信息插座上；信息口底盒（预埋盒）采用我国标准的 86 型 PVC 底盒，由管槽安装单项工程负责。

3）水平布线子系统

水平布线子系统由建筑物各管理间至各工作区之间的电缆构成。数据水平布线距离应不超过 90m，信息口到终端设备的连接线和配线架之间的连接线之和不超过 10m。为了满足高速率数据传输需求，数据传输选用“普天”6 类 4 对非屏蔽双绞线。水平布线子系统的基本链路如图 10-8 所示。

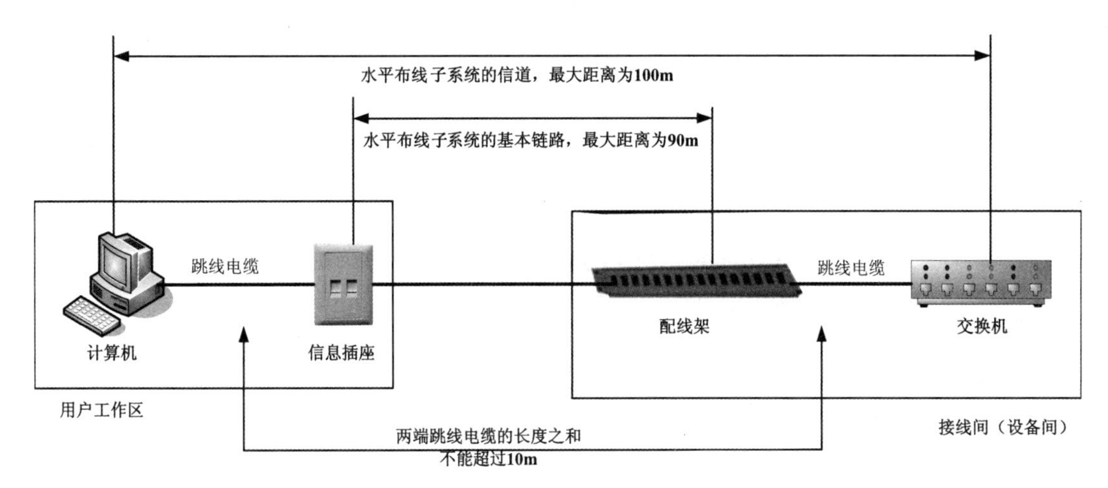

图 10-8　水平布线子系统的基本链路

普天 6 类 4 对非屏蔽双绞线电缆能够满足目前校园网络终端设备（如计算机的网卡等）高速数据传输的需要，并且有良好的扩展性。其不仅能够支持千兆网络设备（如千兆网络交换机、千兆计算机网卡）的数据传输，而且能够很好地支持以后升级到更高级的千兆甚至万兆网络设备（4 对线收发）。

4）管理间子系统

管理间子系统连接水平电缆和垂直干线，是综合布线系统中关键的一环。本设计方案中，数据水平电缆采用“普天”6 类 24 口快接式配线架（由安装板和 6 类 RJ-45 插座模块组合而成）；数据主干光缆的端接采用“普天”抽屉式 12 端口光纤分线盒。

6 类系列跳线在设备间用于连接配线架到网络设备端口，在终端用于连接墙面插座到终端设备 (如计算机、视频监控终端) 的网络接口。新的 6 类标准从性能上对成型跳线做出了具体的定义，要想达到 6 类性能，必须使用厂家制作好的成型跳线。

5）垂直布线子系统

垂直布线子系统由连接设备间与各层管理间的干线构成。其任务是将各楼层管理间的信息，传递到设备间并送至最终接口。垂直干线的设计必须满足用户当前的需求，同时又能满足用户今后的要求。为此，采用“普天”6 芯多模室内光缆，支持数据信息的传输。多模光纤光耦合率高，纤芯对准要求相对较宽松。当计算机数据传输距离超过 100m 时，用光纤作为数据主干将是最佳选择，并具有大多数电缆无法比拟的高带宽和高保密性、抗干扰性。随着计算机网络和光纤技术的发展，光纤的应用越来越广泛。光纤的数据传输速率可达 1Gbit/s 以上，可满足未来校园网信息化的需求，适应计算机网络的发展，具有先进性和超前性。

6）设备间子系统

设备间子系统是整个布线数据系统的中心单元，主机房设在实训楼二层，实现每层楼汇接来的电缆的最终管理。

设备间在每幢大楼的适当地点设置进线设备，是进行网络管理及管理人员值班的场所。设备间子系统由综合布线系统的建筑物进线设备，数据、计算机等各种主机设备及其保安配线设备等组成，主要用于汇接各个分配线架，包括配线架、连接条、绕线环和单对跳线等。

设备间子系统所有进线终端设备采用色标区别各类用途的配线区。

数据主配线间设在整个校园的网络中心，用12芯室外光缆（教学楼、办公楼用多模光纤，学生公寓楼用单模光纤，均为12芯）连接到各个楼的一楼值班室的机柜内，实训楼的所有信息点也都汇聚到本机柜的配线架上。

7）建筑群子系统

建筑群子系统光纤分布图如图10-9所示。

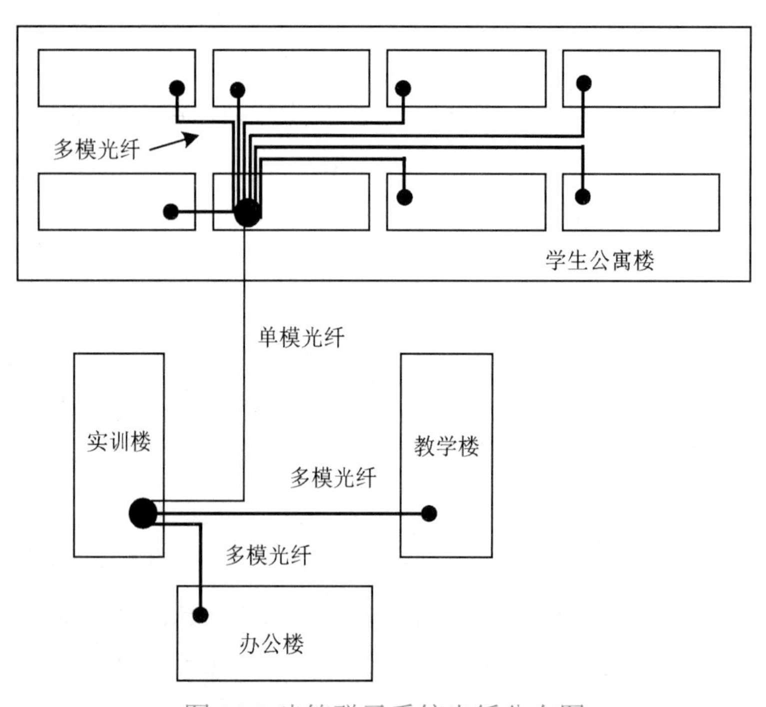

图10-9 建筑群子系统光纤分布图

4．布线施工与测试

1）工程开工前的准备

网络工程经过调研，确定方案后，下一步就是工程的实施，准备工作需要做到以下几点。

（1）确定综合布线图。确定布线的走向位置，供施工人员、督导人员和主管人员使用。

（2）备料。在开工前，网络工程需要的施工材料有些必须准备好，有些可以在开工过程中备料。

2）施工工程中注意的事项

（1）施工现场人员必须认真负责，及时处理施工进程中出现的问题，协调各方意见。

（2）一旦出现不可预料的情况，马上向工程单位汇报，并提出解决方案供施工单位当场研究解决，以免影响施工进度。

（3）工程单位计划不妥的地方，及时妥善解决。

（4）工程单位新增加的信息点要在施工图中反映出来。

（5）对部分场地或工段及时进行阶段性检查验收，确保工程质量。

（6）制定工程进度表。

3）测试

测试所要做的事情如下。

（1）工作间到设备间连通情况。

（2）主干线连通情况。

（3）信息传输速率、衰减率、布线链路长度、近端串扰等因素。

4）工程施工结束时的注意事项

（1）清理现场，保持现场清洁、美观。

（2）对墙洞、竖井等交换处要进行修补。

（3）各种剩余材料汇总，把剩余材料集中放置一处，并登记还可使用的数量。

（4）做总结报告。

5）总结报告

总结报告包含以下几方面。

（1）开工报告。

（2）布线工程图。

（3）布线过程报告。

（4）测试报告。

（5）使用报告。

（6）工程验收所需的验收报告。

项目总结

本项目介绍综合布线系统的相关概念、结构化布线的六大子系统及设计时应注意的要点、结构化布线的常见标准，最后以组建 50 台计算机网络教室和设计组建一所学校的局域网布线为实训案例，说明了小型局域网和大中型校园网的方案设计及综合布线应注意的事项。

通过本项目的学习，应该理解一座建筑物的生命周期要远远长于计算机、通信及网络技术的发展周期。因此，建筑物内采用的通信设施及布线系统一定要有超前性，力求高标准，并且有很强的适应性、扩展性、可靠性和长远性，以满足未来的需要。

实训与练习 10

一、选择题

1．弱电布线与强电布线之间的距离一般不小于_____。

A．10cm　　B．15cm　　C．20cm　　D．30cm

2．水平布线子系统设计时双绞线长度一般不超过_____。

A．80m　　B．90m　　C．100m　　D．110m

3．双绞线可以靠近哪种设施？_____。

A．微波炉　　B. 空调　　C. 茶几　　D. 变压器

4．双绞线布线长度最长不能超过_____米。

A．1000　　B．500　　C．200　　D．100

5．建筑群子系统间使用的连接线缆通常是_____。

A．6类双绞线　　B．同轴电缆

C．光纤　　D．超5类双绞线

6．以下_____方式不是建筑群子系统敷设电缆的方式。

A. 架空　　B. 直埋　　C. 地线槽　　D. 地下管道

7．以下_____不是网络布线的基本工具。

A．测线器　　B．打线刀　　C．交换机　　D．剪线钳

8．在中等规模的网络中，_____交换机要求的性能是最高的。

A．核心层　　B．汇聚层　　C．网络层　　D．接入层

9．以下_____不是结构化布线的优点。

A．结构清晰，便于管理维护

B．灵活性强，适应各种不同的需求

C．交换设备易维护

D．便于扩充，节约费用又提高了系统的可靠性

二、填空题

1．结构化布线系统包括_______、_______、_______、_______、_______、_______六大子系统。

2．在建筑群子系统中，会遇到室外敷设电缆问题，一般有三种情况：_______、_______、_______。

3．网络布线完成后，必须用_______测试线路是否连通。

4．综合布线系统的设计不仅要满足当前的使用，还要有一定的________能力，从而可以满足今后一定时期的技术要求。

三、简答题

1．什么是结构化布线系统？

2．结构化布线系统包含哪些标准？

3．何为计算机网络的拓扑结构？按照拓扑结构来分，计算机网络分为哪几种？

4．布线施工完成后，要对哪几个方面进行测试？

四、实训题

1．对所在学校的机房进行实地考察，说明机房的布线情况，有哪些地方设计得好，有哪些地方需要改进。

2．设计企业局域网，根据某企业单位的需求，进行实地考察，按照要求为其设计符合结构化布线要求的网络系统，写出完整的设计方案。

综合实训

模拟实训环境的搭建

为了保证学习效果，模拟实训环境将是硬件设备的有益补充。模拟实训环境就是使用软件来营造出一种虚拟的实验环境。例如，在一台计算机中虚拟一台甚至几台计算机，这些虚拟计算机可以像真正的计算机一样设置 BIOS、进行分区和格式化硬盘、安装操作系统和应用程序、设置网络参数及配置网络服务；或在软件中包含实验所需要的路由器、交换机、各种连接方式，单击进入相关的设备即可进行操作。本项目搭建的模拟实训环境是指用虚拟机 VMware 构建操作系统安装和各种服务配置的环境，用模拟器 Cisco Packet Tracer 构建网络拓扑并进行网络设备的调试。

知识目标

- 了解 VMware 的安装及基本使用方法
- 了解 Cisco Packet Tracer 的界面及基本使用方法

能力目标

- 能利用 VMware 构建操作系统安装和各种服务配置的环境
- 能利用 Cisco Packet Tracer 构建网络拓扑并进行网络设备的调试

任务一　用 VMware 构建虚拟网络

一　安装 VMware

任务引入

在学习计算机网络课程时，学校虽然提供了专业的网络实验室，但网络实验和其他计算机实验有所不同，所需设备昂贵，数量也较多，面对一个班上四五十名学生，实验设备往往显示出不足。然而学生都想独立进行网络实验，提高职业技能。

虚拟机软件 VMware Workstation 提供的“计算机”像真正的计算机一样，也包括 CPU、内存、硬盘、光驱、软驱、显卡、声卡、SCSI 卡、USB 接口、PCI 接口和 BIOS 等。在虚拟机中可以和真正的计算机一样安装操作系统、应用程序和软件及网络服务。

学生可以在“人手一机”的情况下，使用虚拟机很轻松地组建实验环境。

任务分析

要使用虚拟机软件 VMware Workstation，所需的设备或软件如下。

（1）计算机一台，配置要求：733MHz 以上的 CPU，最低 1G 内存，40G 以上硬盘。

（2）VMware Workstation 10 软件一套。

（3）Windows XP 安装光盘一张或具有 Windows XP 安装光盘的 ISO 文件。

操作步骤

1．安装 VMware Workstation

（1）双击安装程序“VMware-workstation-full-10.0.1”开始安装 VMware Workstation，如图 11-1 所示。

（2）软件开始安装并进入欢迎界面，单击“下一步”按钮，如图 11-2 所示。

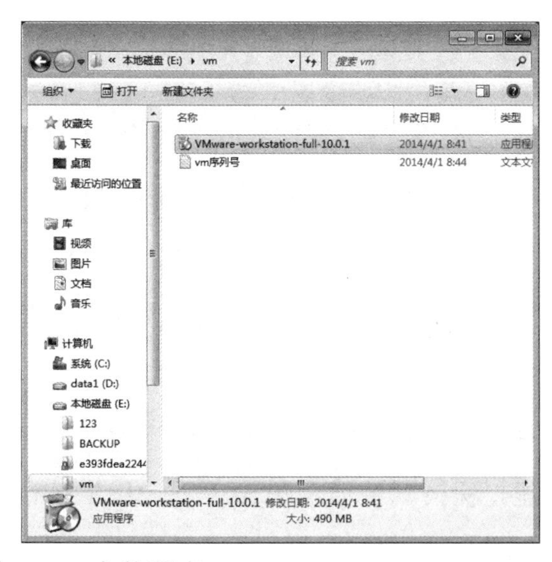

图 11-1　安装程序 VMware-workstation-full-10.0.1

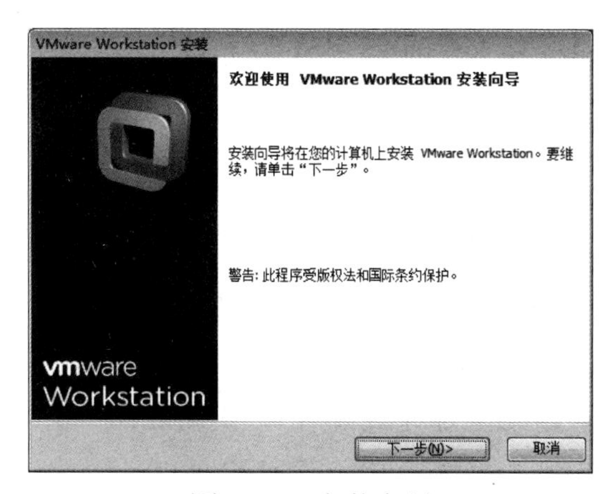

图 11-2　安装向导

（3）在“许可协议”选区中，选择“我接受许可协议中的条款。”单选按钮，然后单击“下一步”按钮，如图 11-3 所示。

（4）在“安装类型”选区中，选择安装类型，可以选择“典型”安装，如图 11-4 所示。

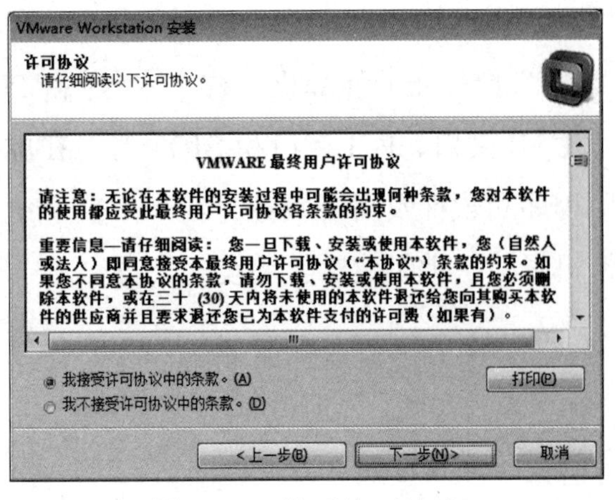

图 11-3 接受许可协议

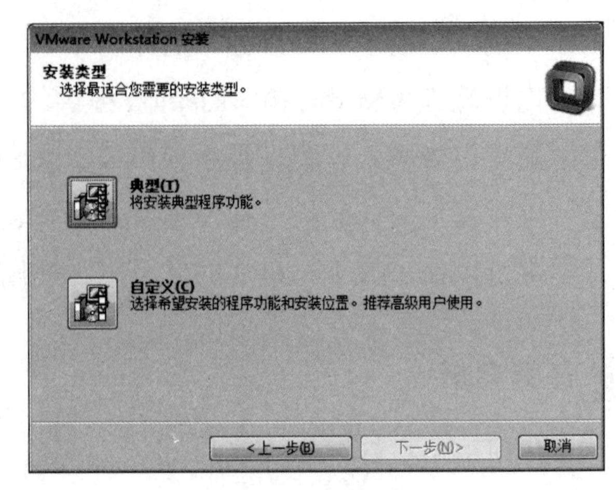

图 11-4 典型安装

（5）在“目标文件夹”选区中，选择软件的安装目录，一般保持默认即可，然后单击“下一步”按钮，如图 11-5 所示。

（6）在“软件更新”选区中，可以取消勾选“启动时检查产品更新”复选框，然后单击“下一步”按钮，如图 11-6 所示。

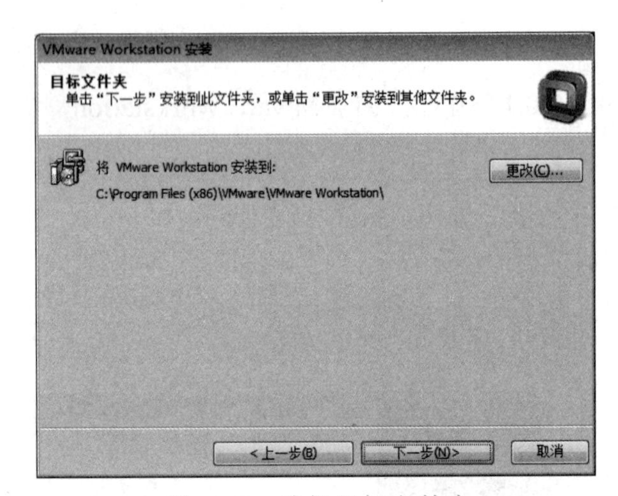

图 11-5 选择目标文件夹

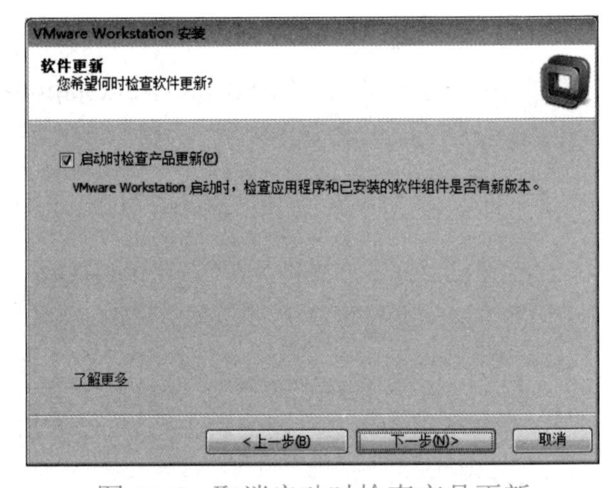

图 11-6 取消启动时检查产品更新

（7）在“用户体验改进计划”选区中，可以取消勾选“帮助改善 VMware Workstation”复选框，然后单击“下一步”按钮，如图 11-7 所示。

（8）选择要创建的 VMware Workstation 快捷方式的位置，默认情况下将在“桌面”“开始菜单程序文件夹”“快速启动工具栏”中创建。保持默认值，单击“下一步”按钮，如图 11-8 所示。

（9）在“已准备好执行请求的操作”选区中单击“继续”按钮开始安装，如图 11-9 所示。

（10）在“正在执行请求的操作”选区中，需要几分钟时间进行安装，如图 11-10 所示。

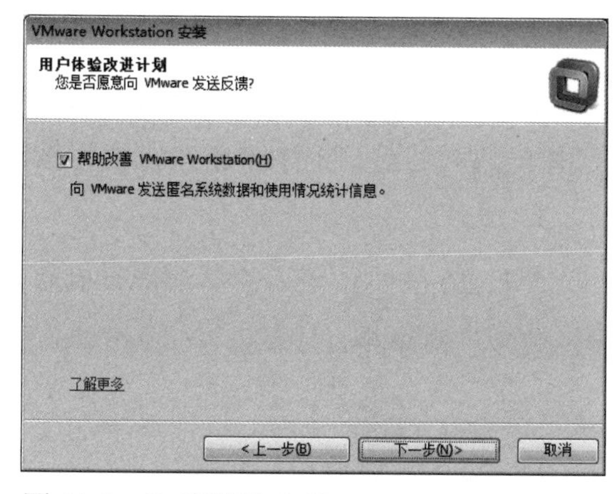

图 11-7　取消帮助改善 VMware Workstation

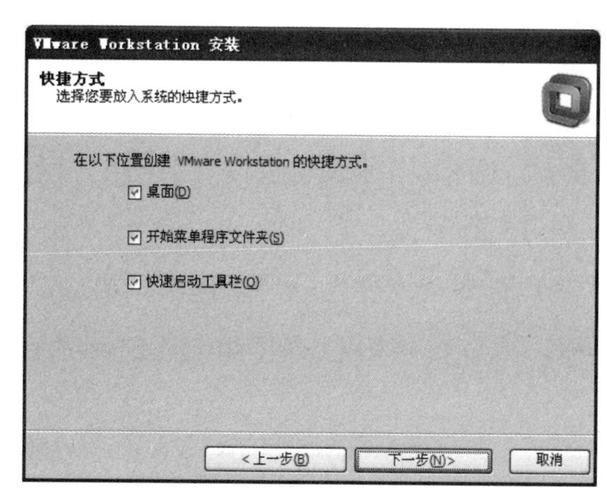

图 11-8　创建快捷方式的位置

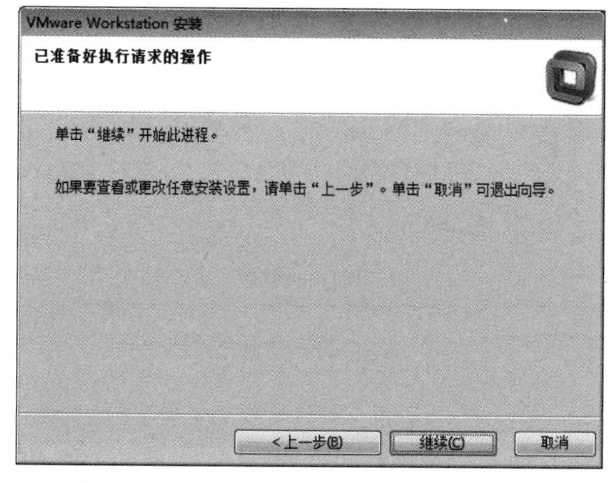

图 11-9　已准备好执行请求的操作

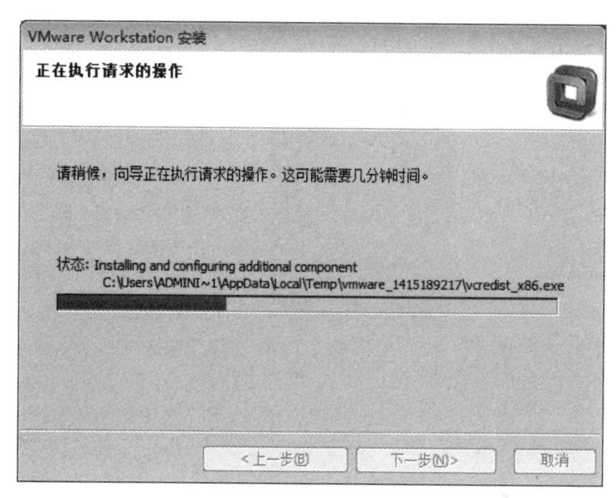

图 11-10　正在执行请求的操作

（11）在弹出的“输入许可证密钥”选区中，单击“跳过”按钮，稍后再输入许可证密钥，如图 11-11 所示。

（12）安装完成后单击“完成”按钮，如图 11-12 所示。

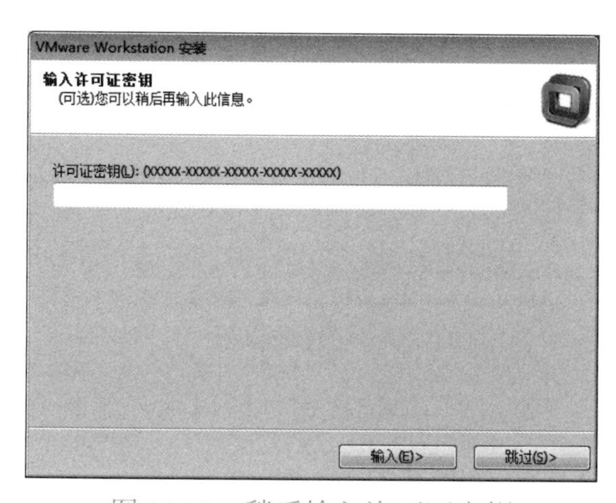

图 11-11　稍后输入许可证密钥

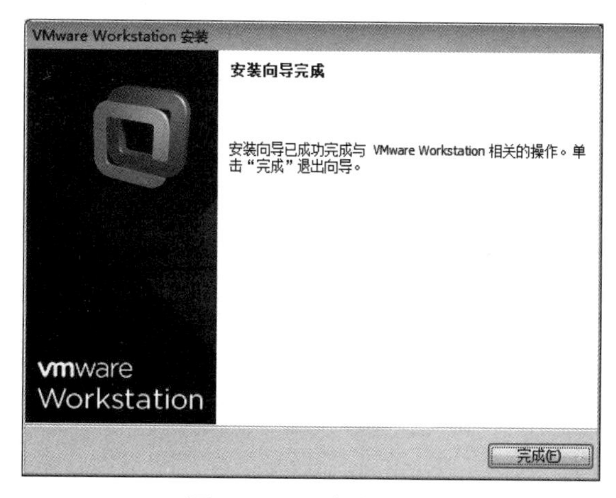

图 11-12　安装完成

2．创建虚拟机

（1）双击桌面上的“VMware Workstation”图标，启动 VMware Workstation，如

图 11-13 所示。

（2）弹出“欢迎使用 VMware Workstation 10”对话框，可选择输入许可证密钥或选择试用，完成后单击“继续”按钮，如图 11-14 所示。在弹出的欢迎对话框中单击“完成”按钮，如图 11-15 所示。

（3）选择“文件”→“新建虚拟机 ...”选项，如图 11-16 所示，进入“新建虚拟机向导”对话框，或者直接按 Ctrl+N 组合键进入“新建虚拟机向导”对话框。

图 11-13　桌面快捷方式

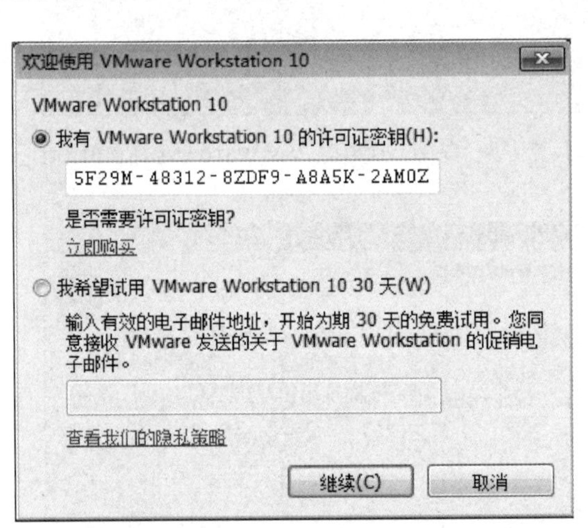

图 11-14　输入许可证密钥

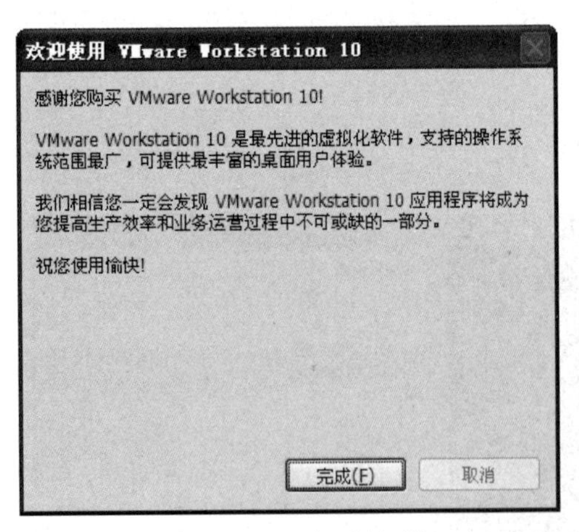

图 11-15　完成注册

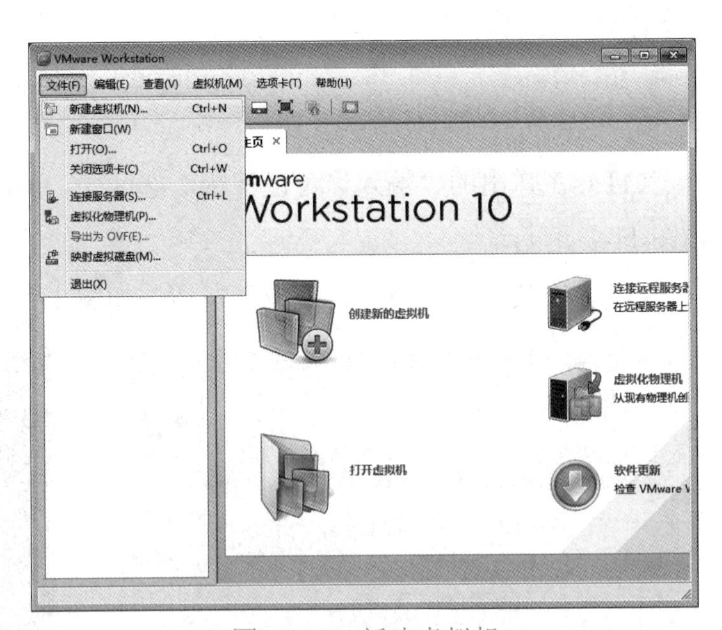

图 11-16　新建虚拟机

（4）在配置虚拟机类型对话框中选择“自定义（高级）”单选按钮，即以用户定制方式新建虚拟机。选择完毕后单击“下一步”按钮，如图 11-17 所示。

（5）在“选择虚拟机硬件兼容性”选区中，选择“Workstation 10.0”选项，然后单击“下一步”按钮，如图 11-18 所示。

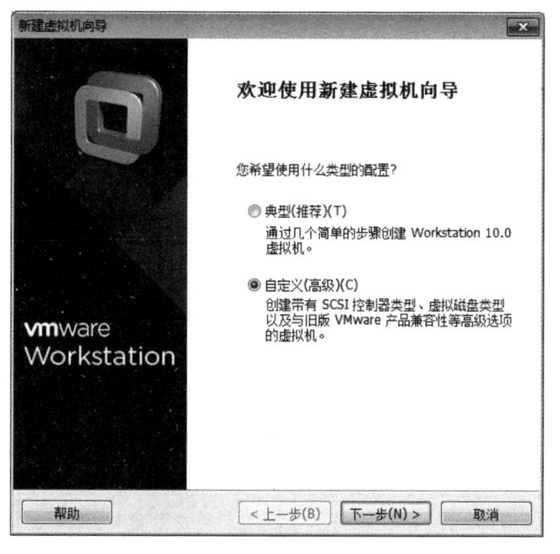

图 11-17　选择自定义类型

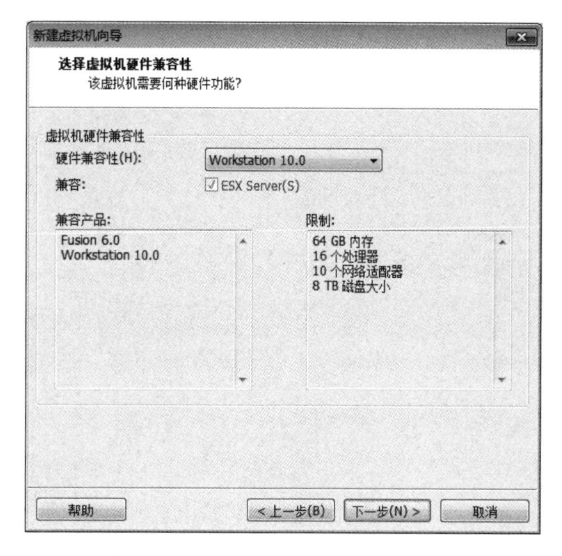

图 11-18　选择 Workstation 10.0

（6）在“安装客户机操作系统”选区中，选择“稍后安装操作系统。”单选按钮，然后单击“下一步”按钮，如图 11-19 所示。

（7）弹出“选择客户操作系统”选区，从“客户机操作系统”选区中选择“Microsoft Windows”单选按钮，从“版本”下拉列表框中选择“Windows XP Professional”选项，然后单击“下一步”按钮，如图 11-20 所示。

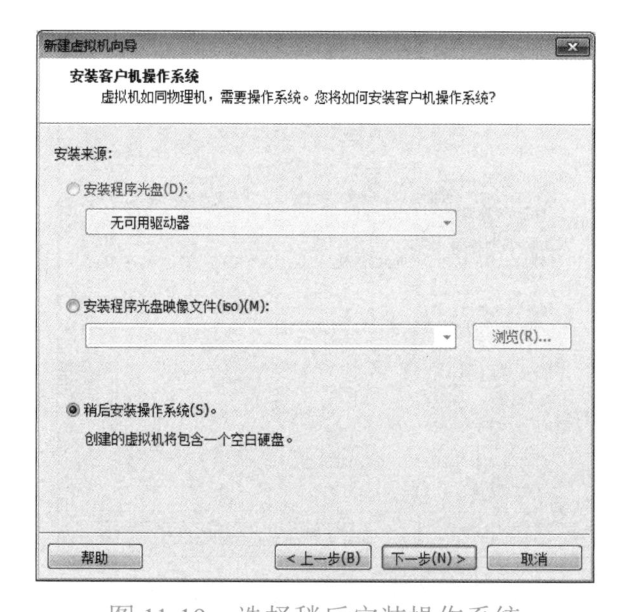

图 11-19　选择稍后安装操作系统

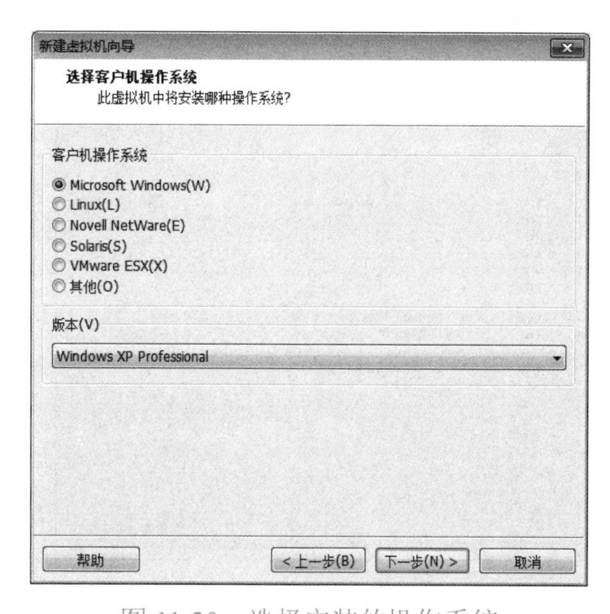

图 11-20　选择安装的操作系统

（8）出现“命名虚拟机”选区，在“虚拟机名称”文本框中输入新建虚拟机的名称，在“位置”文本框中指定新建虚拟机的存放位置，然后单击“下一步”按钮，如图 11-21 所示。

（9）出现“处理器配置”选区，根据主机的实际情况选择处理器数量和每个处理器的核心数量，在此数量都选择为“1”，单击“下一步”按钮继续，如图 11-22 所示。

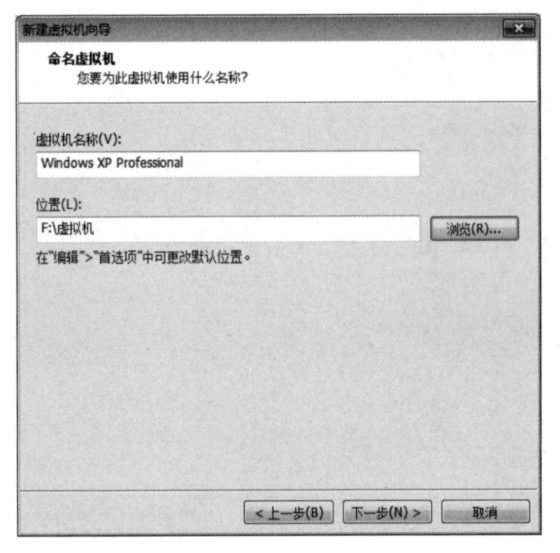

图 11-21　为新建虚拟机命名

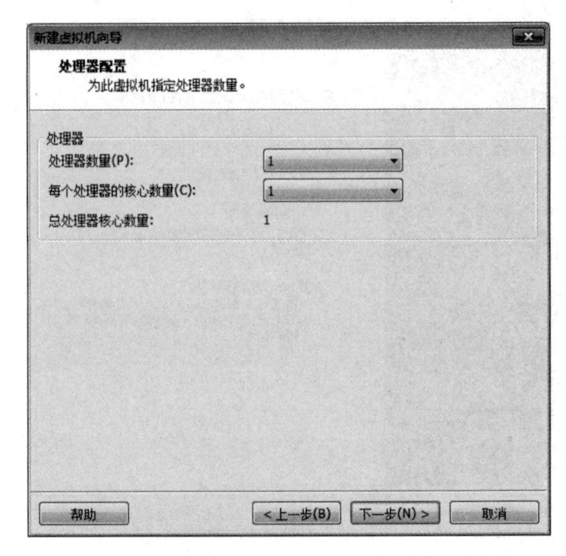

图 11-22　为新建虚拟机选择处理器数量

（10）出现“此虚拟机的内存”选区，为新建的虚拟机分配内存，在此设置 512M 内存，然后单击“下一步”按钮，如图 11-23 所示。

（11）出现“网络类型”选区，在“网络连接”选区选择“使用桥接网络”单选按钮，即将新建的虚拟机网卡桥接到主机计算机的物理网卡上，然后单击“下一步”按钮，如图 11-24 所示。

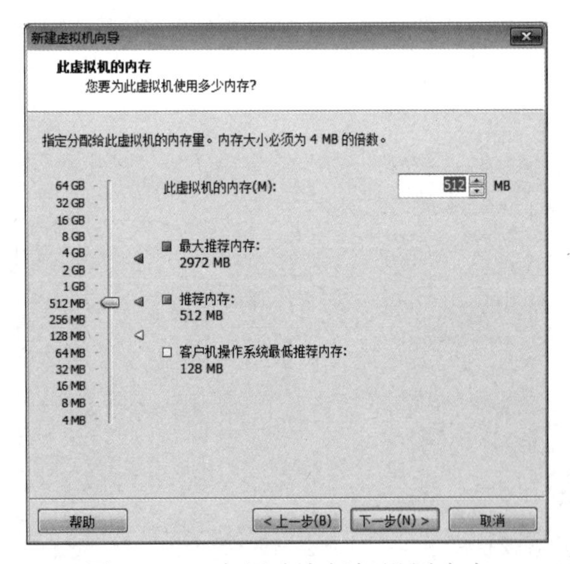

图 11-23　为新建虚拟机设置内存

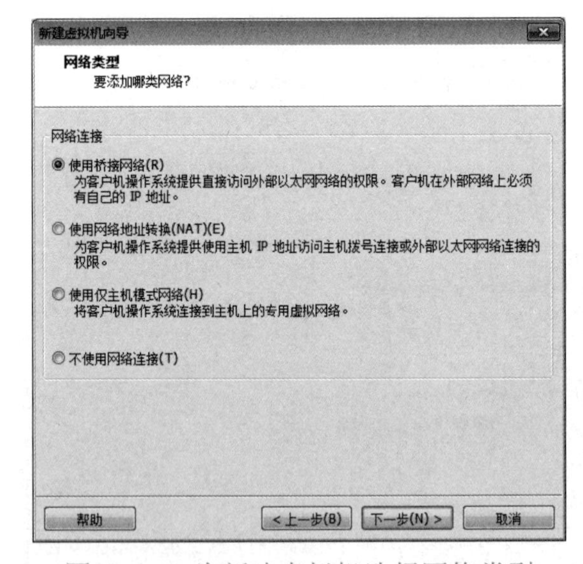

图 11-24　为新建虚拟机选择网络类型

（12）出现“选择 I/O 控制器类型”选区，在“I/O 控制器类型”选区中的“SCSI 控制器：”中选择“BusLogic”单选按钮，将 SCSI 卡设为 BusLogic 类型，然后单击“下一步”按钮继续，如图 11-25 所示。

（13）出现“选择磁盘类型”选区，在“虚拟磁盘类型”选区中选择“IDE（推荐）”单选按钮，将新建虚拟机的硬盘设为 IDE 接口的硬盘，然后单击“下一步”按钮继续，如图 11-26 所示。

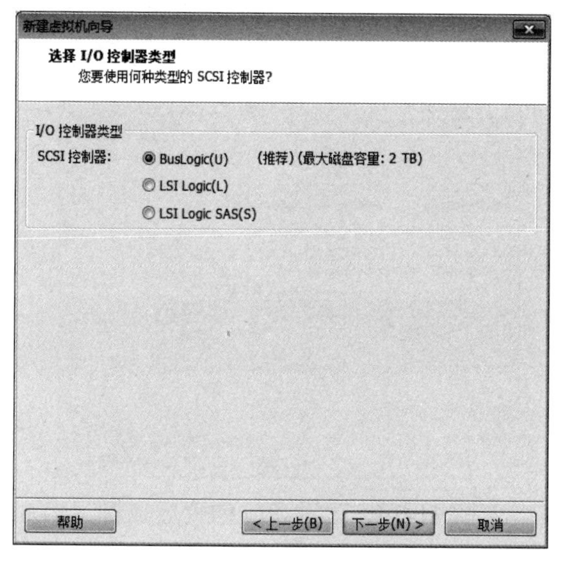

图 11-25　选择 I/O 控制器类型

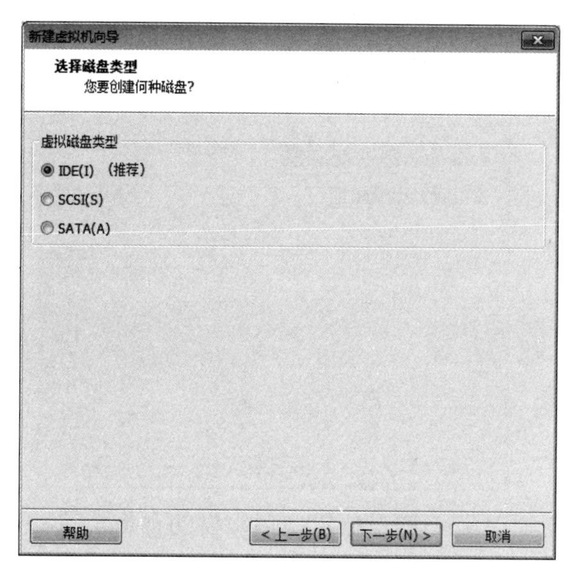

图 11-26　选择磁盘类型

（14）出现“选择磁盘”选区，在“磁盘”选区选择“创建新虚拟磁盘”单选按钮，为新建虚拟机创建新的虚拟盘，然后单击“下一步”按钮继续，如图 11-27 所示。

（15）出现“指定磁盘容量”选区，在“最大磁盘大小（GB）(S)：”数值框中指定磁盘容量的大小。设置完毕后，单击“下一步”按钮继续，如图 11-28 所示。

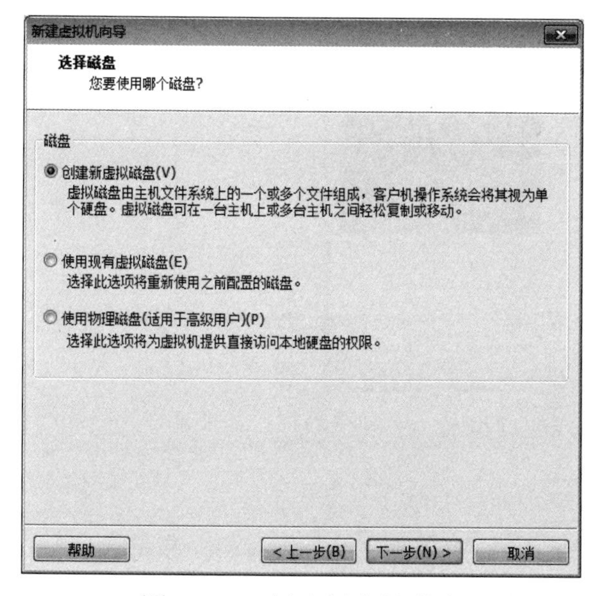

图 11-27　创建新虚拟磁盘

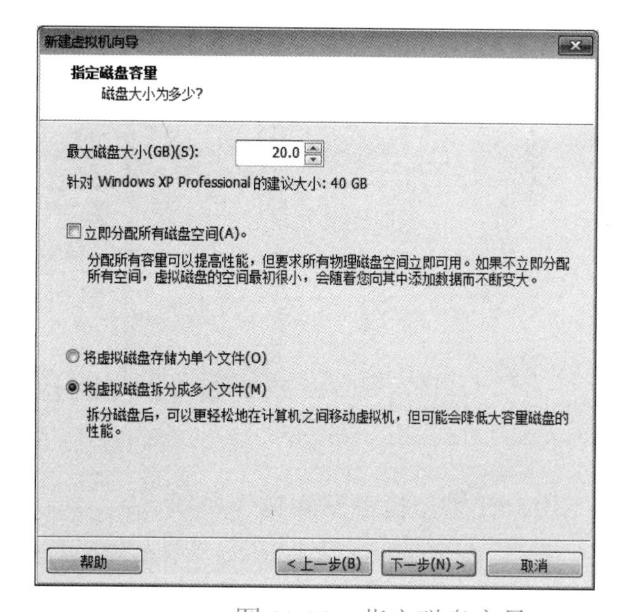

图 11-28　指定磁盘容量

（16）出现“指定磁盘文件”选区，指定磁盘文件存放位置后单击“下一步”按钮继续，如图 11-29 所示。

（17）在“已准备好创建虚拟机”选区中可以查看新建虚拟机基本设置，如需修改可单击“上一步”按钮返回进行修改。设置好后单击“完成”创建虚拟机，如图 11-30 所示。

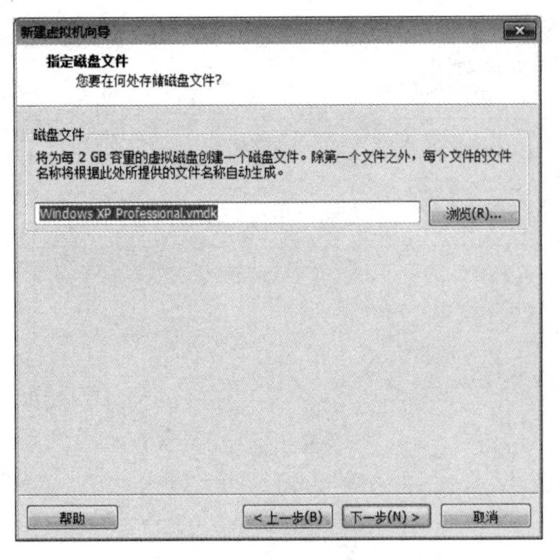

图 11-29　指定虚拟磁盘的存放位置

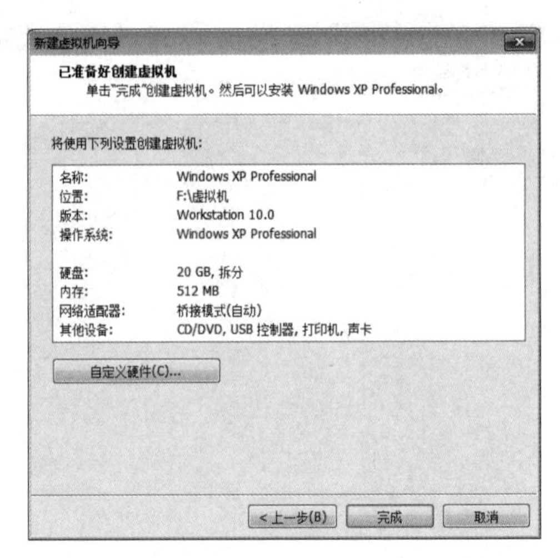

图 11-30　已准备好创建虚拟机

（18）虚拟机创建完毕后，在“VMware Workstation”窗口左侧出现新的虚拟机“Windows XP Professional”，在窗口中间的“设备”选区列出了虚拟机的设备清单，在窗口右下角列出了虚拟机的详细信息，如图 11-31 所示。

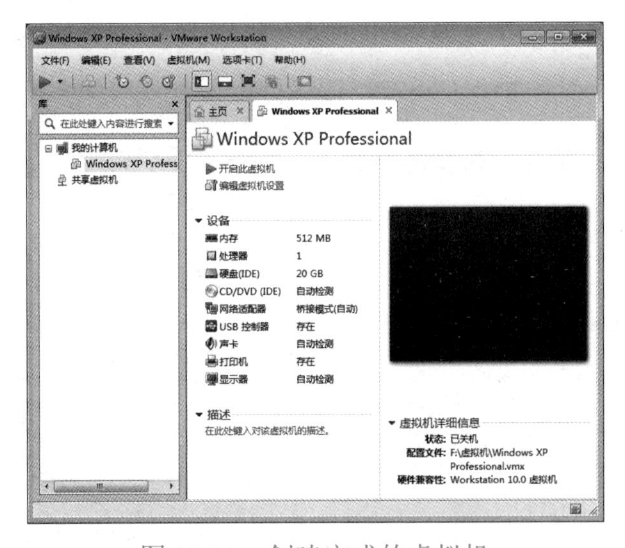

图 11-31　创建完成的虚拟机

3．在虚拟机上安装操作系统

（1）单击“VMware Workstation”窗口左侧刚创建的虚拟机“Windows XP Professional”，然后单击窗口中间的“编辑虚拟机设置”按钮。出现“虚拟机设置”对话框后，选择“CD/DVD（IDE）”选项。在“连接”选区内选择“使用 ISO 映像文件：”单选按钮，并单击“浏览 ...”按钮选择 ISO 映像文件路径，完成后单击“确定”按钮，如图 11-32 所示。

> **提示**
> 可直接使用物理主机的光驱作为虚拟机的光驱连接，也可使用标准光盘映像文件（ISO 格式）作为虚拟机的光驱连接。

（2）返回到“VMware Workstation”窗口，单击工具栏上的“启动”按钮，如图 11-33 所示。

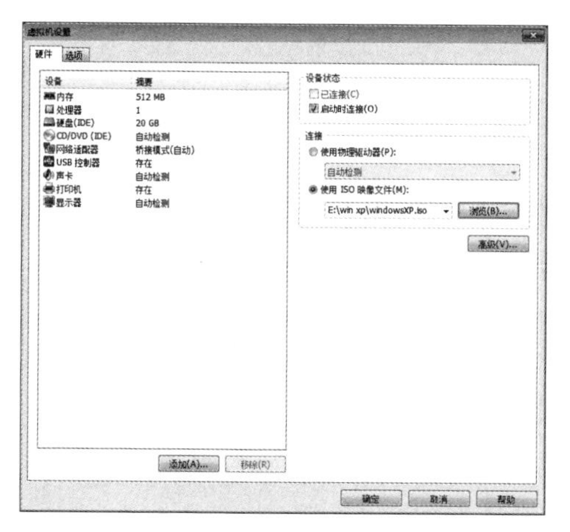

图 11-32　使用 ISO 镜像文件作为光驱

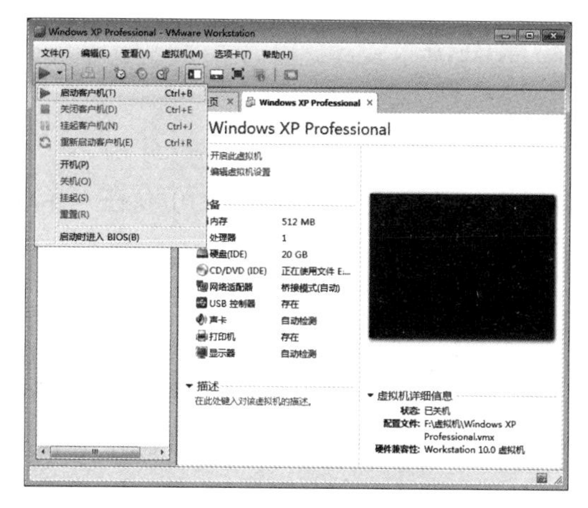

图 11-33　启动虚拟机

（3）在虚拟机启动过程中按 F2 快捷键进入虚拟机的 CMOS，将虚拟机 CMOS 中的启动顺序设置为光驱引导（设置方法和普通计算机一致），设置完毕后按 F10 快捷键存盘退出 CMOS 设置，如图 11-34 所示。

（4）在虚拟机上安装操作系统的方法和在普通计算机中安装操作系统的方法一样。如图 11-35 所示，正在为虚拟机安装 Windows XP Professional 操作系统。

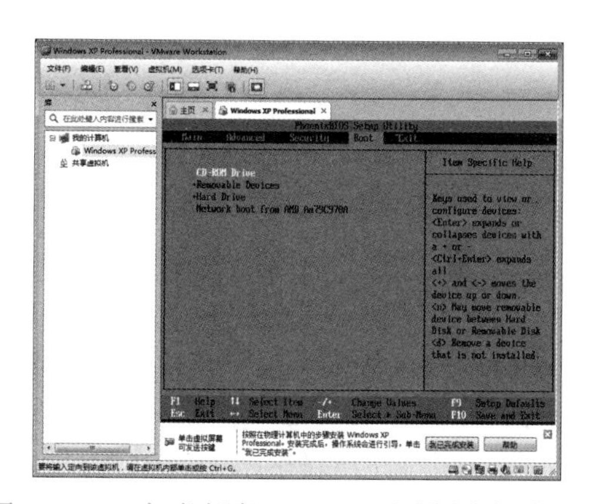

图 11-34　在虚拟机 CMOS 中设置启动顺序

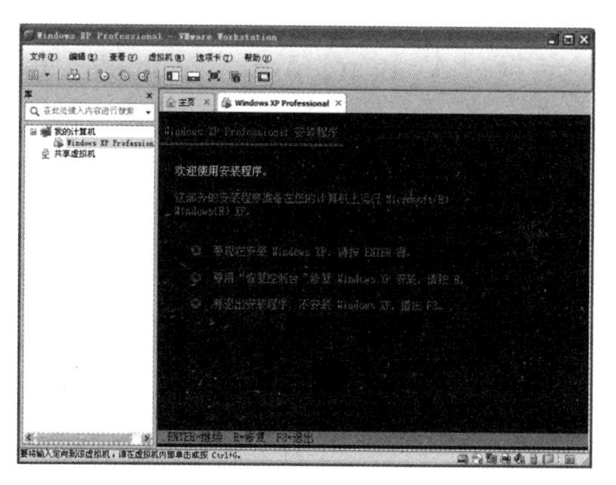

图 11-35　正在安装 Windows XP Professional 操作系统

（5）安装完成操作后，选择“虚拟机”→“快照”→“拍摄快照”选项，为新建的虚拟机建立一个新的快照，保留虚拟机状态，以后可以恢复到刚安装好操作系统的状态，如图 11-36 所示。

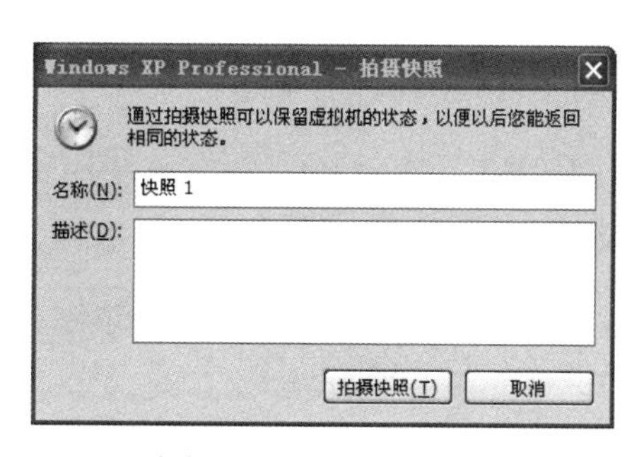

图 11-36　创建快照

知识链接

1. VMware Workstation 简介

VMware Workstation 软件可以在一台计算机上模拟出若干台计算机，每台计算机都可以单独运行操作系统而互不干扰，达到一台计算机可“同时”运行几个不同操作系统的目的，还可以将这个操作系统连成一个网络。VMware Workstation 是一款帮助程序开发人员和系统管理员进行软件开发、测试及配置的强大的虚拟机软件。软件开发者借助它可以在同一台计算机上开发和测试适用于 Microsoft Windows、Linux 或者 NetWare 等复杂网络服务的应用程序。

VMware Workstation 主要功能有虚拟网络、实时快照、拖放、共享文件夹和支持 PXE 等。由于虚拟机虚拟出来的硬件都是标准硬件，因此，在虚拟机上安装的操作系统，如 Windows XP、Windows 7、Windows Server 2003、Windows Server 2008 R2 等，不仅可以克隆到另一台虚拟机上，还可以克隆到不在同一台物理主机上的虚拟机上，还可以将物理主机迁移到虚拟机中，甚至还可以将其他产品的虚拟机（如 Microsoft Virtual PC 7 以上的版本）或系统映像（如 Symantec 备份的系统映像、扩展名为 .sv2i 的文件或 Norton Ghost 9 及其以上的映像文件）转换成 VMware Workstation 虚拟机。

2. VMware 创建虚拟机的方式

（1）典型方式。这是默认的创建方式，此方式包括了常用的“硬件”配置：显卡、声卡、网卡。要注意的是，这些设备并没有依赖于真正的硬件设备，它们通常是凌驾于硬件之上的虚拟设备，这也正是其复制到任何机器上都可以运行的原因。

（2）定制方式。此方式又称自定义方式，即用户可以自主选择虚拟机内需要哪些“硬件”设备，包括定义这些硬件的大小或类型，一般只有熟悉计算机的用户才采用这种方式。

3. 虚拟机可虚拟的硬件设备

（1）CPU: 虚拟机虚拟的 CPU 一般都采用物理主机的 CPU。

（2）内存：虚拟机内存使用的是物理内存的片段，可根据需要分配。

（3）硬盘：虚拟机可以虚拟出很多类型的硬盘，包括 IDE 和 SCSI 接口的硬盘。

（4）USB：虚拟机虚拟的 USB 端口使用主机上的 USB 端口可以连接大多数的 USB 设备，可以是 USB1.1、USB2.0 或 USB3.0 高速端口。

（5）通信接口：虚拟机支持 COM 口和 LPT 口等，可与实际接口映射。

（6）SCSI：虚拟机可虚拟 SCSI 设备，如 SCSI 硬盘。

（7）网卡：虚拟机虚拟出来的网卡和物理主机上的网卡一点关系都没有，但可以相互进行通信。

（8）声卡：虚拟机的声卡一般映射到物理主机的声卡上。

（9）其他设备：如交换机等。

4. 虚拟机的网络连接类型

（1）桥接模式：使用（连接）VMnet0 虚拟交换机，此时虚拟机和物理网络直接连接。如果虚拟机的地址和物理主机的 IP 地址设置在同一网段上，虚拟机就相当于网络内一台独立的主机，网络内的其他主机和虚拟机之间可以相互进行通信。

（2）NAT 模式：使用（连接）VMnet8 虚拟交换机，此时的虚拟机共享使用物理主机的 IP 地址。虚拟机可以通过主机单向访问网络上的其他工作站（包括互联网），其他工作站不能访问虚拟机。

（3）仅主机模式：使用（连接）VMnet1 虚拟交换机，此时虚拟机只能与虚拟机、主机互连，不能访问网络上的其他工作站。

（4）自定义：从下拉菜单中选择一个使用的虚拟交换机，如果选择的不是以上三种模式的虚拟交换机，此时同一 VMnet 的虚拟机之间可以相互访问，虚拟机与物理机之间不能直接相互访问。

（5）LAN 区段：LAN 区段是一个由其他虚拟机共享的专用网络，适用于多层测试、网络性能分析及注重虚拟机隔离的环境。一个 LAN 区段可以看成一个虚拟交换机，将现有虚拟机添加到 LAN 区段时，需要给虚拟机手工配置 IP 地址。

5. VMware 指定磁盘容量的两种方式

（1）动态分配。在创建虚拟机时，默认情况下 VMware 采用动态方式分配硬盘，刚创建时，虚拟硬盘文件很小，但在使用过程中会逐渐增大。

（2）立即分配。如果创建虚拟机时选择立即分配磁盘方式，分配磁盘的过程较长，不管虚拟硬盘使用多少，都会占用指定容量甚至更大的物理硬盘空间，不过，这会大大提高虚拟机的性能。

6. 键盘鼠标在主机 / 虚拟机之间的切换

1）从物理主机到虚拟机

默认情况下，启动虚拟机操作系统时，键盘、鼠标自动进入虚拟机，这时主机看不到鼠标指针。可以采用以下方式把键盘、鼠标切换到虚拟机上。

（1）在虚拟机窗口单击鼠标。

（2）直接使用 Ctrl+G 组合键。

2）把键盘、鼠标从虚拟机切换到主机的方式

使用 Ctrl+Alt 组合键即可把键盘、鼠标切换到主机上。

3）虚拟机切换 / 释放全屏幕的方式

（1）单击 VMware 窗口工具栏上的“进入全屏模式”图标按钮即可切换虚拟机的屏幕为全屏幕。

（2）使用 Ctrl+Alt+Enter 组合键也可将虚拟机切换 / 释放全屏幕。

4）在虚拟机上登录操作系统的热键

由于登录操作系统时所使用的 Ctrl+Alt+Del 组合键与主机系统存在冲突，按下该组合键时，会打开主机系统的任务管理器，因此，在虚拟机上 VMware 用 Ctrl+Alt+Insert 组合键替换了 Ctrl+Alt+Del 组合键。

7. VMware Workstation 的多重快照拍摄功能

多重快照拍摄是 VMware Workstation 的一个重要功能，它可以储存虚拟机当前的状态。例如，正在安装某个工具软件，突然有事不能继续安装下去，这时就可以使用快照功能，将当前状态保存下来；当忙完事情后，想继续安装下去，只需恢复刚保存的状态即可。

二 VMware 的基本使用

任务引入

一间办公室有三台计算机，现要组建图 11-37 所示的对等网网络拓扑图，以实现数据的共享，提高办公效率。

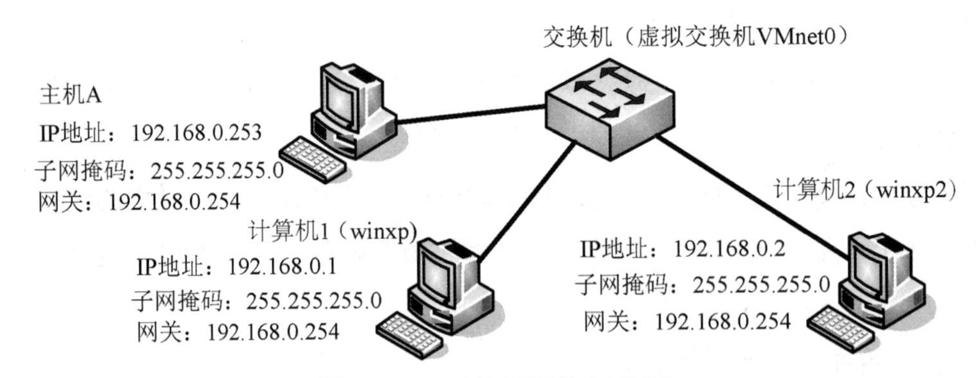

图 11-37　对等网网络拓扑图

任务分析

要使用虚拟机软件 VMware Workstation 组建图 11-37 的实验环境，图中括号中的标识便是虚拟实现环境的网络拓扑图。

在主机上已安装好 Windows XP 操作系统，在虚拟机软件中已安装好一台虚拟机，再复制一台和原虚拟机完全相同的虚拟机，便有了三台计算机，根据设计好的拓扑网来组建对等网。

操作步骤

1．在虚拟机上安装设备驱动程序

（1）虚拟机操作系统安装完成后，安装 VMware Tools，这相当于给虚拟机操作系统安装各种驱动程序。启动虚拟机操作系统后，按 Ctrl+Alt 组合键，释放虚拟机的光标。单击 VMware Workstation 窗口“虚拟机”菜单下的“安装 VMware Tools”菜单项，弹出“欢迎使用 VMware Tools 的安装向导”对话框，单击“下一步”按钮，如图 11-38 所示。

（2）在虚拟机桌面出现“选择安装类型”选区，选择“典型安装”单选按钮，单击“下一步”按钮继续，如图 11-39 所示。

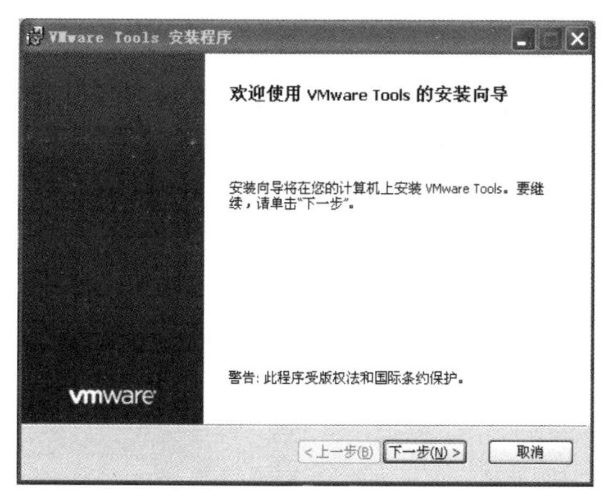

图 11-38　安装虚拟机的软件工具包向导

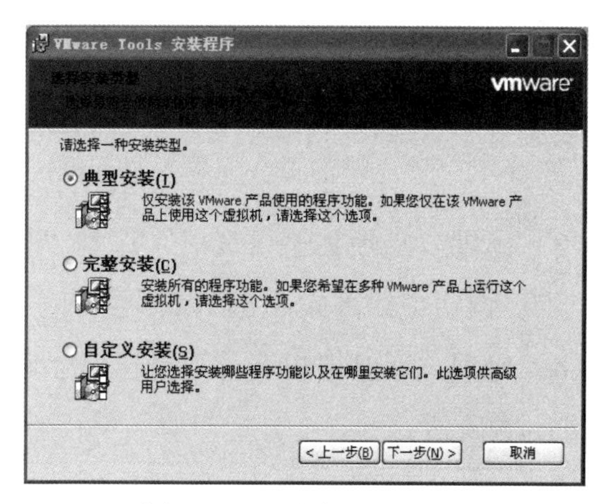

图 11-39　选择典型安装

（3）完成 VMware Tools 安装向导所提示的各项设置后，单击“安装”按钮继续，如图 11-40 所示。

（4）安装完成后，如图 11-41 所示，单击“完成”按钮后，按照提示重新启动虚拟机。

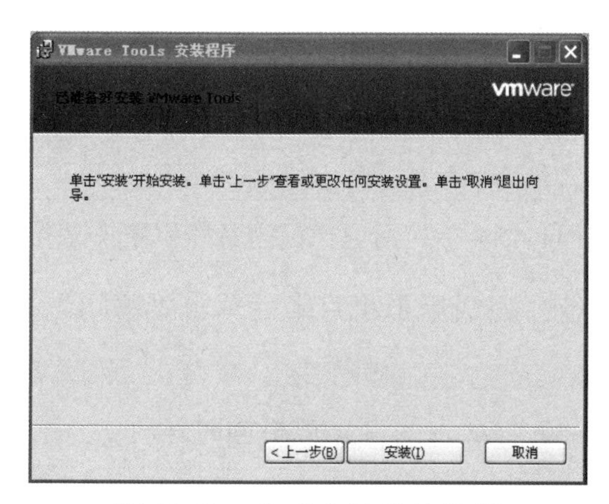

图 11-40　完成安装前的设置

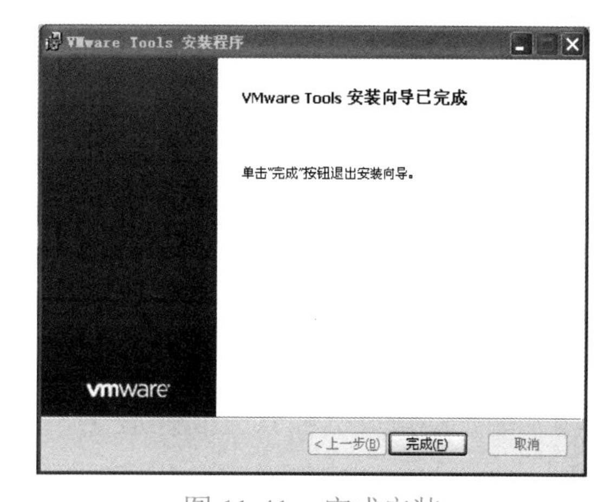

图 11-41　完成安装

2．复制一台和原虚拟机完全相同的虚拟机

（1）在 VMware Workstation 窗口选择“虚拟机”→“管理”→“克隆”选项，启动克

隆虚拟机向导，单击“下一步”按钮继续，如图11-42所示。

（2）出现“克隆源”选区，默认选择“虚拟机中的当前状态”单选按钮，即按照虚拟机当前状态进行克隆，单击“下一步”按钮，如图11-43所示。

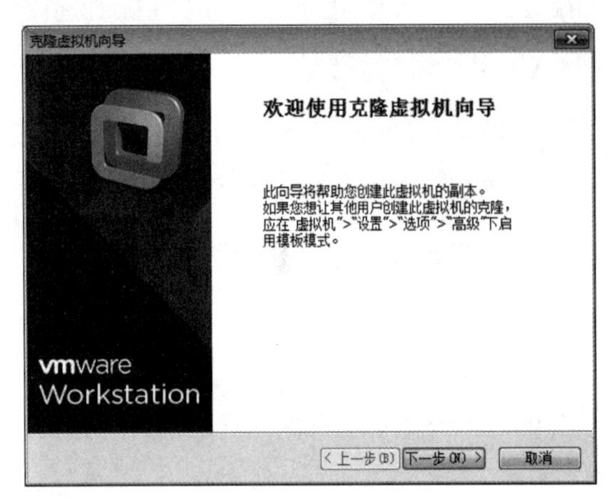

图11-42 “克隆虚拟机向导”对话框

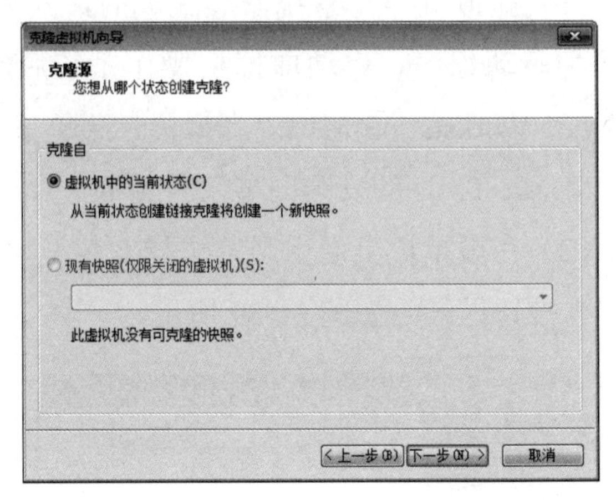

图11-43 选择克隆源

（3）出现“克隆类型”选区，选择“创建完整克隆”单选按钮，即完全克隆，然后单击“下一步”按钮继续，如图11-44所示。

（4）出现“新虚拟机名称”选区，为新虚拟机指定名称和存放位置后单击“完成”按钮，如图11-45所示。

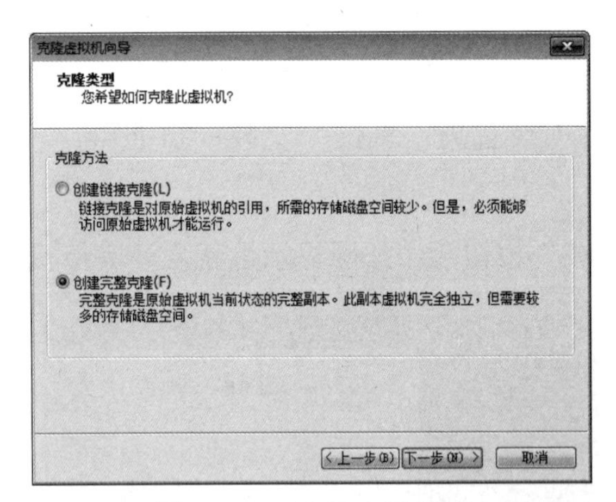

图11-44 选择克隆类型

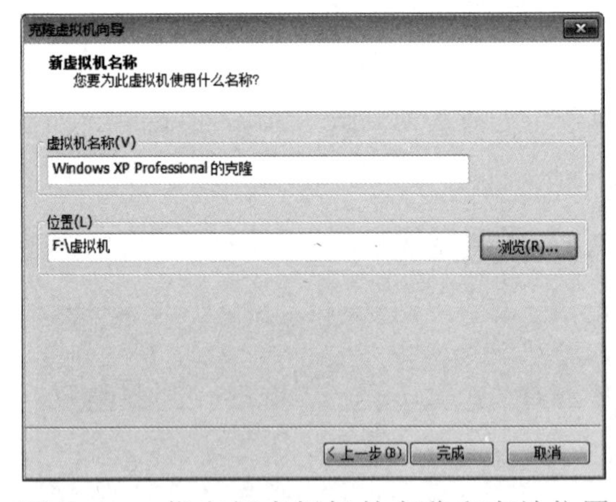

图11-45 指定新虚拟机的名称和存放位置

（5）克隆一台虚拟机需要一段时间，请耐心等待。完成虚拟机克隆后单击“关闭”按钮回到VMware Workstation窗口，如图11-46所示。

（6）克隆的虚拟机和原虚拟机完全一样。图11-47所示为两台虚拟机同时运行。

提示

在同一台物理主机上虚拟运行多个操作系统，会占用大量的CPU和内存资源。根据使用VMware的经验，最好不要在同一时间启动多台虚拟机，如果有时间，等一台虚拟机操作系统启动完毕后再启动下一台。

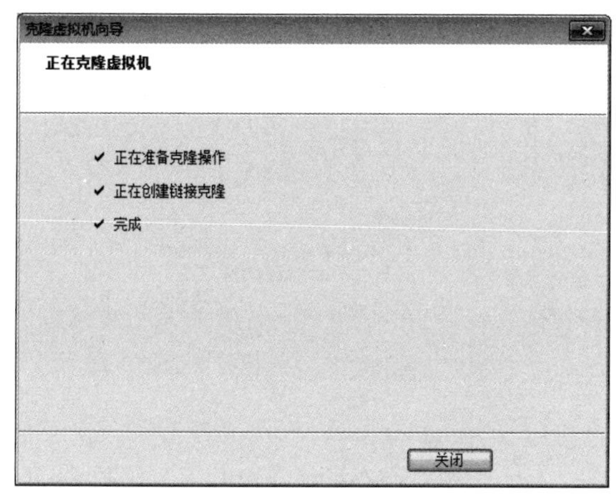

图 11-46　正在克隆虚拟机

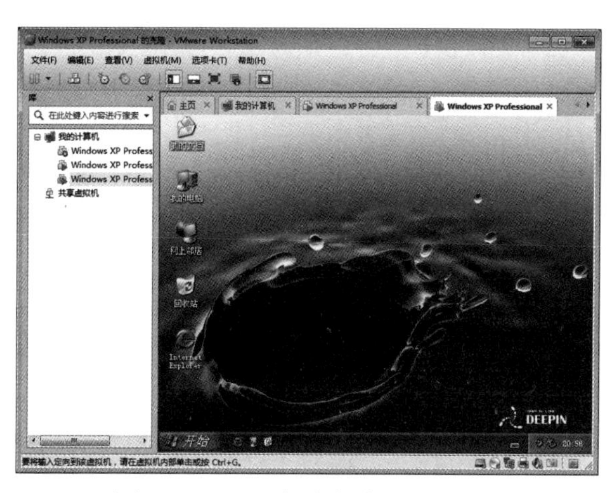

图 11-47　两台虚拟机同时运行

3．构建虚拟网络系统

（1）确认虚拟机 winxp 和 winxp2，通过桥接方式连接至虚拟机交换机 VMnet0。

（2）规划对等网中每台计算机的 IP 地址和网络标识，如表 11-1 所示。

表 11-1　规划对等网中每台计算机的 IP 地址和网络标识

序号	操作系统	计算名	IP 地址	子网掩码	网关	工作组	描述
1	Windows XP	W253	192.168.0.253	255.255.255.0	192.168.0.254	tools	主机 A
2	Windows XP	W01	192.168.0.1	255.255.255.0	192.168.0.254	tools	计算机 1
3	Windows XP	W02	192.168.0.2	255.255.255.0	192.168.0.254	tools	计算机 2

（3）打开计算机 1，设置其 TCP/IP 属性和网络标识，如图 11-48 和图 8-49 所示。

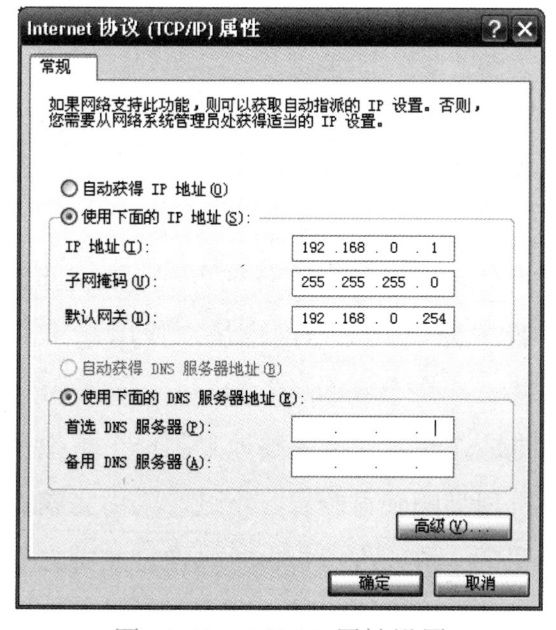

图 11-48　TCP/IP 属性设置

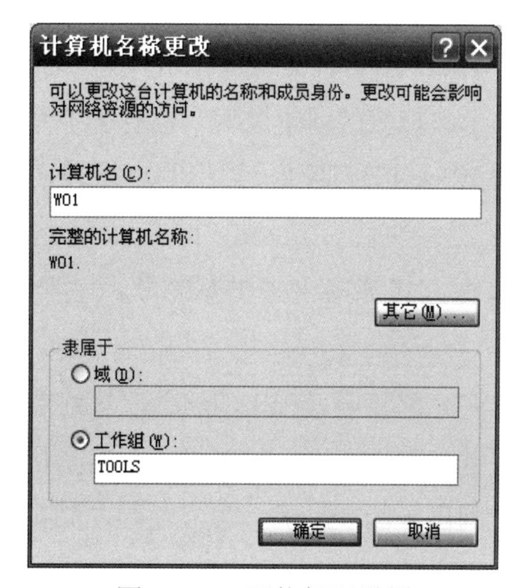

图 11-49　网络标识设置

（4）打开其他计算机，按其 TCP/IP 属性和网络标识进行设置。

（5）通过任一台计算机的“网上邻居”工具查看计算机的连接情况。使用“资源管理器”工具打开“网上邻居”工具，并依次单击文件夹树形目录中的“Microsoft Windows Network”和“Tools”选项，此时可看到三台计算机的名称和描述。

知识链接

1．虚拟机软件工具包

1）VMware 虚拟机驱动程序

虚拟机的显示驱动程序、其他设备驱动程序和一个为 VMware Tools 的工具都放在一个标准光盘映像文件中，该文件所处文件夹位置为 C:\Program Files\VMware\VMware Workstation，这是 VMware Workstaion 软件的安装位置。Windows 系列驱动程序的光盘映像文件是“Windows.ISO”，可以单击 VMware 窗口 VM 菜单下的“Install VMware Tools”菜单项安装 VMware Tools。此时，VMware 会自动调用这个光盘映像文件，当然，也可以像调用其他光盘映像文件一样打开该映像文件，手动安装虚拟机所需要的各种驱动程序。

2）VMware Tools 的主要功能

（1）提供了一系列的驱动，包括 VMware SVGA 显卡驱动、VMxnet 网络驱动、WMware 鼠标驱动、BusLogic SCSI 驱动。

（2）在虚拟机上共享主机文件夹（非网络共享方式）。

（3）在主机与虚拟机操作系统之间直接进行复制和粘贴操作，包括文件和文本信息的复制和粘贴。

2．VMware 虚拟机的克隆功能

VMware 虚拟机提供虚拟机克隆功能可以以最快速度复制和样机完全一样的计算机，从而简化了虚拟机的创建过程，也省去了系统安装与实现环境建立的时间。

VMware 提供两种虚拟机的克隆方式。

（1）链接克隆（Linked Clone）。这是以共享同一个虚拟机映像文件的方式克隆虚拟机，采用这种方式克隆出来的虚拟机只占用很少的硬盘资源，克隆速度也快，使用起来非常方便。

（2）完整克隆（Full Clone）。与链接克隆不同的是，此方式将完整地复制一个虚拟机的映像文件，克隆速度相对较慢，也会占用与原虚拟机相当的硬盘资源。不过，采用完整克隆方式复制出来的虚拟机，独立性强，如果需要一个完全一致的虚拟机，可以通过此种方式来建立所需要的环境。

3．虚拟机中的网络支持

现实生活中的计算机，如果有网卡，可以连接到交换机或集线器中。如果计算机所处

的环境有多个交换机或集线器，可以选择连接到任一个交换机或集线器上。在使用 VMware Workstation 创建虚拟机时，创建的虚拟机中可以包括网卡。可以根据需要使用哪种虚拟网卡，从而表明想要连接到哪个虚拟交换机上。

在 VMware Workstation 中，默认有 3 个虚拟交换机，分别是 VMnet0（使用桥接网络）、VMnet1（仅主机网络）和 VMnet8（NAT 网络）。还可以根据需要添加 VMnet2 ~ VMnet7 和 VMnet9 ~ Vmnet19 17 个虚拟交换机，这 17 个虚拟交换机用于定制网络。在 VMware Workstation 窗口中，单击“编辑”菜单中的“虚拟网络编辑器”选项，在弹出的对话框中，单击“添加网络 ...”按钮，可以添加除默认外的 17 个虚拟交换机。添加虚拟网络如图 11-50 所示。

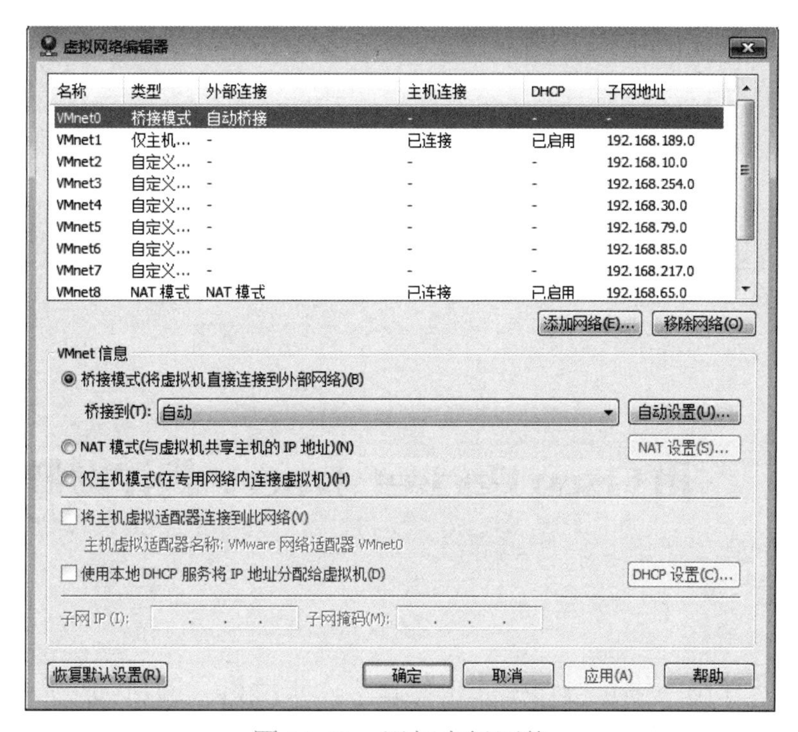

图 11-50　添加虚拟网络

在 VMware Workstation 中，可以在网络连接方式中添加多个“LAN 区段”，每个“LAN 区段”相当于一个“虚拟交换机”。加入“LAN 区段”中的虚拟交换机与 VMnet0 ~ Vmnet19 中的虚拟交换机的不同之处在于“LAN 区段”中的虚拟交换机与物理主机不发生关系，而 VMnet0 ~ Vmnet19 虚拟交换机是与主机相连的，并且，“LAN 区段”中的虚拟交换机可以限制网络速率。

在 VMware Workstation 窗口中，双击“设备”选区中的“网络适配器”选项，选择“网络连接”选区中的“LAN 区段：”单选按钮，然后单击“LAN 区段 ...”按钮可以添加 LAN 区段，并把当前虚拟机加入该 LAN 区段中。添加 LAN 区段如图 11-51 所示。此时，加入同一个 LAN 区段的虚拟机可以直接通信，组成对等网，它们不能与物理主机在同一个网段内，也不能通信。

图 11-51　添加 LAN 区段

任务二　用 Cisco Packet Tracer 构建虚拟环境

任务引入

在学习网络设备使用与维护时，学生很想在“人手一机”的情况下，利用模拟软件模拟计算机、交换机、路由器来自定义网络拓扑结构及多种连接方式（如 PSTN、ISDN、PPP 等）。用模拟软件省去了制作网线连接设备、频繁变换 CONSOLE 线、不停地往返于设备之间的环节。用户可以通过模拟器熟练掌握路由、交换设备的配置技巧后，再多接触实际设备，将所学技术应用到实际环境中，提高解决问题的能力。

任务分析

Cisco Packet Tracer 是由 Cisco 公司发布的一个辅助学习工具，为学习网络设备的初学者去设计、配置、排除网络故障提供了网络模拟环境。用户可以在软件的图形用户界面上直接使用拖曳方法建立网络拓扑，并可通过提供的数据报在网络中进行详细的处理过程，观察网络实时运行情况；同时可以学习 IOS 的配置，锻炼故障排查能力。

现以 Cisco Packet Tracer 7.2 为例来认识 Cisco Packet Tracer 模拟器软件的使用。

操作步骤

1. 准备工作

可从 Cisco 培训网站上根据自己的操作系统类型（32 位或 64 位）下载最新版 Cisco Packet Tracer 模拟器软件，通过双击安装程序根据提示信息单击“下一步”按钮即可完成软件安装。

2. 认识 Cisco Packet Tracer 软件的主界面

双击 Cisco Packet Tracer 图标，该模拟软件的主界面如图 11-52 所示。Cisco Packet Tracer 主界面非常简明扼要，中间白色部分为工作区，工作区上方分别是菜单栏和工具栏，工作区下方分别是网络设备类别区和网络设备列表区。本书用到的设备分类主要有第一类网络设备（包括交换机、路由器、集线器、无线设备、防火墙设备及广域网设备）、第二类终端设备（包括终端设备、家用终端设备、智慧城市终端设备、工业化设备终端、电网设备终端）、第四类网络连接线路（包括控制线、直通线、交叉线、光纤、电话线、同轴电缆、DCE、DTE 等）。

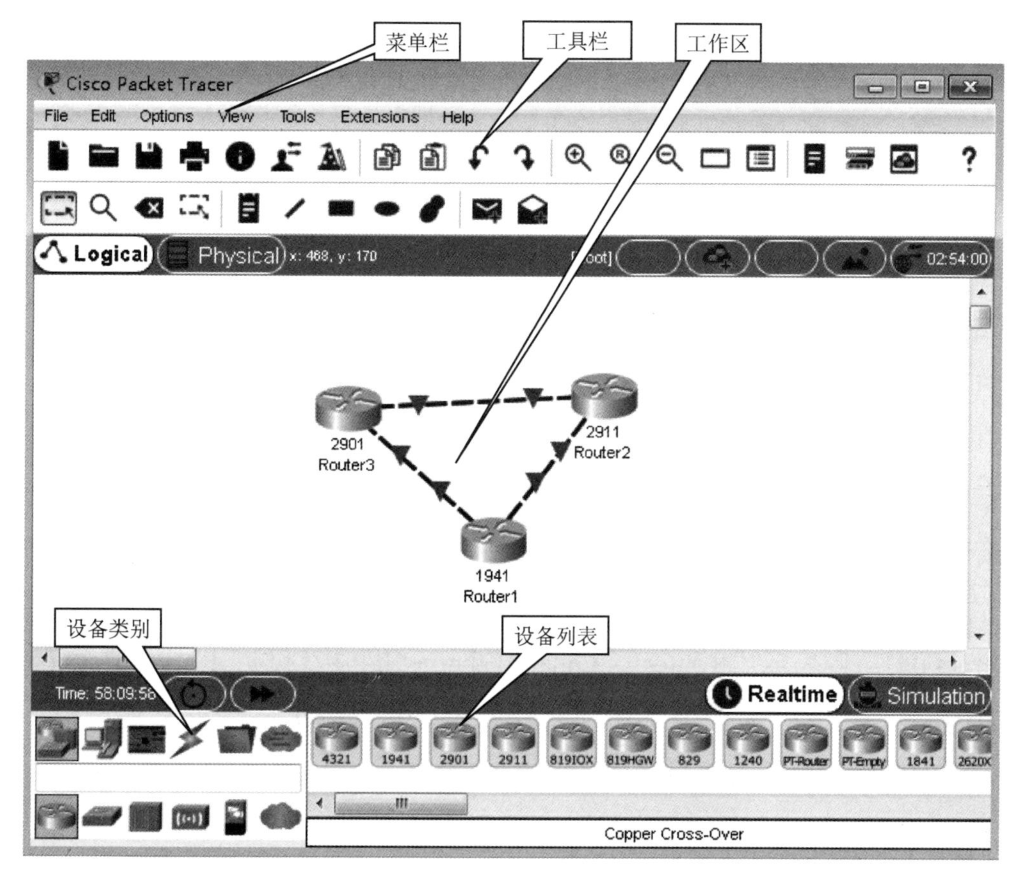

图 11-52 Cisco Packet Trace 主界面

3. 在工作区添加网络设备

在图 11-52 所示界面的设备类别区的第一行图标中单击“网络设备”图标，然后在第二行图标中单击“路由器”图标，则在设备列表区会显示本模拟器软件可提供的所有路由器型号。先在设备列表区单击型号为“1941”的路由器图标，然后在工作区空白处单击鼠标左键，就将型号为“1941”的路由器添加到鼠标单击处，工作区内的网络设备可以根据需要任意拖动。使用上述方法依次添加型号为“2901”的路由器和型号为“2911”的路由器。工作区添加路由器设备如图 11-53 所示。

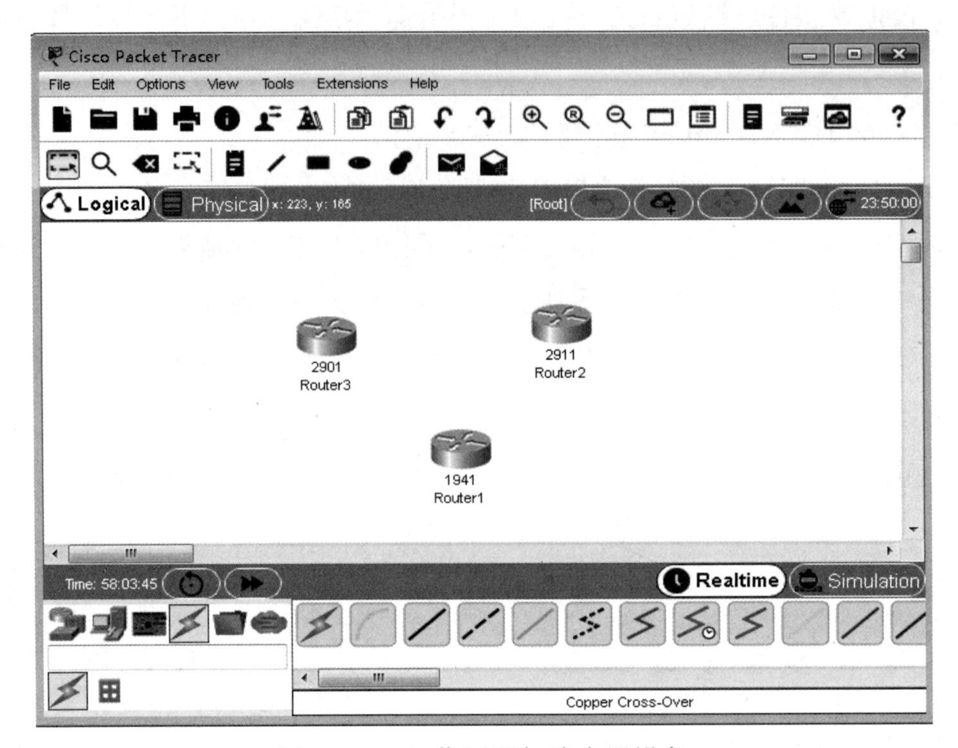

图 11-53 工作区添加路由器设备

4. 网络设备间连接网络线路

在图 11-53 所示界面的设备类别区的第一行图标中单击“网络线路”图标，然后在第二行图标中单击“网络线路”图标。路由器间的以太网接口应该使用交叉线连接，因此在设备列表区选择“交叉线”图标，在型号为“1941”的路由器“Router1”上单击将弹出路由器接口菜单，在弹出的菜单上选择要连接的路由器端口（如 GigabitEthernet 0/0）。然后单击型号为“2911”的路由器“Router2”，在弹出的菜单上选择要连接的路由器端口（如 GigabitEthernet 0/0），则完成“Router1”GigabitEthernet 0/0 接口与“Router2”GigabitEthernet 0/0 接口的连接。使用上述方法分别完成“Router1”与“Router3”的链路连接、“Router2”与“Router3”的链路连接，连线后的拓扑图如图 11-52 所示。

5. 认识实时模式和模拟模式

在图 11-52 所示主界面中的工作区的最右下角有两个切换模式，分别是“Realtime”实时模式 Realtime 和“Simulation”模拟模式 Simulation。在实时模式中，两台设备通过线缆连接并将它们设为同一个网段，数据通信瞬间可以完成，这就是实时模式。若切换到模拟模式后设备间的数据传递不会立即显示，而是软件正在模拟这个瞬间的过程，以人类能够理解的方式展现出来。Simulation 模式如图 11-54 所示。设备间的故障以图标的形式直观地展现出来。单击“Simulate” Simulation 会出现“Event List”选区，该选区显示当前捕获到的数据报的详细信息，包括持续时间、源设备、目的设备、协议类型和协议详细信息，非常直观。“Event List”选区如图 11-55 所示。若要了解协议的详细信息，单击显示不用颜色的协议类型信息“Info”，这个功能非常强大，可以显示很详细的 OSI 模型信息和各层 PDU。协议信息如图 11-56 所示。

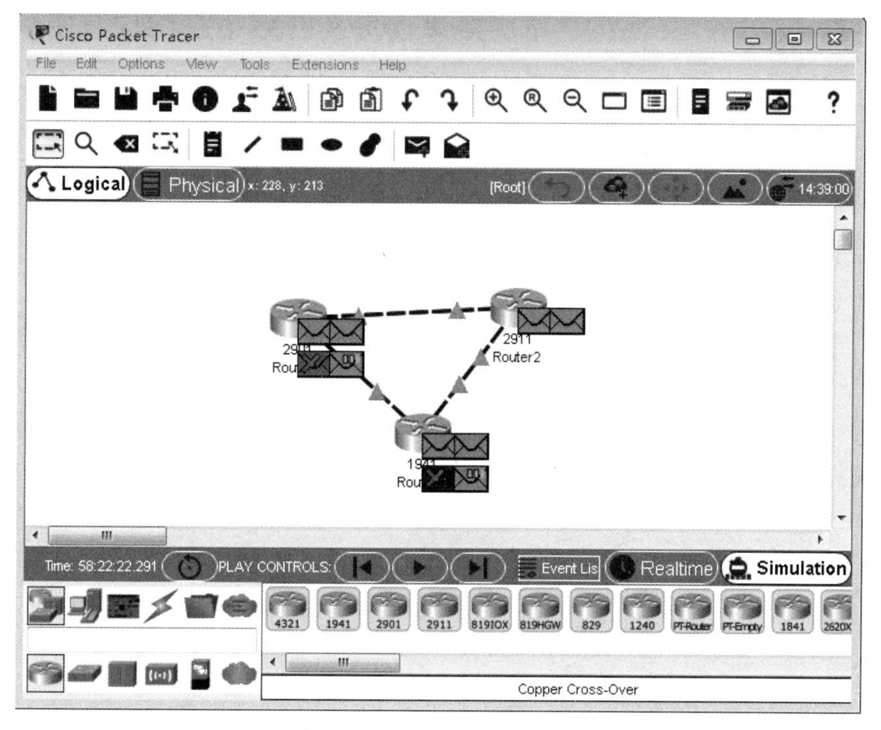

图 11-54　Simulation 模式

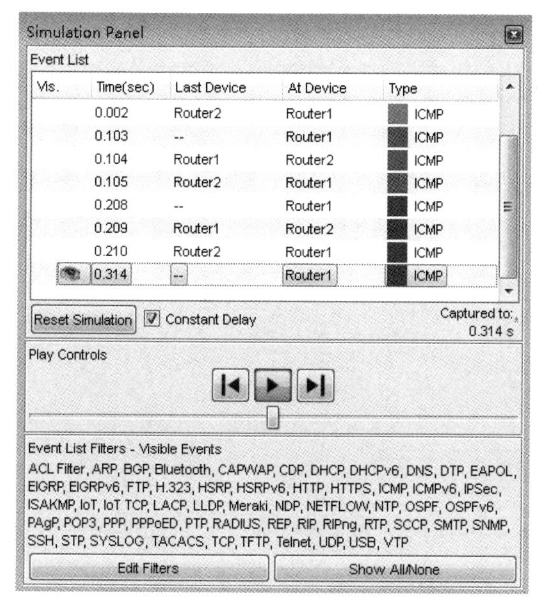

图 11-55　“Event List”选区

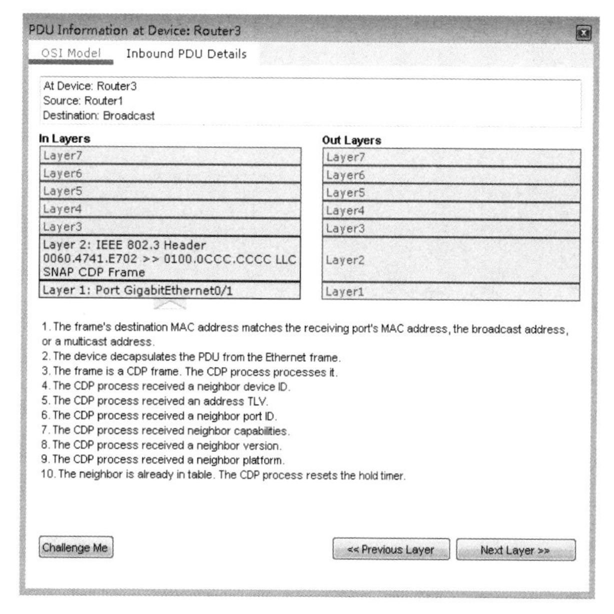

图 11-56　协议信息

项目总结

本项目搭建的模拟实训环境是指用虚拟机 VMware 构建操作系统安装和各种服务配置的环境，用模拟器 Cisco Packet Tracer 构建网络拓扑并进行网络设备的调试。VMware Workstation 主要功能有虚拟网络、实时快照、拖放、共享文件夹和支持 PXE 等。利用 Cisco Packet Tracer 模拟计算机、交换机、路由器来自定义网络拓扑结构及多种连接方式（如 PSTN、ISDN、PPP 等），省去了制作网线连接设备，频繁变换 CONSOLE 线，不停地往返于设备之间的环节。

用户可以通过搭建模拟实训环境的训练，再多接触实际设备，将所学技术应用到实际环境中，提高解决问题的能力。但要注意 VMware Workstation 和 Cisco Packet Tracer 所提供的环境毕竟不是真实的网络环境和真实的网络设备，有好多功能实现起来还是有限的，所以说，模拟实训环境是真实硬件设备的有益补充。